高等院校计算机任务驱动教改教材

网络服务器搭建、配置与管理
——Windows Server 2012
（第3版）

（微课版）

杨 云 李谷伟 郑定超 主编

U0378357

清华大学出版社

北京

内 容 简 介

本书从网络的实际应用出发,按照"项目导向、任务驱动"的教学改革思路进行教材的编写,是一本基于工作过程导向的工学结合的教材。

本书包含 14 个项目:搭建 Windows Server 2012 R2 服务器、部署与管理 Active Directory 域服务、管理用户账户和组、管理文件系统与共享资源、配置与管理基本磁盘和动态磁盘、配置与管理打印服务器、配置与管理 DNS 服务器、配置与管理 DHCP 服务器、配置与管理 Web 服务器、配置与管理 FTP 服务器、配置与管理证书服务器、配置远程桌面连接、配置与管理 VPN 服务器、配置与管理 NAT 服务器。每个项目的后面是习题及实训项目。

本书结构合理,知识全面且实例丰富,语言通俗易懂,易教易学。全书采用知识点微课+实训项目慕课的讲解方式,扫描二维码即可随时随地地学习。

本书既可以作为高职院校计算机应用专业和计算机网络技术专业理论与实践一体化教材使用,也可以作为 Windows Server 2012 R2 系统管理和网络管理的自学指导书。

图书在版编目(CIP)数据

网络服务器搭建、配置与管理:Windows Server 2012:微课版/杨云,李谷伟,郑定超主编. —3 版. —北京:清华大学出版社,2021.1(2022.8重印)

高等院校计算机任务驱动教改教材

ISBN 978-7-302-55807-1

Ⅰ.①网… Ⅱ.①杨… ②李… ③郑… Ⅲ.①Windows 操作系统—网络服务器—高等学校—教材 Ⅳ.①TP316.86

中国版本图书馆 CIP 数据核字(2020)第 110958 号

责任编辑:张龙卿
封面设计:范春燕
责任校对:赵琳爽
责任印制:朱雨萌

出版发行:清华大学出版社
       网　　址:http://www.tup.com.cn,http://www.wqbook.com
       地　　址:北京清华大学学研大厦 A 座　　　　邮　编:100084
       社 总 机:010-83470000　　　　　　　　　邮　购:010-62786544
       投稿与读者服务:010-62776969,c-service@tup.tsinghua.edu.cn
       质量反馈:010-62772015,zhiliang@tup.tsinghua.edu.cn
       课件下载:http://www.tup.com.cn,010-83470410
印 装 者:天津鑫丰华印务有限公司
经　　销:全国新华书店
开　　本:185mm×260mm　　　印　张:21.25　　　字　数:510 千字
版　　次:2010 年 11 月第 1 版　　2021 年 1 月第 3 版　　印　次:2022 年 8 月第 3 次印刷
定　　价:65.00 元

产品编号:087198-01

前　言

一、编写背景

Windows Server 2012 R2 是目前微软主推的服务器操作系统,本书所有的内容均使用此版本。虽然 Windows Server 2012 R2 与 Windows Server 2012 是两个不同版本的操作系统,但由于设置与部署都比较相似,因此本书的内容同样适用于 Windows Server 2012。

《网络服务器搭建、配置与管理——Windows Server(第 2 版)》出版 4 年以来,得到了兄弟院校师生的厚爱,已经重印 7 次。鉴于未来发展和高等职业教育的需要,我们编写了这本"项目驱动、任务导向"的"教、学、做"一体化的 Windows Server 2012 R2 教材。

二、本书特点

本书共包含 14 个项目,最大的特色是"易教易学",音、视频等配套教学资源丰富。

(1)零基础教程,入门门槛低,很容易上手。"微课＋慕课"的视频学习可以随时随地实现。

(2)基于工作过程导向的"教、学、做"一体化的编写方式。

(3)书中每个项目都以企业应用真实案例为基础,配有视频教学资源。

由于本书涉及很多具体操作,所以编者专门录制了大量语音视频进行讲解和实际操作,读者可以按照视频讲解很直观地学习、练习和应用。

(4)本书提供大量企业真实案例,实用性和实践性强。全书列举的所有示例和实例,读者都可以在自己的实验环境中完整实现。

(5)打造立体化教材。电子资料、教材、微课和实训项目视频为教与学提供最大便利。

项目实录视频是微软高级工程师录制的,包括项目背景、网络拓扑、项目实施、深度思考等内容,配合教材,极大地方便了教师教学、学生预习,学生可以对照实训进行自主学习。

本书还提供教学视频、授课计划、项目指导书、电子教案、电子课件、课程标准、大赛、试卷、拓展提升、项目任务单、实训指导书等相关参考内容。

三、教学大纲

本书的参考学时为 68 学时,其中实践环节为 34 学时,各项目的参考学时参见下面的学时分配表。

项　目	课程内容	学时分配	
		讲授	实训
项目 1	搭建 Windows Server 2012 R2 服务器	2	2
项目 2	部署与管理 Active Directory 域服务	2	2
项目 3	管理用户账户和组	2	2
项目 4	管理文件系统与共享资源	2	2
项目 5	配置与管理基本磁盘和动态磁盘	2	2
项目 6	配置与管理打印服务器	2	2
项目 7	配置与管理 DNS 服务器	4	4
项目 8	配置与管理 DHCP 服务器	2	2
项目 9	配置与管理 Web 服务器	4	4
项目 10	配置与管理 FTP 服务器	2	2
项目 11	配置与管理证书服务器	4	4
项目 12	配置远程桌面连接	2	2
项目 13	配置与管理 VPN 服务器	2	2
项目 14	配置与管理 NAT 服务器	2	2
课时总计		34	34

四、其他

本书由杨云、李谷伟、郑定超主编,王春身、王世存、杨秀玲、杨翠玲也参加了相关章节的编写。

编　者

2020 年 6 月

目　录

项目 1　搭建 Windows Server 2012 R2 服务器 ·· 1

1.1　相关知识 ·· 1

1.1.1　Windows Server 2012 R2 系统和硬件设备要求 ···················· 2

1.1.2　制订安装配置计划 ·· 2

1.1.3　Windows Server 2012 R2 的安装方式 ······························· 3

1.1.4　安装前的注意事项 ·· 5

1.2　项目设计及分析 ·· 5

1.2.1　项目设计 ·· 5

1.2.2　项目分析 ·· 6

1.3　项目实施 ·· 6

1.3.1　使用光盘安装 Windows Server 2012 R2 ····························· 6

1.3.2　配置 Windows Server 2012 R2 ·· 11

1.3.3　添加角色和功能 ··· 22

1.4　习题 ··· 28

1.5　实训项目　基本配置 Windows Server 2012 R2 ······················· 30

项目 2　部署与管理 Active Directory 域服务 ···································· 31

2.1　相关知识 ·· 31

2.1.1　认识活动目录及意义 ··· 31

2.1.2　命名空间 ·· 32

2.1.3　对象和属性 ··· 33

2.1.4　容器 ··· 33

2.1.5　可重新启动的 AD DS ·· 33

2.1.6　Active Directory 回收站 ··· 33

2.1.7　AD DS 的复制模式 ·· 34

2.1.8　认识活动目录的逻辑结构 ·· 34

2.1.9　认识活动目录的物理结构 ·· 37

2.2　项目设计及分析 ·· 39

2.3　项目实施 ·· 40

2.3.1　创建第一个域(目录林根级域) ·· 40

2.3.2　加入 long.com 域 ··· 50

2.3.3　利用已加入域的计算机登录 ·· 51

2.3.4　安装额外的域控制器与 RODC ·· 52

2.3.5　转换服务器角色 ·· 62

2.4　习题 ·· 67

2.5　实训项目　部署与管理活动目录 ·· 68

项目 3　管理用户账户和组　70

3.1　相关知识 ·· 70

3.1.1　规划新的用户账户 ··· 72

3.1.2　本地用户账户 ·· 72

3.1.3　本地组概述 ··· 72

3.1.4　创建组织单位与域用户账户 ·· 73

3.1.5　用户登录账户 ·· 74

3.1.6　创建 UPN 的后缀 ·· 76

3.1.7　域用户账户的一般管理 ··· 77

3.1.8　设置域用户账户的属性 ··· 78

3.1.9　域组账户 ··· 81

3.1.10　建立与管理域组账户 ·· 82

3.1.11　掌握组的使用原则 ··· 85

3.2　项目设计及分析 ·· 87

3.3　项目实施 ·· 88

3.3.1　使用 A、G、U、D、L、P 原则管理域组 ····································· 88

3.3.2　在成员服务器上管理本地账户和组 ·· 92

3.4　习题 ··· 99

3.5　项目实训　用户账户和组账户的管理 ·· 101

项目 4　管理文件系统与共享资源　102

4.1　FAT 与 NTFS 文件系统 ··· 102

4.1.1　FAT 文件系统 ·· 102

4.1.2　NTFS 文件系统 ·· 103

4.2　项目设计及分析 ·· 103

4.3　项目实施 ·· 104

4.3.1　设置资源共享 ·· 104

4.3.2　访问网络共享资源 ··· 105

4.3.3　使用卷影副本 ·· 107

4.3.4　认识 NTFS 权限 ·· 109

4.3.5　继承与阻止 NTFS 权限 ··· 113

4.3.6　复制和移动文件和文件夹 ··· 114

4.3.7　利用 NTFS 权限管理数据 ··· 115

4.4　习题 ··· 119

4.5　实训项目　文件系统与共享资源的管理 ·· 119

项目 5　配置与管理基本磁盘和动态磁盘　121

5.1　磁盘的分类 ·· 121

5.2　项目设计及分析 ·· 122

5.3 项目实施 ⋯⋯⋯⋯⋯⋯⋯⋯⋯⋯⋯⋯⋯⋯⋯⋯⋯⋯⋯⋯⋯⋯⋯⋯⋯⋯⋯⋯⋯ 124

5.3.1 管理基本磁盘 ⋯⋯⋯⋯⋯⋯⋯⋯⋯⋯⋯⋯⋯⋯⋯⋯⋯⋯⋯⋯⋯⋯⋯⋯ 124

5.3.2 认识动态磁盘 ⋯⋯⋯⋯⋯⋯⋯⋯⋯⋯⋯⋯⋯⋯⋯⋯⋯⋯⋯⋯⋯⋯⋯⋯ 128

5.3.3 建立动态磁盘卷 ⋯⋯⋯⋯⋯⋯⋯⋯⋯⋯⋯⋯⋯⋯⋯⋯⋯⋯⋯⋯⋯⋯ 129

5.3.4 维护动态卷 ⋯⋯⋯⋯⋯⋯⋯⋯⋯⋯⋯⋯⋯⋯⋯⋯⋯⋯⋯⋯⋯⋯⋯⋯ 130

5.3.5 管理磁盘配额 ⋯⋯⋯⋯⋯⋯⋯⋯⋯⋯⋯⋯⋯⋯⋯⋯⋯⋯⋯⋯⋯⋯⋯ 132

5.3.6 碎片整理和优化驱动器 ⋯⋯⋯⋯⋯⋯⋯⋯⋯⋯⋯⋯⋯⋯⋯⋯⋯⋯ 133

5.4 习题 ⋯⋯⋯⋯⋯⋯⋯⋯⋯⋯⋯⋯⋯⋯⋯⋯⋯⋯⋯⋯⋯⋯⋯⋯⋯⋯⋯⋯⋯⋯⋯⋯ 135

5.5 实训项目 基本磁盘和动态磁盘的配置与管理 ⋯⋯⋯⋯⋯⋯⋯⋯⋯⋯⋯ 135

项目 6 配置与管理打印服务器 ⋯⋯⋯⋯⋯⋯⋯⋯⋯⋯⋯⋯⋯⋯⋯⋯⋯⋯⋯⋯ **137**

6.1 相关知识 ⋯⋯⋯⋯⋯⋯⋯⋯⋯⋯⋯⋯⋯⋯⋯⋯⋯⋯⋯⋯⋯⋯⋯⋯⋯⋯⋯⋯⋯ 137

6.1.1 基本概念 ⋯⋯⋯⋯⋯⋯⋯⋯⋯⋯⋯⋯⋯⋯⋯⋯⋯⋯⋯⋯⋯⋯⋯⋯⋯ 137

6.1.2 共享打印机的连接 ⋯⋯⋯⋯⋯⋯⋯⋯⋯⋯⋯⋯⋯⋯⋯⋯⋯⋯⋯⋯ 138

6.2 项目设计及分析 ⋯⋯⋯⋯⋯⋯⋯⋯⋯⋯⋯⋯⋯⋯⋯⋯⋯⋯⋯⋯⋯⋯⋯⋯⋯ 138

6.3 项目实施 ⋯⋯⋯⋯⋯⋯⋯⋯⋯⋯⋯⋯⋯⋯⋯⋯⋯⋯⋯⋯⋯⋯⋯⋯⋯⋯⋯⋯⋯ 139

6.3.1 安装打印服务器 ⋯⋯⋯⋯⋯⋯⋯⋯⋯⋯⋯⋯⋯⋯⋯⋯⋯⋯⋯⋯⋯ 139

6.3.2 连接共享打印机 ⋯⋯⋯⋯⋯⋯⋯⋯⋯⋯⋯⋯⋯⋯⋯⋯⋯⋯⋯⋯⋯ 143

6.3.3 管理打印服务器 ⋯⋯⋯⋯⋯⋯⋯⋯⋯⋯⋯⋯⋯⋯⋯⋯⋯⋯⋯⋯⋯ 145

6.4 习题 ⋯⋯⋯⋯⋯⋯⋯⋯⋯⋯⋯⋯⋯⋯⋯⋯⋯⋯⋯⋯⋯⋯⋯⋯⋯⋯⋯⋯⋯⋯⋯⋯ 152

6.5 实训项目 打印服务器的配置与管理 ⋯⋯⋯⋯⋯⋯⋯⋯⋯⋯⋯⋯⋯⋯⋯ 152

项目 7 配置与管理 DNS 服务器 ⋯⋯⋯⋯⋯⋯⋯⋯⋯⋯⋯⋯⋯⋯⋯⋯⋯⋯⋯ **154**

7.1 相关知识 ⋯⋯⋯⋯⋯⋯⋯⋯⋯⋯⋯⋯⋯⋯⋯⋯⋯⋯⋯⋯⋯⋯⋯⋯⋯⋯⋯⋯⋯ 154

7.1.1 域名空间结构 ⋯⋯⋯⋯⋯⋯⋯⋯⋯⋯⋯⋯⋯⋯⋯⋯⋯⋯⋯⋯⋯⋯⋯ 155

7.1.2 DNS 名称的解析方法 ⋯⋯⋯⋯⋯⋯⋯⋯⋯⋯⋯⋯⋯⋯⋯⋯⋯⋯ 156

7.1.3 DNS 服务器的类型 ⋯⋯⋯⋯⋯⋯⋯⋯⋯⋯⋯⋯⋯⋯⋯⋯⋯⋯⋯ 157

7.1.4 DNS 名称解析的查询模式 ⋯⋯⋯⋯⋯⋯⋯⋯⋯⋯⋯⋯⋯⋯⋯ 158

7.2 项目设计及分析 ⋯⋯⋯⋯⋯⋯⋯⋯⋯⋯⋯⋯⋯⋯⋯⋯⋯⋯⋯⋯⋯⋯⋯⋯⋯ 160

7.3 项目实施 ⋯⋯⋯⋯⋯⋯⋯⋯⋯⋯⋯⋯⋯⋯⋯⋯⋯⋯⋯⋯⋯⋯⋯⋯⋯⋯⋯⋯⋯ 161

7.3.1 添加 DNS 服务器 ⋯⋯⋯⋯⋯⋯⋯⋯⋯⋯⋯⋯⋯⋯⋯⋯⋯⋯⋯⋯ 161

7.3.2 部署主 DNS 服务器的 DNS 区域 ⋯⋯⋯⋯⋯⋯⋯⋯⋯⋯⋯ 162

7.3.3 配置 DNS 客户端并测试 DNS 服务器 ⋯⋯⋯⋯⋯⋯⋯⋯⋯ 170

7.3.4 部署唯缓存 DNS 服务器 ⋯⋯⋯⋯⋯⋯⋯⋯⋯⋯⋯⋯⋯⋯⋯ 173

7.3.5 部署子域和委派 ⋯⋯⋯⋯⋯⋯⋯⋯⋯⋯⋯⋯⋯⋯⋯⋯⋯⋯⋯⋯ 175

7.4 习题 ⋯⋯⋯⋯⋯⋯⋯⋯⋯⋯⋯⋯⋯⋯⋯⋯⋯⋯⋯⋯⋯⋯⋯⋯⋯⋯⋯⋯⋯⋯⋯⋯ 180

7.5 实训项目 DNS 服务器的配置与管理 ⋯⋯⋯⋯⋯⋯⋯⋯⋯⋯⋯⋯⋯⋯ 181

项目 8 配置与管理 DHCP 服务器 ⋯⋯⋯⋯⋯⋯⋯⋯⋯⋯⋯⋯⋯⋯⋯⋯⋯ **182**

8.1 相关知识 ⋯⋯⋯⋯⋯⋯⋯⋯⋯⋯⋯⋯⋯⋯⋯⋯⋯⋯⋯⋯⋯⋯⋯⋯⋯⋯⋯⋯⋯ 182

8.1.1 何时使用 DHCP 服务 ⋯⋯⋯⋯⋯⋯⋯⋯⋯⋯⋯⋯⋯⋯⋯⋯⋯ 183

8.1.2 DHCP 地址分配类型 ⋯⋯⋯⋯⋯⋯⋯⋯⋯⋯⋯⋯⋯⋯⋯⋯⋯ 183

8.1.3 DHCP 服务的工作过程 ·· 184

8.2 项目设计及分析 ·· 185

8.3 项目实施 ·· 185

8.3.1 安装 DHCP 服务器角色 ·· 185

8.3.2 授权 DHCP 服务器 ··· 187

8.3.3 创建 DHCP 作用域 ··· 188

8.3.4 保留特定的 IP 地址 ·· 191

8.3.5 配置 DHCP 服务器 ··· 192

8.3.6 配置超级作用域 ·· 193

8.3.7 配置 DHCP 客户端并进行测试 ··· 194

8.4 习题 ··· 195

8.5 实训项目 DHCP 服务器的配置与管理 ······································ 196

项目 9 配置与管理 Web 服务器 ··· 197

9.1 相关知识 ·· 197

9.2 项目设计及分析 ·· 198

9.3 项目实施 ·· 199

9.3.1 安装 Web 服务器(IIS)角色 ··· 199

9.3.2 创建 Web 网站 ··· 201

9.3.3 管理 Web 网站的目录 ·· 204

9.3.4 管理 Web 网站的安全 ·· 205

9.3.5 架设多个 Web 网站 ··· 211

9.4 习题 ··· 215

9.5 实训项目 Web 服务器的配置与管理 ··· 215

项目 10 配置与管理 FTP 服务器 ·· 217

10.1 相关知识 ·· 217

10.1.1 FTP 工作原理 ··· 217

10.1.2 匿名用户 ·· 218

10.1.3 FTP 服务的传输模式 ·· 218

10.2 项目设计及分析 ·· 220

10.3 项目实施 ·· 220

10.3.1 安装 FTP 发布服务角色服务 ··· 220

10.3.2 创建和访问 FTP 站点 ··· 221

10.3.3 创建虚拟目录 ··· 224

10.3.4 安全设置 FTP 服务器 ·· 226

10.3.5 创建虚拟主机 ··· 227

10.3.6 配置与使用客户端 ··· 228

10.3.7 实现 AD 环境下多用户隔离 FTP ······································· 229

10.4 习题 ·· 238

10.5 实训项目 FTP 服务器的配置与管理 ·· 239

项目 11　配置与管理证书服务器 ·· **241**

11.1　相关知识 ·· 241

11.1.1　PKI 概述 ··· 241

11.1.2　证书颁发机构(CA)概述与根 CA 的安装 ·································· 244

11.2　项目设计及分析 ·· 246

11.3　项目实施 ·· 247

11.3.1　安装证书服务并架设独立根 CA ··· 247

11.3.2　DNS 与测试网站准备 ··· 252

11.3.3　让浏览器计算机 Win8PC 信任 CA ··· 254

11.3.4　在 Web 服务器配置证书服务 ··· 257

11.3.5　建立网站的测试网页 ··· 266

11.4　习题 ·· 269

11.5　项目实训　实现网站的 SSL 连接访问 ·· 270

项目 12　配置远程桌面连接 ·· **272**

12.1　相关知识 ·· 272

12.2　项目设计及分析 ·· 273

12.3　项目实施 ·· 273

12.3.1　设置远程计算机 ··· 273

12.3.2　在本地计算机利用远程桌面连接远程计算机 ······························ 276

12.3.3　远程桌面连接的高级设置 ·· 280

12.3.4　远程桌面 Web 连接 ··· 285

12.4　习题 ·· 290

12.5　实训项目　远程桌面 Web 连接 ·· 291

项目 13　配置与管理 VPN 服务器 ·· **292**

13.1　相关知识 ·· 292

13.1.1　VPN 的构成 ·· 292

13.1.2　VPN 应用场合 ··· 293

13.1.3　VPN 的连接过程 ·· 294

13.1.4　认识网络策略 ··· 294

13.2　项目设计及分析 ·· 295

13.3　项目实施 ·· 296

13.3.1　架设 VPN 服务器 ··· 296

13.3.2　配置 VPN 服务器的网络策略 ··· 309

13.4　习题 ·· 315

13.5　项目实训　VPN 服务器的配置与管理 ·· 315

项目 14　配置与管理 NAT 服务器 ·· **316**

14.1　相关知识 ·· 316

14.1.1　NAT 概述 ··· 316

14.1.2　认识 NAT 的工作过程 ··· 316

14.2　项目设计及分析 318

14.3　项目实施 319

　　14.3.1　安装"路由和远程访问"服务器 319

　　14.3.2　NAT 客户端计算机配置和测试 320

　　14.3.3　外部网络主机访问内部 Web 服务器 322

　　14.3.4　配置筛选器 325

　　14.3.5　设置 NAT 客户端 325

　　14.3.6　配置 DHCP 分配器与 DNS 代理 325

14.4　习题 327

14.5　项目实训　NAT 服务器的配置与管理 327

参考文献 **329**

搭建 Windows Server 2012 R2 服务器

项目背景

　　某高校组建了学校的校园网,需要架设一台具有 Web、FTP、DNS、DHCP 等功能的服务器来为校园网用户提供服务,现需要选择一种既安全又易于管理的网络操作系统。

　　在完成该项目之前,首先应该选定网络中计算机的组织方式;其次,根据微软系统的组织确定每台计算机应当安装的版本;再次,还要对安装方式、安装磁盘的文件系统格式、安装启动方式等进行选择;最后,开始系统的安装过程。

项目目标

- 了解不同版本的 Windows Server 2012 R2 系统的安装要求。
- 了解 Windows Server 2012 R2 的安装方式。
- 掌握完全安装 Windows Server 2012 R2。
- 掌握配置 Windows Server 2012 R2。
- 掌握添加与管理角色。

1.1　相关知识

　　Windows Server 2012 R2 是基于 Windows 8/Windows 8.1 以及 Windows 8 RT/Windows 8.1 RT 界面的新一代 Windows Server 操作系统,提供企业级数据中心和混合云解决方案,易于部署,以应用程序为重点,以用户为中心。

　　在 Microsoft 云操作系统版图的中心地带,Windows Server 2012 R2 能够提供全球规模云服务的 Microsoft 体验,在虚拟化、管理、存储、网络、虚拟桌面基础结构、访问和信息保护、Web 和应用程序平台等方面具备多种新功能。

　　Windows Server 2012 R2 是微软的服务器系统,是 Windows Server 2012 的升级版本。微软于 2013 年 6 月 25 日正式发布 Windows Server 2012 R2 预览版,包括 Windows Server 2012 R2 Datacenter 预览版和 Windows Server 2012 R2 Essentials 预览版。Windows Server 2012 R2 正式版于 2013 年 10 月 18 日发布。

1.1.1 Windows Server 2012 R2 系统和硬件设备要求

Windows Server 2012 R2 功能涵盖服务器虚拟化、存储、软件定义网络、服务器管理和自动化、Web 和应用程序平台、访问和信息保护、虚拟桌面基础结构等。

1. 系统最低要求

- 处理器为 1.4GHz、64 位。
- 内存为 512MB。
- 磁盘空间为 32GB。

2. 其他要求

- DVD 驱动器。
- 超级 VGA(800 像素×600 像素)或更高分辨率的显示器。
- 键盘和鼠标(或其他兼容的设备)。
- Internet 访问(可能需要付费)。

3. 基于 x64 的操作系统

确保具有已更新且已进行数字签名的 Windows Server 2012 R2 内核模式驱动程序。如果安装即插即用设备,则在驱动程序未进行数字签名时,可能会收到警告消息。如果安装的应用程序包含未进行数字签名的驱动程序,则在安装期间不会收到错误消息。在这两种情况下,Windows Server 2012 R2 均不会加载未签名的驱动程序。

如果无法确定驱动程序是否已进行数字签名,或在安装之后无法启动计算机,请使用下面的步骤禁用驱动程序签名要求。通过此步骤可以使计算机正常启动,并成功地加载未签名的驱动程序。

4. 对当前启动进程禁用签名要求的操作

(1) 重新启动计算机,并在启动期间按 F8 键。
(2) 选择"高级引导选项"。
(3) 选择"禁用强制驱动程序签名"。
(4) 引导 Windows 并卸载未签名的驱动程序。

1.1.2 制订安装配置计划

为了保证网络的稳定运行,在将计算机安装或升级到 Windows Server 2012 R2 之前,需要在实验环境下全面测试操作系统,并且要有一个清晰的文档化过程,这个文档化的过程就是配置计划。

配置计划是关于目前的基础设施和环境的信息、公司组织的方式和网络详细描述,包括协议、寻址到到外部网络的连接(例如,局域网之间的连接和 Internet 的连接)。此外,配置计划应该标识出在用户的环境下使用,但可能因 Windows Server 2012 R2 的引入而受到影响的应用程序。这些程序包括多层应用程序、基于 Web 的应用程序和将要运行在 Windows Server 2012 R2 计算机上的所有组件。一旦确定需要的各个组件,配置计划就应该记录安装的具体特征,包括测试环境的规格说明、将要被配置的服务器的数目和实施顺序等。

最后作为应急预案,配置计划还应该包括发生错误时需要采取的步骤。制订偶然事件处理方案来对付潜在的配置问题是计划阶段最重要的方面之一。很多 IT 公司都有维护灾难恢复计划,这个计划标识了具体步骤,以备在将来的自然灾害事件中恢复服务器,并且这是存放当前的硬件平台、应用程序版本相关信息的好地方,也是重要商业数据存放的地方。

1.1.3　Windows Server 2012 R2 的安装方式

Windows Server 2012 R2 有多种安装方式,分别适用于不同的环境,选择合适的安装方式可以提高工作效率。除了常规的使用 DVD 启动安装方式以外,还有升级安装、远程安装以及服务器核心安装。

1. 全新安装

使用 DVD 启动服务器并进行全新安装是最基本的方法。根据提示信息适时插入 Windows Server 2012 R2 安装光盘然后进行安装。

2. 升级安装

Windows Server 2012 R2 的任何版本都不能在 32 位机器上进行安装或升级。遗留的 32 位服务器要想运行 Windows Server 2012 R2,则必须升级到 64 位系统。

Windows Server 2012 R2 在开始升级过程之前,要确保断开一切 USB 或串口设备。Windows Server 2012 R2 安装程序会发现并识别它们,在检测过程中会发现 UPS 系统等此类问题。你可以安装传统监控,然后再连接 USB 或串口设备。

3. 理解软件升级的限制

Windows Server 2012 R2 的升级过程也存在一些软件限制。例如,Windows Server 2012 R2 不能从一种语言升级到另一种语言,不能从零售版本升级到调试版本,不能从预发布版本直接升级。如果出现这些情况,需要将以前版本的操作系统卸载干净后再进行安装。从一个服务器核心升级到 GUI 安装模式是被不被允许的,反过来同样也不可行。但是一旦安装了 Windows Server 2012 R2,则可以在不同模式之间自由切换。

4. 通过 Windows 部署服务远程安装

如果网络中已经配置了 Windows 部署服务,则通过网络远程安装也是一种不错的选择。但需要注意的是,采取这种安装方式必须确保计算机网卡具有 PXE(预启动执行环境)芯片,支持远程启动功能。否则,就需要使用 rbfg.exe 程序生成启动文件(可放 U 盘)来启动计算机进行远程安装。

在利用 PXE 功能启动计算机的过程中,根据提示信息按下引导键(一般为 F12 键),会显示当前计算机所使用的网卡的版本等信息,并提示用户按 F12 键,以启动网络服务引导。

5. 服务器核心安装

服务器核心是从 Windows Server 2008 开始新推出的功能,如图 1-1 所示。确切地说,Windows Server 2012 R2 服务器核心是微软公司的革命性的功能部件,是不具备图形界面的纯命令行服务器操作系统,它只安装了部分应用和功能,因此会更加安全和可靠,同时降低了管理的复杂度。

通过 RAID 卡实现磁盘冗余是大多数服务器经常采用的存储方案,既可提高数据存储的安全性,又可以提高网络传输速度。带有 RAID 卡的服务器在安装和重新安装操作系统之前,往往需要配置 RAID。不同品牌和型号服务器的配置方法略有不同,应注意查看服务器使用手册。对于品牌服务器而言,也可以使用随机提供的安装向导光盘引导服务器,这样,将会自动加载 RAID 卡和其他设备的驱动程序,并提供相应的 RAID 配置界面。

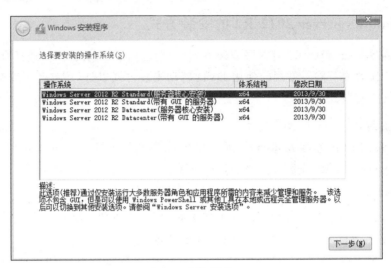

图 1-1　服务器核心

在安装 Windows Server 2012 R2 时,必须在"你想将 Windows 安装在何处"对话框中单击"加载驱动程序"超链接,打开如图 1-2 所示的"选择要安装的驱动程序"对话框,为该 RAID 卡安装驱动程序。另外,RAID 卡的设置应当在操作系统安装之前进行。如果重新设置 RAID,将删除所有硬盘中的全部内容。

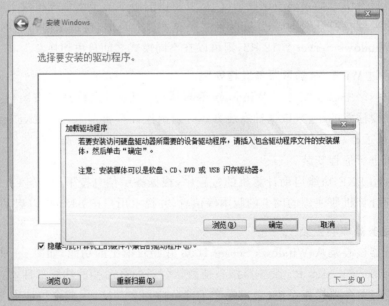

图 1-2　加载 RAID 驱动程序

1.1.4   安装前的注意事项

为了保证 Windows Server 2012 R2 的顺利安装,在开始安装之前必须做好准备工作,如备份文件、检查系统兼容性等。

1. 切断非必要的硬件连接

如果当前计算机正与打印机、扫描仪、UPS(管理连接)等非必要外设连接,则在运行安装程序之前应先将其断开,因为安装程序将自动监测连接到计算机串行端的所有设备。

2. 检查硬件和软件兼容性

为升级启动安装程序时,执行的第一个过程是检查计算机硬件和软件的兼容性。安装程序在继续执行前将显示报告,使用该报告以及 Relnotes.htm(位于安装光盘的\Docs 文件夹)中的信息确定在升级前是否需要更新硬件、驱动程序或软件。

3. 检查系统日志

如果计算机中安装有 Windows 2000/XP/2003/2008,建议使用"事件查看器"查看系统日志,寻找可能在升级期间引发问题的最新错误或重复发生的错误。

4. 备份文件

如果从其他操作系统升级至 Windows Server 2012 R2,建议在升级前备份当前的文件,包括含有配置信息(如系统状态、系统分区和启动分区)的所有内容,以及所有的用户和相关数据。建议将文件备份到各种不同的媒介,如网络上其他计算机的硬盘或者 U 盘,而尽量不要保存在本地计算机的其他非系统分区。

5. 断开网络连接

网络中可能会有病毒传播,因此,如果不是通过网络安装操作系统,应在安装之前拔下网线,以免新安装的系统感染上病毒。

6. 规划分区

Windows Server 2012 R2 要求必须安装在 NTFS 格式的分区上,全新安装时直接按照默认设置格式化磁盘即可。如果是升级安装,则应预先将分区格式化成 NTFS 格式;如果系统分区的剩余空间不足 32GB,则无法正常升级。建议将 Windows Server 2012 R2 目标分区至少设置为 60GB 或更大。

1.2   项目设计及分析

1.2.1   项目设计

在为学校选择网络操作系统时,首先推荐 Windows Server 2012 R2 操作系统。在安装 Windows Server 2012 R2 操作系统时,根据教学环境的不同,为教与学的方便设计不同的安装形式。

1. 在 VMWare 中安装 Windows Server 2012 R2

(1)物理主机安装了 Windows 8,计算机名为 client1。

（2）Windows Server 2012 R2 DVD-ROM 或镜像已准备好。

（3）要求 Windows Server 2012 R2 的安装分区大小为 55GB,文件系统格式为 NTFS,计算机名为 Win2012-1,管理员密码为 P@ssw0rd1,服务器的 IP 地址为 192.168.10.1,子网掩码为 255.255.255.0,DNS 服务器为 192.168.10.1,默认网关为 192.168.10.254,属于 COMP 工作组。

（4）要求配置桌面环境、关闭防火墙,放行 ping 命令。

2. 使用 Hyper-V 安装 Windows Server 2012 R2

Hyper-V 的内容读者可以参考其他相关图书的介绍,提前预习。

1.2.2 项目分析

项目分析阶段的要求如下。

（1）满足硬件要求的计算机 1 台。

（2）Windows Server 2012 R2 相应版本的安装光盘或镜像文件。

（3）用纸张记录安装文件的产品密钥(安装序列号)。规划启动盘的大小。

（4）在可能的情况下,在运行安装程序前用磁盘扫描程序扫描所有硬盘,检查硬盘错误并进行修复,否则在安装程序运行时,如果检查到有硬盘错误会影响安装。

（5）如果想在安装过程中格式化 C 盘或 D 盘(建议安装过程中格式化用于安装 Windows Server 2012 R2 系统的分区),需要备份 C 盘或 D 盘中有用的数据。

（6）导出电子邮件账户和通信录。将"C:\Documents and Settings\Administrator(或自己的用户名)"中的"收藏夹"目录复制到其他盘,以备份收藏夹。

1.3 项目实施

Windows Server 2012 R2 操作系统有多种安装方式。下面讲解如何安装与配置 Windows Server 2012 R2。

1.3.1 使用光盘安装 Windows Server 2012 R2

使用 Windows Server 2012 R2 企业版的引导光盘进行安装是最简单的安装方式。在安装过程中,需要用户干预的地方不多,只需掌握几个关键点即可顺利完成安装。需要注意的是,如果当前服务器没有安装 SCSI 设备或者 RAID 卡,则可以略过相应步骤。

　　　　下面的安装操作可以用 VMWare 虚拟机来完成。需要创建虚拟机,设置虚拟机中使用的 ISO 镜像所在的位置、内存大小等信息。

STEP 1 设置光盘引导。重新启动系统并把光盘驱动器设置为第一启动设备,保存设置。

STEP 2 从光盘引导。将 Windows Server 2012 R2 安装光盘放入光驱并重新启动。如果硬盘内没有安装任何操作系统,计算机会直接从光盘启动到安装界面;如果硬盘内安装有其他操作系统,计算机会显示"Press any key to boot from CD or DVD..."的提示信息,此时在键盘上按任意键,才能从 DVD-ROM 启动。

STEP 3 启动安装程序以后，显示如图 1-3 所示的"Windows 安装程序"对话框，首先需要选择安装的语言及设置输入方法。

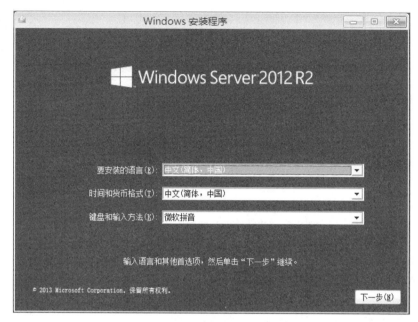

图 1-3　"Windows 安装程序"对话框

STEP 4 单击"下一步"按钮，接着出现现在安装的对话框，如图 1-4 所示。

图 1-4　现在安装

STEP 5 单击"现在安装"按钮，显示如图 1-5 所示的"选择要安装的操作系统"对话框。"操作系统"列表框中列出了可以安装的操作系统。这里选择"Windows Server 2012 R2 Standard(带有 GUI 的服务器)"，安装 Windows Server 2012 R2 标准版。

STEP 6 单击"下一步"按钮，选择"我接受许可条款"选项来接受许可协议。单击"下一步"按钮，出现如图 1-6 所示的"您想进行何种类型的安装?"对话框。"升级"选项用于

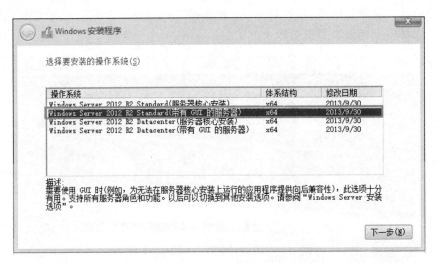

图 1-5 "选择要安装的操作系统"对话框

从 Windows Server 2008 升级到 Windows Server 2012 R2,且如果当前计算机没有安装操作系统,则该项不可用;"自定义(高级)"选项用于全新安装。

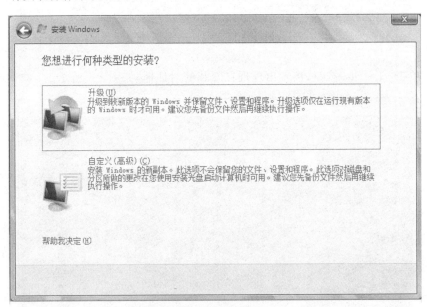

图 1-6 "您想进行何种类型的安装?"对话框

STEP 7 单击"自定义(高级)"选项,显示如图 1-7 所示的"你想将 Windows 安装在哪里?"对话框,显示当前计算机硬盘上的分区信息。如果服务器上安装了多块硬盘,则会依次显示为磁盘 0、磁盘 1、磁盘 2 等。

STEP 8 对硬盘进行分区,单击"新建"按钮,在"大小"文本框中输入分区大小,比如55000MB。单击"应用"按钮,弹出如图 1-8 所示的自动创建额外分区的提示。单击"确定"按钮,完成系统分区(第一个分区)和主分区(第二个分区)的建立。其他分区照此操作。

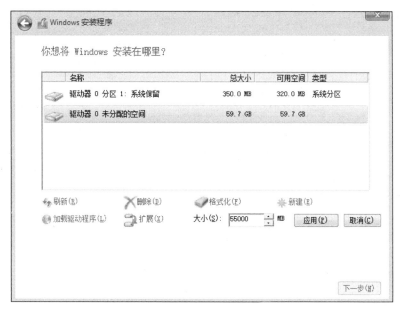

图 1-7　"你想将 Windows 安装在哪里?"对话框

图 1-8　创建额外分区的提示信息

STEP 9　完成分区后的对话框如图 1-9 所示。

STEP 10　选择第二个分区来安装操作系统,单击"下一步"按钮,显示如图 1-10 所示的"正在安装 Windows"对话框,开始复制文件并安装 Windows。

STEP 11　在安装过程中,系统会根据需要自动重新启动。在安装完成之前,要求用户设置 Administrator 账户密码,如图 1-11 所示。

对于账户密码,Windows Server 2012 R2 的要求非常严格,无论是管理员账户还是普通账户,都要求必须设置强密码。除必须满足"至少 6 个字符"和"不包含 Administrator 或 admin"的要求外,还至少满足下列条件中的 2 个。

- 包含大写字母(A、B、C 等)。
- 包含小写字母(a、b、c 等)。
- 包含数字(0、1、2 等)。
- 包含非字母数字字符(♯、&、～等)。

STEP 12　按要求输入密码后按 Enter 键确认,即可完成 Windows Server 2012 R2 系统的安装。接着按 Alt + Ctrl + Del 组合键,输入管理员密码,就可以正常登录

图 1-9　完成分区后的对话框

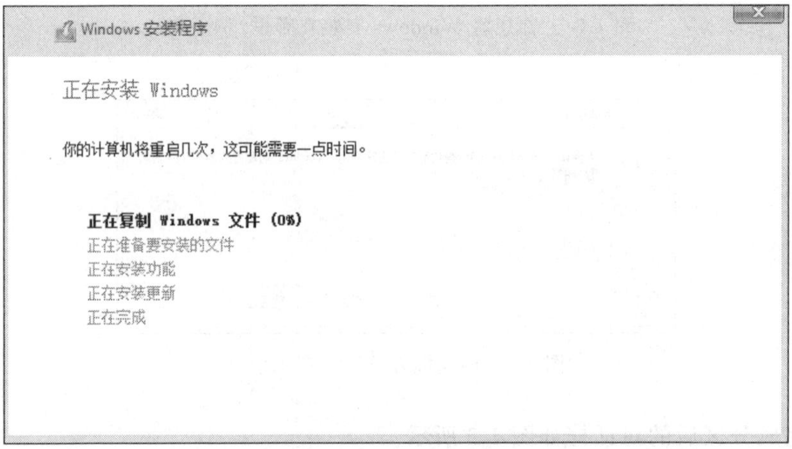

图 1-10　"正在安装 Windows"对话框

图 1-11　提示设置密码

Windows Server 2012 R2 的系统了。系统默认自动启动"初始配置任务"窗口，如图 1-12 所示。

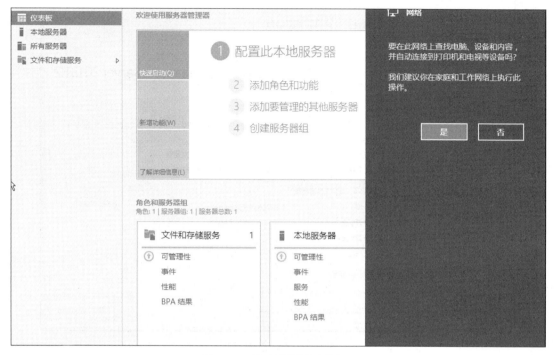

图 1-12 "初始配置任务"窗口

STEP 13 激活 Windows Server 2012 R2。依次选择"开始"→"控制面板"→"系统和安全"→"系统"选项，打开如图 1-13 所示的"系统"对话框，在该对话框的右下角显示 Windows 激活的状况，可以在此激活 Windows Server 2012 R2 网络操作系统和更改产品密钥。激活有助于验证 Windows 的副本是否为正版，以及在多台计算机上使用的 Windows 数量是否已超过 Microsoft 软件许可条款所允许的数量。激活的最终目的有助于防止软件伪造。如果不激活，可以试用 60 天。

至此，Windows Server 2012 R2 安装完成，现在就可以使用了。

1.3.2 配置 Windows Server 2012 R2

在安装完成后，应先进行一些基本配置，如计算机名、IP 地址、配置自动更新等，这些均可在"服务器管理器"对话框中完成。

1. 更改计算机名

Windows Server 2012 R2 系统在安装过程中不需要设置计算机名，而是使用由系统随机配置的计算机名。但系统配置的计算机名不仅冗长，而且不便于标识。因此，为了更好地标识和识别服务器，应将计算机名改为易记或有一定意义的名称。

STEP 1 依次选择"开始"→"管理工具"→"服务器管理器"选项，或者直接单击"服务器管理器"按钮，打开"服务器管理器"对话框，再单击左侧的"本地服务器"选项，如图 1-14 所示。

图 1-13 "系统"对话框

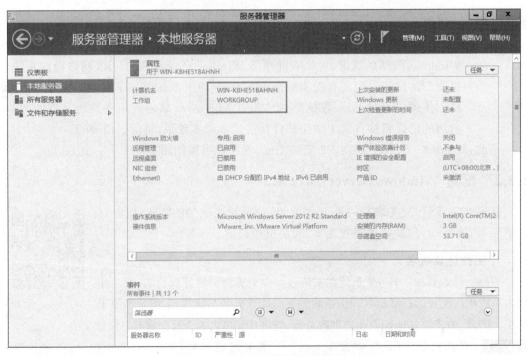

图 1-14 "服务器管理器"对话框

STEP 2　直接单击"计算机全名"和"工作组"后面的名称,对计算机名和工作组名进行修改即可。先单击计算机名称,出现"系统属性"对话框,如图 1-15 所示。

STEP 3　单击"更改"按钮,显示如图 1-16 所示的"计算机名/域更改"对话框。在"计算机名"文本框中输入新的名称,如 Win2012-1。在"工作组"文本框中可以更改计算机所处的工作组。

图 1-15　"系统属性"对话框

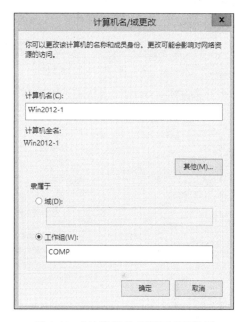

图 1-16　"计算机名/域更改"对话框

STEP 4　单击"确定"按钮,显示"欢迎加入 COMP 工作组"的提示框,如图 1-17 所示。单击"确定"按钮,显示重新启动计算机的提示框,提示必须重新启动计算机才能更改应用,如图 1-18 所示。

图 1-17　"欢迎加入 COMP 工作组"提示框

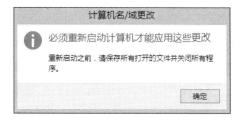

图 1-18　重新启动计算机的提示框

STEP 5　单击"确定"按钮,回到"系统属性"对话框。再单击"关闭"按钮,关闭"系统属性"对话框。接着出现一个对话框,提示必须重新启动计算机以更改应用。

STEP 6　单击"立即重新启动"按钮,即可重新启动计算机并应用新的计算机名。若选择"稍后重新启动"选项,则不会立即重新启动计算机。

2. 配置网络

网络配置是提供各种网络服务的前提。Windows Server 2012 R2 安装完成以后,默认为自动获取 IP 地址,自动从网络中的 DHCP 服务器获得 IP 地址。不过,由于 Windows Server 2012 R2 用来为网络提供服务,所以通常需要设置静态 IP 地址。另外,还可以配置网络发现、文件共享等功能,实现与网络的正常通信。

(1) 配置 TCP/IP

STEP 1　右击桌面右下角任务托盘区域的网络连接图标,选择快捷菜单中的"网络和共享中心"命令,打开如图 1-19 所示的"网络和共享中心"对话框。

图 1-19　"网络和共享中心"对话框

STEP 2　单击 Ethernet0,打开"Ethernet0 状态"对话框,如图 1-20 所示。

STEP 3　单击"属性"按钮,显示如图 1-21 所示的"Ethernet0 属性"对话框。Windows Server 2012 R2 中包含 IPv6 和 IPv4 两个版本的 Internet 协议,并且默认都已启用。

STEP 4　在"此连接使用下列项目"列表框中选择"Internet 协议版本 4(TCP/IPv4)"选项,单击"属性"按钮,显示如图 1-22 所示的"Internet 协议版本 4(TCP/IPv4)属性"对话框。选中"使用下面的 IP 地址"单选按钮,分别输入该服务器分配的 IP 地址、子网掩码、默认网关和 DNS 服务器。如果要通过 DHCP 服务器获取 IP 地址,则保留默认的"自动获得 IP 地址"。

STEP 5　单击"确定"按钮，保存所做的修改。

图 1-20　"Ethernet0 状态"对话框

图 1-21　"Ethernet0 属性"对话框

（2）启用网络发现

Windows Server 2012 R2 的"网络发现"功能，用来控制局域网中计算机和设备的发现与隐藏。如果启用"网络发现"功能，则可以显示当前局域网中发现的计算机，也就是"网络邻居"功能。同时，其他计算机也可发现当前计算机。如果禁用"网络发现"功能，则既不能发现其他计算机，也不能被发现。不过，关闭"网络发现"功能时，其他计算机仍可以通过搜索或指定计算机名、IP 地址的方式访问到该计算机，但不会显示在其他用户的"网络邻居"中。

为了便于计算机之间的互相访问，可以启用此功能。在图 1-19 所示的"网络和共享中心"对话框中单击"更改高级共享设置"按钮，出现如图 1-23 所示的"高级共享设置"对话框，选择"启用网络发现"单选按钮，并单击"保存更改"按钮。

奇怪的是，当重新打开"高级共享设置"对话框，显示的仍然是"关闭网络发现"时，应该如何解决这个问题呢？

为了解决这个问题，需要在服务中启用以下 3 个服务。

- Function Discovery Resource Publication。
- SSDP Discovery。
- UPnP Device Host。

将以上 3 个服务设置为自动并启动，就可以解决这个问题了。

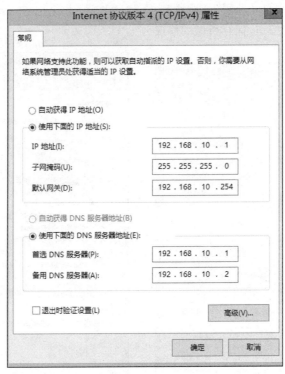

图 1-22　"Internet 协议版本 4(TCP/IPv4)属性"对话框

图 1-23　"高级共享设置"对话框(1)

依次选择"开始"→"管理工具"→"服务"选项,将上述 3 个服务设置为自动并启用即可。

（3）文件和打印机共享

网络管理员可以通过启用或关闭文件共享功能,实现为其他用户提供服务或访问其他计算机共享资源。在图 1-23 所示的"高级共享设置"对话框中选择"启用文件和打印机共享"单选按钮,并单击"保存更改"按钮,即可启用文件和打印机共享功能。

（4）密码保护的共享

在图 1-23 中,单击"所有网络"右侧的 ⌄ 按钮,展开"所有网络"的高级共享设置,如图 1-24 所示。

- 可以启用"启用共享以便可以访问网络的用户可以读取和写入公用文件夹中的文件"选项。
- 如果启用"密码保护的共享"选项,则其他用户必须使用当前计算机上有效的用户账户和密码才可以访问共享资源。Windows Server 2012 R2 默认启用该选项。

图 1-24　"高级共享设置"对话框（2）

3. 配置虚拟内存

在 Windows 中如果内存不够,系统会把内存中暂时不用的一些数据写到磁盘上,以腾出内存空间给别的应用程序使用;当系统需要这些数据时,再重新把数据从磁盘读回内存中。用来临时存放内存数据的磁盘空间称为虚拟内存。建议将虚拟内存的大小设为实际内存的 1.5 倍,虚拟内存太小会导致系统没有足够的内存运行程序,特别是当实际的内存不大时。下面是设置虚拟内存的具体步骤。

STEP 1 依次选择"开始"→"控制面板"→"系统和安全"→"系统"选项,然后单击"高级系统设置",打开"系统属性"对话框,再单击"高级"选项卡,如图 1-25 所示。

STEP 2 单击第一个"设置"按钮,打开"性能选项"对话框,再单击"高级"选项卡,如图 1-26 所示。

图 1-25 "系统属性"对话框中的"高级"选项卡   图 1-26 "性能选项"对话框

STEP 3 单击"更改"按钮,打开"虚拟内存"对话框,如图 1-27 所示。取消选中"自动管理所有驱动器的分页文件大小"复选框。选择"自定义大小"单选按钮,并设置初始大小为 40000MB,最大值为 60000MB,然后单击"设置"按钮,最后单击"确定"按钮并重启计算机,即可完成虚拟内存的设置。

注意　　虚拟内存可以分布在不同的驱动器中,总的虚拟内存等于各个驱动器上的虚拟内存之和。如果计算机上有多个物理磁盘,建议把虚拟内存放在不同的磁盘上以增加虚拟内存的读写性能。虚拟内存的大小可以自定义,即管理员手动指定,或者由系统自行决定。页面文件所使用的文件名是根目录下的 pagefile. sys,不要轻易删除该文件,否则可能会导致系统的崩溃。

4. 设置显示属性

在"外观"对话框中可以对计算机的显示、任务栏和"开始"菜单、轻松访问中心、文件夹选项和字体进行设置。前面已经介绍了对文件夹选项的设置。下面介绍设置显示属性的具

图 1-27 "虚拟内存"对话框

体步骤。

依次选择"开始"→"控制面板"→"外观"→"显示"选项,打开"显示"对话框,如图 1-28 所示。可以对分辨率、亮度、桌面背景、配色方案、屏幕保护程序、显示器设置、连接到投影仪、调整 ClearType 文本和设置自定义文本大小(DPI)进行逐项设置。

5. 配置防火墙,放行 ping 命令

Windows Server 2012 R2 安装后,默认自动启用防火墙,而且 ping 命令默认被阻止,ICMP 协议包无法穿越防火墙。为了完成各个项目中的实训,应该设置防火墙允许 ping 命令通过。若要放行 ping 命令,有如下两种方法。

一是在防火墙设置中新建一条允许 ICMPv4 协议通过的规则并启用;二是在防火墙设置的"入站规则"中启用"文件和打印共享"(默认不启用)的预定义规则。下面介绍第一种方法的具体步骤。

STEP 1 依次选择"开始"→"控制面板"→"系统和安全"→"Windows 防火墙"→"高级设置"选项,在打开的"高级安全 Windows 防火墙"对话框中单击左侧目录树中的"入站规则",如图 1-29 所示。(第二种方法在此"入站规则"中设置即可,请读者思考。)

STEP 2 单击"操作"列的"新建规则",出现"新建入站规则向导"的"规则类型"对话框,单击"自定义"单选按钮,如图 1-30 所示。

STEP 3 单击"步骤"列的"协议和端口",如图 1-31 所示。在"协议类型"下拉列表框中选择 ICMPv4。

图 1-28 "显示"对话框

图 1-29 "高级安全 Windows 防火墙"窗口

STEP 4 单击"下一步"按钮，在出现的对话框中选择应用于哪些本地 IP 地址和哪些远程 IP 地址。

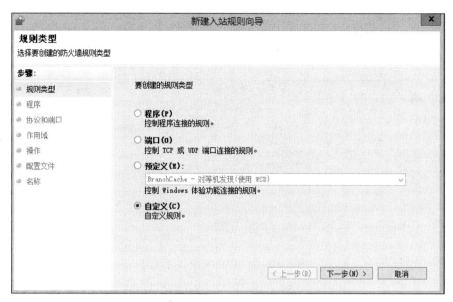

图 1-30　"新建入站规则向导"的"规则类型"对话框

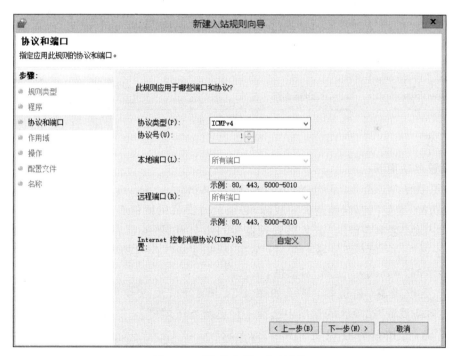

图 1-31　"协议和端口"对话框

STEP 5　继续单击"下一步"按钮,选择"允许连接"选项。

STEP 6　再次单击"下一步"按钮,选择应用本规则的时间。

STEP 7　最后单击"下一步"按钮,输入本规则的名称,比如 ICMPv4 协议规则。单击"完成"按钮,使新规则生效。

6. 查看系统摘要

系统摘要包括硬件资源、组件和软件环境这几个内容。依次选择"开始"→"管理工具"→"系统信息"选项，显示如图 1-32 所示的"系统信息"窗口。

图 1-32   "系统信息"窗口

7. 设置自动更新

系统更新是 Windows 系统必不可少的功能，Windows Server 2012 R2 也是如此。为了增强系统功能，避免因漏洞而造成的故障，必须及时安装更新程序，以保护系统的安全。

单击"开始"菜单右侧的"服务器管理器"图标，打开"服务器管理器"窗口。选中左侧的"本地服务器"，在"属性"区域中单击"Windows 更新"右侧的"未配置"超链接，显示如图 1-33 所示的"Windows 更新"对话框。

单击"更改设置"超链接，显示如图 1-34 所示的"更改设置"对话框，在"选择你的 Windows 更新设置"选项区的选项中选择一种更新方法即可。

单击"确定"按钮保存设置。Windows Server 2012 R2 就会根据所做配置，自动从 Windows 更新网站检测并下载更新。

1.3.3 添加角色和功能

Windows Server 2012 R2 的一个亮点就是组件化，所有角色、功能甚至用户账户都可以在"服务器管理器"中进行管理。

Windows Server 2012 R2 的网络服务虽然多，但默认不会安装任何组件，只是一个提供用户登录的独立的网络服务器，用户需要根据自己的实际需要选择安装相关的网络服务。

图 1-33 "Windows 更新"对话框

图 1-34 "更改设置"对话框

下面以添加 Web 服务器(IIS)为例介绍添加角色和功能的方法。

STEP 1 依次选择"开始"→"管理工具"→"服务器管理器"选项,打开"服务器管理器"对话框,选中左侧的"仪表板"目录树,再单击"添加角色和功能"超链接,启动"添加角色和功能向导"。接着显示如图 1-35 所示的"开始之前"对话框,提示此向导可以完成的工作以及操作之前需要注意的相关事项。

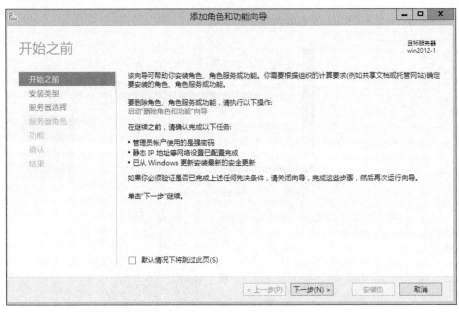

图 1-35 "开始之前"对话框

 提示 在"服务器管理器"对话框中也可以选中"本地服务器"。单击"角色和功能"区域右上角的任务下拉按钮 任务▼ ,在弹出的菜单中选择"添加角色的功能"命令,同样可以打开"添加角色和功能"对话框。

STEP 2 单击"下一步"按钮,出现"选择安装类型"对话框,如图 1-36 所示。选择"基于角色或基于功能的安装"选项。

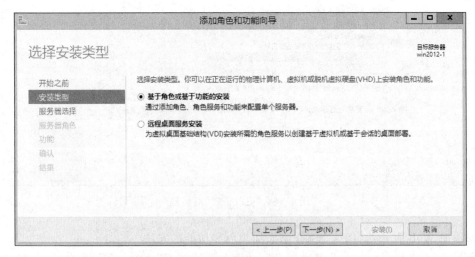

图 1-36 "选择安装类型"对话框

STEP 3　单击"下一步"按钮,出现"选择目标服务器"对话框,如图 1-37 所示,选择默认值即可。

图 1-37　"选择目标服务器"对话框

STEP 4　继续单击"下一步"按钮,显示如图 1-38 所示的"选择服务器角色"对话框,显示了所有可以安装的服务器角色。如果"角色"列表框中某个复选框没有被选中,则表示该网络服务尚未安装;如果已选中某个复选框,说明网络服务已经安装。在列表框中选择拟安装的网络服务即可,这里选择 Web 服务器(IIS)。

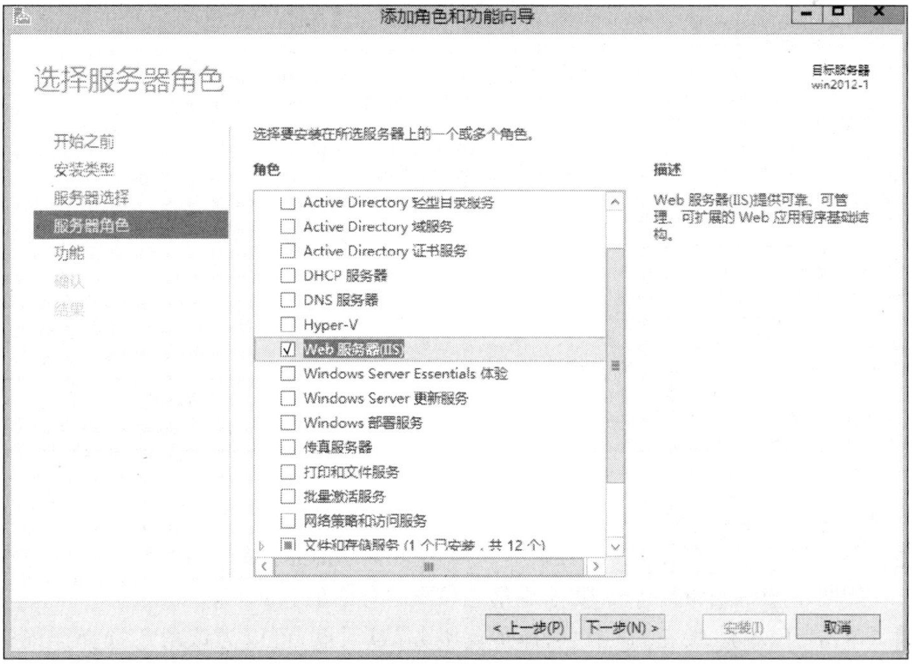

图 1-38　"选择服务器角色"对话框

STEP 5 由于一种网络服务往往需要多种功能配合使用，因此，有些角色还需要添加其他
功能，如图1-39所示。此时，单击"添加功能"按钮添加即可。

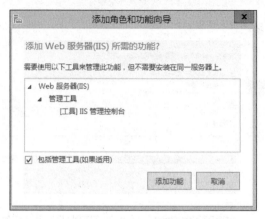

图1-39 "添加角色和功能向导"对话框

STEP 6 选中要安装的网络服务以后，单击"下一步"按钮，显示"选择功能"对话框，如
图1-40所示。

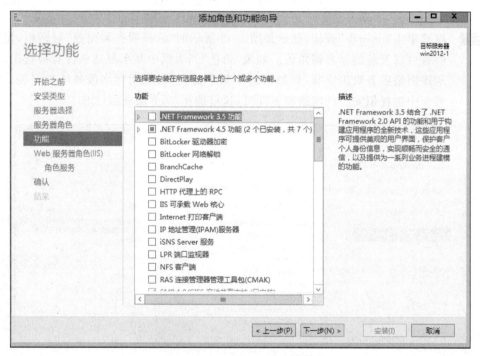

图1-40 "选择功能"对话框

STEP 7 单击"下一步"按钮，通常会显示该角色的简介信息。以安装Web服务为例，显示
如图1-41所示的"Web服务器角色（IIS）"对话框。

STEP 8 单击"下一步"按钮，显示"选择角色服务"对话框，可以为该角色选择详细的组件，
如图1-42所示。

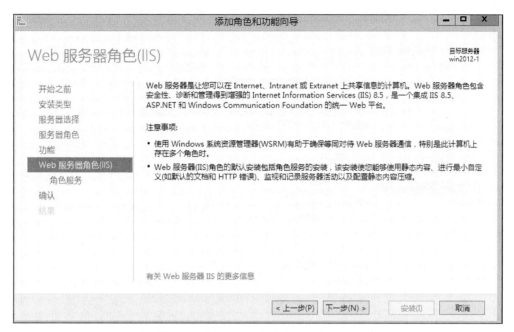

图 1-41　"Web 服务器角色(IIS)"对话框

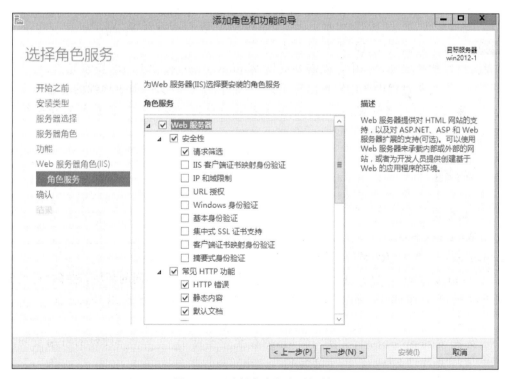

图 1-42　"选择角色服务"对话框

STEP 9　单击"下一步"按钮,显示如图 1-43 所示的"确认安装所选内容"对话框。如果在选择服务器角色的同时选中了多个,则会要求选择其他角色的详细组件。

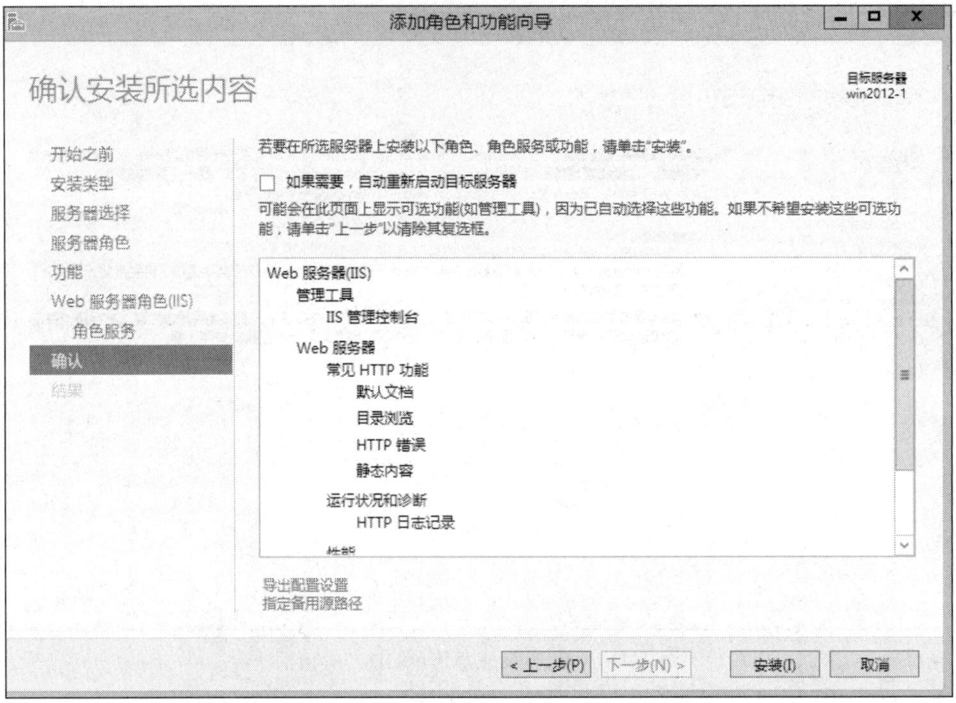

图 1-43　"确认安装所选内容"对话框

STEP 10　单击"安装"按钮即可开始安装。

　　部分网络服务安装过程中可能需要提供 Windows Server 2012 R2 安装光盘；有些网络服务可能会在安装过程中调用配置向导，做一些简单的服务配置；但更详细的配置通常都借助于安装完成后的网络管理实现。（有些网络服务安装完成以后需要重新启动系统才能生效。）

1.4　习题

一、填空题

1. Windows Server 2012 R2 所支持的文件系统包括_____、_____、_____。Windows Server 2012 R2 系统只能安装在_____文件系统分区。

2. Windows Server 2012 R2 有多种安装方式，分别适用于不同的环境，选择合适的安装方式可以提高工作效率。除了常规的使用 DVD 启动安装方式以外，还有_____、_____及_____。

3. 安装 Windows Server 2012 R2 时，内存至少不低于_____，硬盘的可用空间不低于_____，并且只支持_____位版本。

4. Windows Server 2012 R2 管理员口令要求必须符合以下条件：①至少 6 个字符；②不包含用户账户名称超过两个以上连续字符；③ 包含_____、_____、大写字母（A～Z）、小写字母（a～z）4 组字符中的 2 组。

5. Windows Server 2012 R2 中的_____，相当于 Windows Server 2003 中的

Windows 组件。

6.页面文件所使用的文件名是根目录下的_____,不要轻易删除该文件,否则可能会导致系统的崩溃。

7.对于虚拟内存的大小,建议为实际内存的_____。

二、选择题

1.在 Windows Server 2012 R2 系统中如果要输入 DOS 命令,则在"运行"对话框中输入(　　)。

    A. cmd   B. MMC   C. AUTOEXE   D. TTY

2. Windows Server 2012 R2 系统安装时生成的 Documents and Settings、Windows 以及 Windows\System32 文件夹是不能随意更改的,因为它们是(　　)。

    A. Windows 的桌面

    B. Windows 正常运行时所必需的应用软件文件夹

    C. Windows 正常运行时所必需的用户文件夹

    D. Windows 正常运行时所必需的系统文件夹

3.有一台服务器的操作系统是 Windows Server 2008,文件系统是 NTFS,无任何分区,现要求对该服务器进行 Windows Server 2012 R2 的安装,保留原数据,但不保留操作系统,应使用下列方法(　　)进行安装才能满足需求。

    A. 在安装过程中进行全新安装并格式化磁盘

    B. 对原操作系统进行升级安装,不格式化磁盘

    C. 做成双引导,不格式化磁盘

    D. 重新分区并进行全新安装

4.现要在一台装有 Windows 2008 Server 操作系统的机器上安装 Windows Server 2012 R2,并做成双引导系统。此计算机硬盘的大小是 200GB,有两个分区:C 盘大小为 100GB,文件系统是 FAT;D 盘大小为 100GB,文件系统是 NTFS。为使计算机成为双引导系统,下列最好的方法是(　　)。

    A. 安装时选择升级选项,并且选择 D 盘作为安装盘

    B. 全新安装,选择 C 盘上与 Windows 相同的目录作为 Windows Server 2012 R2 的安装目录

    C. 升级安装,选择 C 盘上与 Windows 不同的目录作为 Windows Server 2012 R2 的安装目录

    D. 全新安装,且选择 D 盘作为安装盘

5.与 Windows Server 2003 相比,下面不是 Windows Server 2012 R2 的新特性的选项是(　　)。

    A. Active Directory

    B. 服务器核心

    C. PowerShell

    D. Hyper-V

三、简答题

1.简述 Windows Server 2012 R2 系统的最低硬件配置需求。

2. 在安装 Windows Server 2012 R2 前有哪些注意事项？

1.5　实训项目　基本配置 Windows Server 2012 R2

一、实训目的

- 掌握 Windows Server 2012 R2 网络操作系统的桌面环境配置。
- 掌握 Windows Server 2012 R2 防火墙的配置。
- 掌握 Windows Server 2012 R2 控制台(MMC)的应用。
- 掌握在 Windows Server 2012 R2 中添加角色和功能。

二、项目背景

公司新购进一台服务器，硬盘空间为 500GB。已经安装了 Windows 7 网络操作系统和 VMWare，计算机名为 client1。Windows Server 2012 R2 的镜像文件已保存在硬盘上。

三、项目要求

(1) 配置桌面环境。

① 对"开始"菜单进行自定义设置。

② 虚拟内存大小设为实际内存大小的 2 倍。

③ 设置文件夹选项。

④ 设置显示属性。

⑤ 查看系统信息。

⑥ 设置自动更新。

(2) 关闭防火墙。

(3) 使用规划放行 ping 命令。

(4) 测试物理主机(client1)与虚拟机(Win2012-0)之间的通信。

(5) 使用 MMC 控制台。

(6) 添加角色和功能。

四、做一做

根据项目要求进行项目的实训，检查学习效果。

项目 2
部署与管理 Active Directory
域服务

项目背景

　　未名公司组建的单位内部的办公网络原来是基于工作组方式的,近期由于公司业务的快速发展,人员激增。公司基于方便和网络安全管理的需要,考虑将基于工作组的网络升级为基于域的网络。现在需要将一台或多台计算机升级为域控制器,并将其他所有计算机加入域成为成员服务器,同时将原来的本地用户账户和组也升级为域用户和组进行管理。

项目目标

- 掌握规划和安装局域网中的活动目录的方法。
- 掌握创建目录林根级域的方法。
- 掌握安装额外域控制器的方法。
- 掌握创建子域的方法。

2.1 相关知识

　　Active Directory 又称活动目录,是 Windows Server 系统中非常重要的目录服务。Active Directory 用于存储网络上各种对象的有关信息,包括用户账户、组、打印机、共享文件夹等,并把这些数据存储在目录服务数据库中,便于管理员和用户查询及使用。活动目录具有安全、可扩展、可伸缩的特点,与 DNS 集成在一起,可基于策略进行管理。

2.1.1 认识活动目录及意义

　　活动目录就是 Windows 网络中的目录服务(Directory Service),即活动目录域服务(AD DS)。目录服务有两方面内容:目录和与目录相关的服务。

　　活动目录负责目录数据库的保存、新建、删除、修改与查询等服务,用户能很容易地在目录内寻找所需要的数据。

　　AD DS 的适用范围非常广泛,它可以用在一台计算机、一个小型局域网络(LAN)或数个广域网(WAN)结合的环境中,它包含此范围中的所有对象,例如文件、打印机、应用程序、服务器、域控制器和用户账户等。活动目录具有以下意义。

1. 简化管理

活动目录和域密切相关。域是指网络服务器和其他计算机的一种逻辑分组,凡是在共享域逻辑范围内的用户都使用公共的安全机制和用户账户信息,每个使用者在域中只拥有一个账户,每次登录的是整个域。

活动目录用于将域中的资源分层次地组织在一起,每个域都包含一个或多个域控制器(Directory Controled,DC)。域控制器就是安装活动目录的 Windows Server 2012 R2 的计算机,它存储域目录完整的副本。为了简化管理,域中的所有域控制器都是对等的,可以在任意一台域控制器上做修改,更新的内容将被复制到该域中所有其他域控制器。活动目录为管理网络上的所有资源提供单一入口,进一步简化了管理。管理员可以登录任意一台计算机管理网络。

2. 安全性

安全性通过登录身份验证及目录对象的访问控制集成在活动目录之中。通过单点网络登录,管理员可以管理分散在网络各处的目录数据和组织单位,经过授权的网络用户可以访问网络任意位置的资源,基于策略的管理简化了网络的管理。

活动目录通过对象访问控制列表及用户凭据保护用户账户和组信息,因为活动目录不但可以保存用户凭据,还可以保存访问控制信息,所以登录到网络上的用户既能获得身份验证,也能获得访问系统资源所需的权限。例如,在用户登录到网络时,安全系统会利用存储在活动目录中的信息验证用户的身份,在用户试图访问网络服务时,系统会检查在服务的自由访问控制列表(DCAL)中定义的属性。

活动目录允许管理员创建组账户,管理员可以更加有效地管理系统的安全性,通过控制组权限可控制组成员的访问操作。

3. 改进的性能与可靠性

Windows Server 2012 R2 能够更加有效地管理活动目录的复制与同步,不管是在域内还是在域间,管理员都可以更好地控制要在域控制器间进行同步的信息类型。活动目录还提供了许多技术,可以智能地选择只复制发生更改的信息,而不是机械地复制整个目录的数据库。

2.1.2　命名空间

命名空间(Namespace)是一个界定好的区域(Bounded Area),在此区域内,我们可以利用某个名称找到与此名称有关的信息。例如,一本电话簿就是一个命名空间,在这本电话簿内(界定好的区域内),我们可以利用姓名来找到某人的电话、地址与生日等数据。又例如,Windows 操作系统的 NTFS 文件系统也是一个命名空间,在这个文件系统内,我们可以利用文件名来找到此文件的大小、修改日期与文件内容等数据。

活动目录域服务(AD DS)也是一个命名空间。利用 AD DS,我们可以通过对象名称来找到与此对象有关的所有信息。

在 TCP/IP 网络环境下利用 Domain Name System(DNS)来解析主机名与 IP 地址的对应关系,例如利用 DNS 来得知主机的 IP 地址。AD DS 也与 DNS 紧密地集成在一起,它的域名空间也是采用 DNS 架构,因此域名是采用 DNS 格式来命名的,例如可以将 AD DS 的域名命名为 long.com。

2.1.3   对象和属性

AD DS 内的资源以对象(Object)的形式存在,例如用户、计算机等都是对象,而对象是通过属性(Atribute)来描述其特征的,也就是对象本身是一些属性的集合。例如,若要为使用者张三建立一个账户,则需新建一个对象类型(Object Class)为用户的对象(也就是用户账户),然后在此对象内输入张三的姓、名、登录名与地址等,其中的用户账户就是对象,而姓、名与登录名等就是该对象的属性。

2.1.4   容器

容器(Container)与对象类似,它也有自己的名称,也是一些属性的集合,不过容器内可以包含其他对象(例如用户、计算机等),也可以包含其他容器。

组织单位是一个比较特殊的容器,其内可以包含其他对象与组织单位。组织单位也是应用组策略(Group Policy)和委派责任的最小单位。

AD DS 以层次式架构(Hierarchical)将对象、容器与组织单位等组合在一起,并将其存储到 AD DS 数据库内。

2.1.5   可重新启动的 AD DS

在旧版 Windows 域控制器内,若要进行 AD DS 数据库维护工作(例如数据库脱机重整),就需要重新启动计算机,进入目录服务还原模式(Directory Service Restore Mode)来执行维护工作。若这台域控制器也同时提供其他网络服务,例如它同时也是 DHCP 服务器,则重新启动计算机将造成这些服务暂时中断。

除了进入目录服务还原模式之外,Windows Server 2012 R2 等域控制器还提供可重新启动的 AD DS 功能,也就是说若要执行 AD DS 数据库维护工作,只需要将 AD DS 服务停止即可,不需要重新启动计算机来进入目录服务还原模式,这样不但可以让 AD DS 数据库的维护工作更容易、更快速地完成,而且其他服务也不会被中断。完成维护工作后再重新启动 AD DS 服务即可。

在 AD DS 服务停止的情况下,只要还有其他域控制器在线,则仍然可以在这台 AD DS 服务停止的域控制器上利用域用户账户登录。若没有其他域控制器在线,则在这台 AD DS 服务已停止的域控制器上默认只能够利用目录服务还原模式下的系统管理员账户来进入目录服务还原模式。

2.1.6   Active Directory 回收站

在旧版 Windows 系统中,系统管理员若不小心将 AD DS 对象删除,其恢复过程耗时费力,例如误删组织单位,其内部的所有对象都会丢失,此时虽然系统管理员可以进入目录服务还原模式来恢复被误删的对象,不过比较耗费时间,而且在进入目录服务还原模式这段时间内,域控制器会暂时停止对客户端提供服务。Windows Server 2012 R2 具备 Active Directory(活动目录)回收站功能,它让系统管理员不需要进入目录服务还原模式就可以快速恢复被删除的对象。

2.1.7 AD DS 的复制模式

域控制器之间在复制 AD DS 数据库时,分为下面两种复制模式。

- 多主机复制模式(Multi-master Replication Model):AD DS 数据库内的大部分数据是利用此模式进行复制操作的。在此模式下,可以直接更新任何一台域控制器内的 AD DS 对象,之后这个更新过的对象会被自动复制到其他域控制器。例如,在任何一台域控制器的 AD DS 数据库内添加一个用户账户后,此账户会自动被复制到域内的其他域控制器。
- 单主机复制模式(Single-master Replication Model):AD DS 数据库内少部分数据是采用单主机复制模式进行复制的。在此模式下,当你提出修改对象数据的请求时,会由其中一台域控制器(被称为操作主机)负责接收与处理此请求,也就是说该对象是先在操作主机中被更新,再由操作主机将它复制给其他域控制器。例如添加或删除一个域时,此变动数据会先被写入扮演域命名操作主机角色的域控制器内,再由它复制给其他域控制器。

2.1.8 认识活动目录的逻辑结构

活动目录结构是指网络中所有用户、计算机以及其他网络资源的层次关系,就像一个大型仓库中分出若干个小储藏间,每个小储藏间分别用来存放东西。通常活动目录的结构可以分为逻辑结构和物理结构,分别包含不同的对象。

活动目录的逻辑结构非常灵活,目录中的逻辑单元通常包括架构、域、组织单位(Organizational Unit,OU)、域树、域林、站点和目录分区。

1. 架构

AD DS 对象类型与属性数据是定义在架构(Schema)内的,例如它定义了用户对象类型内包含哪些属性(姓、名、电话等)、每一个属性的数据类型等信息。

隶属 Schema Admins 组的用户可以修改架构内的数据,应用程序也可以自行在架构内添加其所需的对象类型或属性。在一个林内的所有域树共享相同的架构。

2. 域

域是在 Windows NT/2000/2003/2008/2012 网络环境中组建客户机/服务器网络的实现方式。所谓域,是由网络管理员定义的一组计算机集合,实际上就是一个网络。在这个网络中,至少有一台称为域控制器的计算机充当服务器角色。在域控制器中保存着整个网络的用户账号及目录数据库,即活动目录。管理员可以通过修改活动目录的配置来实现对网络的管理和控制,如管理员可以在活动目录中为每个用户创建域用户账号,使他们可登录域并访问域的资源。同时,管理员也可以控制所有网络用户的行为,如控制用户能否登录、在什么时间登录、登录后能执行哪些操作等。而域中的客户计算机要访问域的资源,则必须先加入域,并通过管理员为其创建域用户账号登录域才能访问域资源,同时,也必须接受管理员的控制和管理。构建域后,管理员可以对整个网络实施集中控制和管理。

3. 组织单位

OU 是组织单位,在活动目录(Active Directory,AD)中扮演着特殊的角色,它是一个当普通边界不能满足要求时创建的边界。OU 把域中的对象组织成逻辑管理组,而不是安全组或代表地理实体的组。OU 是应用组策略和委派责任的最小单位。

组织单位是包含在活动目录中的容器对象。创建组织单位的目的是对活动目录对象进行分类。比如,由于一个域中的计算机和用户较多,会使活动中的对象非常多。这时,管理员如果想查找某一个用户账号并进行修改是非常困难的。另外,如果管理员只想对某一部门的用户账号进行操作,实现起来也不太简单。如果管理员在活动目录中创建了组织单位,所有操作就会变得非常简单。比如管理员可以按照公司的部门创建不同的组织单位,如财务部组织单位、市场部组织单位、策划部组织单位等,并将不同部门的用户账号建立在相应的组织单位中,这样管理时就会非常容易、方便。除此之外,管理员还可以针对某个组织单位设置组策略,实现对该组织单位内所有对象的管理和控制。

总之,创建组织单位有以下好处。

- 可以分类组织对象,使所有对象结构更清晰。
- 可以对某些对象配置组策略,实现对这些对象的管理和控制。
- 可以委派管理控制权,如管理员可以给不同部门的网络主管授权,让他们管理本部门的账号。

因此,组织单位是将用户、组、计算机和其他单元放入活动目录的容器,组织单位不能包括来自其他域的对象。组织单位是可以指派组策略设置或委派管理权限的最小作用单位。使用组织单位,用户可在组织单位中代表逻辑层次结构的域中创建容器,这样就可以根据组织模型管理网络资源的配置和使用。可授予用户对域中某个组织单位的管理权限,组织单位的管理员不需要具有域中任何其他组织单位的管理权。

4. 域目录树

当要配置一个包含多个域的网络时,应该将网络配置成域目录树结构,如图 2-1 所示。

在图 2-1 所示的域目录树中,最上层的域名为 China.com,它是这个域目录树的根域,也称为父域。下面两个域 Jinan.China.com 和 Beijing.China.com 是 China.com 域的子域。3 个域共同构成了这个域目录树。

活动目录的域名仍然采用 DNS 域名的命名规则进行命名。在图 2-1 所示的域目录树中,两个子域的域名 Jinan.China.com 和 Beijing.China.com 中仍包含父域的域名 China.com,因此,它们的命名空间是连续的。这也是判断两个域是否属于同一个域目录树的重要条件。

图 2-1　域目录树

在整个域目录树中,所有域共享同一个活动目录,即整个域目录树中只有一个活动目录。只不过这个活动目录分散地存储在不同的域中(每个域只负责存储和本域有关的数据),整体上形成一个大的分布式的活动目录数据库。在配置一个较大规模的企业网络时,可以配置为域目录树结构,比如将企业总部的网络配置为根域,各分支机构的网络配置为子域,整体上形成一个域目录树,以实现集中管理。

5. 域目录林

如果网络的规模比前面提到的域目录树还要大,甚至包含了多个域目录树,这时可以将网络配置为域目录林(也称森林)结构。域目录林由一个或多个域目录树组成,如图 2-2 所示。域目录林中的每个域目录树都有唯一的命名空间,它们之间并不是连续的,这一点从图中的两个目录树中可以看到。

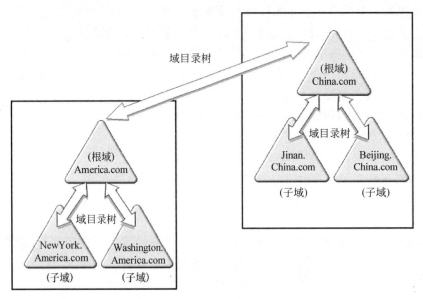

图 2-2　域目录林

整个域目录林中也存在一个根域,这个根域是域目录林中最先安装的域。在图 2-2 所示的域目录林中,China.com 是最先安装的,则这个域是域目录林的根域。

注意　　在创建域目录林时,组成域目录林的两个域目录树的树根之间会自动创建相互的、可传递的信任关系。由于有了双向的信任关系,域目录林中的每个域中的用户都可以访问其他域的资源,也可以从其他域登录到本域中。

6. 站点

站点由一个或多个 IP 子网组成,这些子网通过高速网络设备连接在一起。站点往往由企业的物理位置分布情况决定,可以依据站点结构配置活动目录的访问和复制拓扑关系,使网络更有效地连接,并且可使复制策略更合理,用户登录更快速。活动目录中的站点与域是两个完全独立的概念,一个站点中可以有多个域,多个站点也可以位于同一个域中。

活动目录站点和服务可以通过使用站点提高大多数配置目录服务的效率。通过使用活动目录站点和服务来发布站点,并提供有关网络物理结构的信息,从而确定如何复制目录信息和处理服务的请求。计算机站点是根据其在子网或组已连接好子网中的位置指定的,子网用来为网络分组,类似于生活中使用邮政编码划分地址。划分子网可方便发送有关网络与目录连接的物理信息,而且同一子网中计算机的连接情况通常优于不同网络。

使用站点的意义主要在于以下 3 点。

(1) 提高了验证过程的效率。当客户使用域账户登录时,登录机制首先搜索与客户处于同一站点内的域控制器,使用客户站点内的域控制器可以使网络传输本地化,从而加快了身份验证的速度,提高了验证过程的效率。

(2) 平衡了复制频率。活动目录信息可在站点内部或站点之间进行信息复制,但由于网络的原因,活动目录在站点内部复制信息的频率高于站点间的复制频率,这样做可以平衡对最新目录的信息需求和可用网络带宽带来的限制,可以通过站点链接来定制活动目录如何复制信息以指定站点的连接方法,活动目录使用有关站点如何连接的信息生成连接对象,以便提供有效的复制和容错。

(3) 可提供有关站点链接信息。活动目录可使用站点链接信息费用、链接使用次数、链接何时可用以及链接使用频度等信息确定应使用哪个站点来复制信息以及何时使用该站点。定制复制计划使复制在特定时间(诸如网络传输空闲时)进行,会使复制更为有效。通常所有域控制器都可用于站点间信息的变换,也可以通过指定桥头堡服务器优先发送和接收站间复制信息的方法来进一步控制复制行为。当希望拥有用于站间复制的特定服务器时,我们宁愿建立一个桥头堡服务器而不使用其他可用服务器。或在配置代理服务器时建立一个桥头堡服务器,用于通过防火墙发送和接收信息。

7. 目录分区

AD DS 数据库被分为下面 4 个目录分区。

- 架构目录分区(Schema Directory Partition):它存储着整个林中所有对象与属性的定义数据,也存储着如何建立新对象与属性的规则。整个林内所有域共享一份相同的架构目录分区,它会被复制到林中所有域的所有域控制器。
- 配置目录分区(Configuration Directory Partition):其内存储着整个 AD DS 的结构,例如有哪些域、哪些站点、哪些域控制器等数据。整个林共享一份相同的配置目录分区,它会被复制到林中所有域的所有域控制器。
- 域目录分区(Domain Directory Partition):每一个域各有一个域目录分区,存储着与该域有关的对象,例如用户、组与计算机等对象。每一个域各自拥有一份域目录分区,它只会被复制到该域内的所有域控制器,但并不会被复制到其他域的域控制器。
- 应用程序目录分区(Application Directory Partition):一般来说,应用程序目录分区是由应用程序所建立的,其内存储着与该应用程序有关的数据,例如,由 Windows Server 2012 R2 扮演的 DNS 服务器,若所建立的 DNS 区域为 Active Directory 集成区域,则它便会在 AD DS 数据库内建立应用程序目录分区,以便存储该区域的数据。应用程序目录分区会被复制到林中特定的域控制器中,而不是所有的域控制器。

2.1.9　认识活动目录的物理结构

活动目录的物理结构与逻辑结构是彼此独立的两个概念。逻辑结构侧重于网络资源的管理,而物理结构侧重于网络的配置和优化。物理结构的 3 个重要概念是域控制器、只读域控制器(RODC)和全局编录服务器。

1. 域控制器

域控制器是指安装了活动目录的 Windows Server 2012 R2 的服务器,它保存了活动目录信息的副本。域控制器管理目录信息的变化,并把这些变化复制到同一个域中的其他域控制器上,使各域控制器上的目录信息同步。域控制器负责用户的登录过程以及其他与域有关的操作,如身份鉴定、目录信息查找等。一个域可以有多个域控制器,规模较小的域可以只有 2 个域控制器,一个进行实际应用,另一个用于容错性检查,规模较大的域则使用多个域控制器。

域控制器没有主次之分,采用多主机复制方案,每一个域控制器都有一个可写入的目录副本,这为目录信息容错带来了很大的好处。尽管在某个时刻,不同的域控制器中的目录信息可能有所不同,但一旦活动目录中的所有域控制器执行同步操作之后,最新的变化信息就会一致。

2. 只读域控制器

只读域控制器(Read-Only Domain Controller,RODC)的 AD DS 数据库只可以被读取、不可以被修改,也就是说用户或应用程序无法直接修改 RODC 的 AD DS 数据库。RODC 的 AD DS 数据库内容只能够从其他可读写的域控制器复制过来。RODC 主要是设计给远程分公司网络来使用的,因为一般来说远程分公司的网络规模比较小、用户人数比较少,此网络的安全措施或许并不如总公司完备,也可能缺乏 IT 技术人员,因此采用 RODC 可避免因其 AD DS 数据库被破坏而影响到整个 AD DS 环境。

(1) RODC 的 AD DS 数据库内容

除了账户的密码之外,RODC 的 AD DS 数据库内会存储 AD DS 域内的所有对象与属性。远程分公司内的应用程序要读取 AD DS 数据库内的对象时,可以通过 RODC 来快速获取。不过因为 RODC 并不存储用户账户的密码,因此它在验证用户名称与密码时,仍然需将它们送到总公司的可写域控制器来验证。

由于 RODC 的 AD DS 数据库是只读的,因此远程分公司的应用程序如果要修改 AD DS 数据库的对象或用户要修改密码,这些变更请求都会被转发到总公司的可写域控制器来处理,总公司的可写域控制器再通过 AD DS 数据库的复制程序将这些变动数据复制给 RODC。

(2) 单向复制(Unidirectional Replication)

总公司的可写域控制器的 AD DS 数据库有变动时,此变动数据会被复制到 RODC。因为用户或应用程序无法直接修改 RODC 的 AD DS 数据库,所以总公司的可写域控制器不会向 RODC 索取变动数据,因而可以降低网络的负担。

除此之外,可写域控制器通过 DFS 分布式文件系统将 SYSVOL 文件夹(用来存储与组策略有关等的设置)复制到 RODC 中时也采用单向复制。

(3) 认证缓存(Credential Caching)

RODC 在验证用户的密码时,仍然需要将它们送到总公司的可写域控制器来验证,若希望提高验证速度,可以选择将用户的密码存储到 RODC 的认证缓存区。需要通过密码复制策略(Password Replication Policy)来选择可以被 RODC 缓存的账户。建议不要缓存太多账户,因为分公司的安全措施可能比较差,若 RODC 被入侵,则存储在缓存区内的认证信息可能会外泄。

（4）系统管理员角色隔离（Administrator Role Separation）

可以通过系统管理员角色隔离功能来将任何一位域用户指定为 RODC 的本机系统管理员，他可以在 RODC 这台域控制器上登录并执行管理工作，例如更新驱动程序等，但他却无法登录其他域控制器，也无法执行其他域管理工作。此功能让管理员可以将 RODC 的一般管理工作分配给用户，但却不会危害到域安全。

（5）只读域名系统（Read-Only Domain Name System）

可以在 RODC 上架设 DNS 服务器，RODC 会复制 DNS 服务器的所有应用程序目录分区。客户端可向此台扮演 RODC 角色的 DNS 服务器提出 DNS 查询要求。

不过 RODC 的 DNS 服务器不支持客户端动态更新，因此客户端的更新记录请求会被此 DNS 服务器转发到其他 DNS 服务器，让客户端转向该 DNS 服务器进行更新，而 RODC 的 DNS 服务器也会自动从这台 DNS 服务器复制该更新记录。

3. 全局编录服务器

尽管活动目录支持多主机复制方案，但是由于复制引起通信流量以及网络潜在的冲突，变化的传播并不一定能够顺利地进行，因此有必要在域控制器中指定全局编录（Global Catalog，GC）服务器以及操作主机。全局编录是一个信息仓库，包含活动目录中所有对象的部分属性，是在查询过程中访问最为频繁的属性。利用这些信息可以定位任何一个对象实际所在的位置。全局编录服务器是一个域控制器，它保存了全局编录的一份副本，并执行对全局编录的查询操作。全局编录服务器可以提高活动目录中大范围内对象检索的性能，比如在域林中查询所有的打印机操作。如果没有全局编录服务器，那么必须调动域林中每一个域的查询过程。如果域中只有一个域控制器，那么它就是全局编录服务器；如果有多个域控制器，那么管理员必须把一个域控制器配置为全局编录控制器。

2.2　项目设计及分析

1. 项目设计

下面利用图 2-3 来说明如何建立第一个域林中的第一个域（根域）：先安装一台 Windows Server 2012 R2 服务器，然后将其升级为域控制器并建立域。再架设此域的第二台域控制器（Windows Server 2012 R2）、第三台域控制器（Windows Server 2012 R2）、一台成员服务器（Windows Server 2012 R2）和一台加入 AD DS 域的 Windows 10 计算机，如图 2-3 所示。

　　建议利用 VMWare Workstation 或 Windows Server 2012 R2 的 Hyper-V 等提供虚拟环境的软件来搭建图中的网络环境。若复制（克隆）现有虚拟机，记得要执行 Sysprep.exe 并选中"通用"选项。

2. 项目分析

将图 2-3 左上角的服务器升级为域控制器（安装 Active Directory 域服务），因为它是第一台域控制器，因此这个升级操作会同时完成下面的工作。

- 建立第一个新林。
- 建立此新林中的第一个域树。
- 建立此新域树中的第一个域。

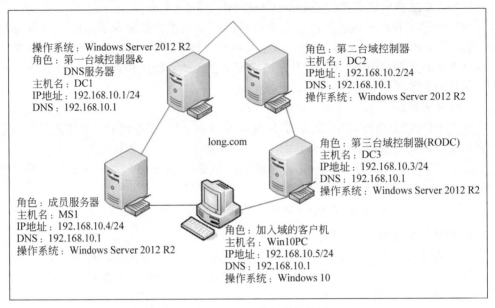

操作系统：Windows Server 2012 R2
角色：第一台域控制器&
　　　DNS服务器
主机名：DC1
IP地址：192.168.10.1/24
DNS：192.168.10.1

角色：第二台域控制器
主机名：DC2
IP地址：192.168.10.2/24
DNS：192.168.10.1
操作系统：Windows Server 2012 R2

long.com

角色：第三台域控制器(RODC)
主机名：DC3
IP地址：192.168.10.3/24
DNS：192.168.10.1
操作系统：Windows Server 2012 R2

角色：成员服务器
主机名：MS1
IP地址：192.168.10.4/24
DNS：192.168.10.1
操作系统：Windows Server 2012 R2

角色：加入域的客户机
主机名：Win10PC
IP地址：192.168.10.5/24
DNS：192.168.10.1
操作系统：Windows 10

图 2-3　AD DS 网络规划拓扑图

- 建立此新域中的第一台域控制器。

换句话说,在建立图 2-3 中第一台域控制器 dcl.long.com 时,它就会同时建立此域控制器所隶属的域 long.com、建立域 long.com 所隶属的域树,而域 long.com 也是此域树的根域。由于是第一个域树,因此它同时会建立一个新林,林的名称就是第一个域树根域的域名 long.com,域 long.com 就是整个林的林根域。

通过新建服务器角色的方式将图 2-3 中左上角的服务器 dc1.long.com 升级为网络中的第一台域控制器。

超过一台的计算机参与部署环境时,一定要保证各计算机之间的通信畅通,否则无法进行后续的工作。当使用 ping 命令测试失败时,有两种情况：一种情况是计算机之间配置确实存在问题,比如 IP 地址、子网掩码等；另一种情况是计算机之间通信是畅通的,但由于对方防火墙等阻挡了 ping 命令的执行。第二种情况可以参考《Windows Server 2012 网络操作系统项目教程(第 4 版)》(ISBN：978-7-115-42210-1)中 2.3.2 小节中的"配置防火墙,放行 ping 命令"相关内容进行相应处理,或者关闭防火墙。

2.3　项目实施

2.3.1　创建第一个域(目录林根级域)

由于域控制器所使用的活动目录和 DNS 有着非常密切的关系,因此网络中要求有 DNS 服务器存在,并且 DNS 服务器要支持动态更新。如果没有 DNS 服务器存在,可以在创建域时安装 DNS。这里假设图 2-3 中的

DC1 服务器未安装 DNS，并且是该域林中的第一台域控制器。

1. 安装 Active Directory 域服务

活动目录在整个网络中的重要性不言而喻。经过 Windows Server 2003 和 Windows Server 2008 的不断完善，Windows Server 2012 R2 中的活动目录服务功能更加强大，管理更加方便。在 Windows Server 2012 R2 系统中安装活动目录时，需要先安装 Active Directory 域服务，然后选择"将此服务器提升为域控制器"安装向导完成活动目录的安装。

Active Directory 域服务的主要作用是存储目录数据并管理域之间的通信，包括用户登录处理、身份验证和目录搜索等。

STEP 1 请先在图 2-3 中左上角的服务器 dc1.long.com 上安装 Windows Server 2012 R2，将其计算机名称设置为 dc1，IPv4 地址等按图 2-3 所示进行配置。注意将计算机名称设置为 dc1，等升级为域控制器后，它会自动改写为 dc1.long.com。

STEP 2 以管理员身份登录到 dc1 上，依次选择"开始"→"管理工具"→"服务器管理器"→"仪表板"选项，单击"添加角色和功能"按钮，运行如图 2-4 所示的"添加角色和功能向导"。

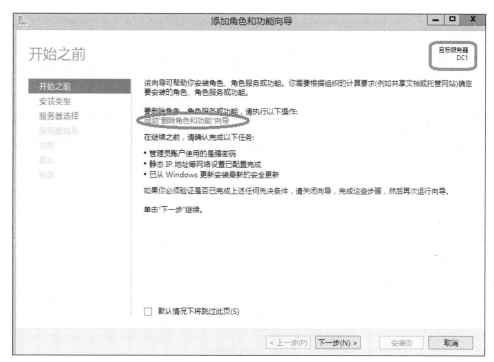

图 2-4　"添加角色和功能向导"界面

　　　　请读者注意图 2-4 所示的"启动'删除角色和功能'向导"按钮。如果安装完 AD 服务后需要删除该服务角色，请在此处单击"启动'删除角色和功能'向导"按钮，完成 Active Directory 域服务的删除。

STEP 3 直到显示图 2-5 所示的"选择服务器角色"对话框时，选中"Active Directory 域服务"复选框，单击"添加功能"按钮。

图 2-5 "选择服务器角色"对话框

STEP 4 持续单击"下一步"按钮,直到显示图 2-6 所示的"确认安装所选内容"对话框。

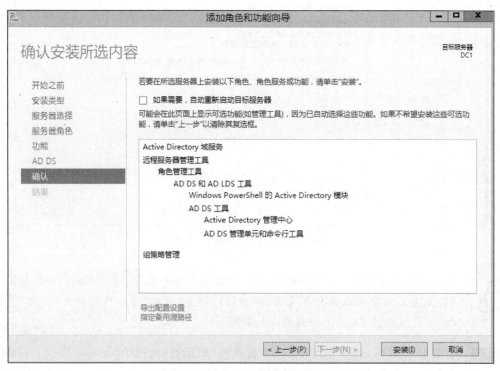

图 2-6 "确认安装所选内容"对话框

STEP 5 单击"安装"按钮即可开始安装。安装完成后显示图 2-7 所示的"安装进度"对话框,提示"Active Directory 域服务"已经成功安装。再单击"将此服务器提升为域控制器"选项。

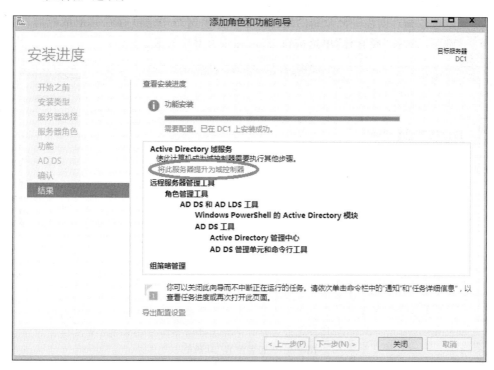

图 2-7　Active Directory 域服务安装成功

如果在图 2-7 所示窗口中直接单击"关闭"按钮,则之后要将其提升为域控制器,在图 2-8 中单击服务器管理器右上方的旗帜符号,再单击"将此服务器提升为域控制器"选项。

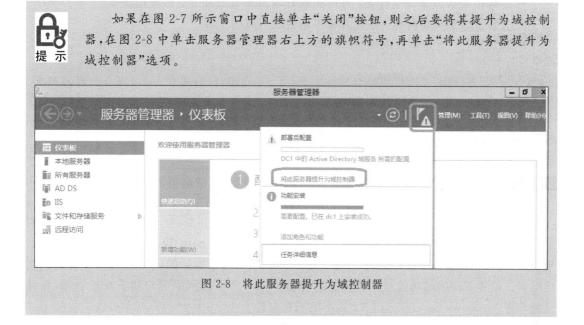

图 2-8　将此服务器提升为域控制器

2. 安装活动目录

STEP 1　在图 2-7 或图 2-8 所示界面中单击"将此服务器提升为域控制器"选项，显示图 2-9 所示的"部署配置"对话框，选择"添加新林"单选按钮，设置林根域名（本例为 long.com），创建一台全新的域控制器。如果网络中已经存在其他域控制器或林，则可以选择"现有林"单选按钮，然后在现有林中安装。

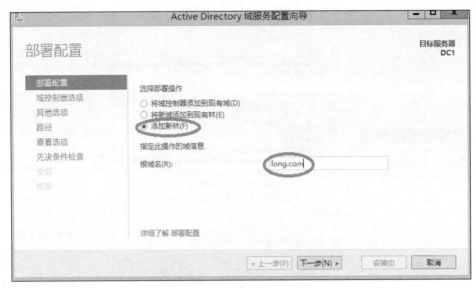

图 2-9　"部署配置"对话框

3 个选项的具体含义如下。

- 将域控制器添加到现有域：可以向现有域添加第二台或更多域控制器。
- 将新域添加到现有林：在现有林中创建现有域的子域。
- 添加新林：新建全新的域。

提示　　网络既可以配置一台域控制器，也可以配置多台域控制器，以分担用户的登录和访问。多个域控制器可以一起工作，并会自动备份用户账户和活动目录数据，即使部分域控制器瘫痪后，网络访问仍然不受影响，从而提高网络的安全性和稳定性。

STEP 2　单击"下一步"按钮，弹出如图 2-10 所示的"域控制器选项"对话框。

（1）设置林功能和域功能级别。不同的林功能级别可以向下兼容不同平台的 Active Directory 服务功能。选择 Windows 2008，则可以提供 Windows 2008 平台以上的所有 Active Directory 功能；选择 Windows Server 2012 R2，则可提供 Windows Server 2012 R2 平台以上的所有 Active Directory 功能。用户可以根据自己实际的网络环境选择合适的功能级别。设置不同的域功能级别主要是为兼容不同平台下的网络用户和子域控制器，在此只能设置 Windows Server 2012 R2 版本的域控制器。

（2）设置目录还原模式密码。由于有时需要备份和还原活动目录，且还原时（启动系统时按 F8 键）必须进入"目录服务还原模式"下，所以此处要求输入"目录服务还原模式"时使

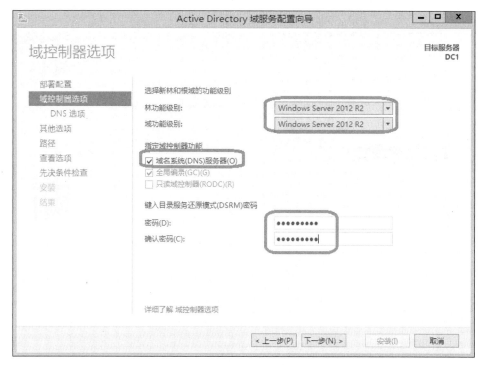

图 2-10　设置林功能和域功能级别

用的密码。由于该密码和管理员密码可能不同,所以一定要牢记该密码。

(3)指定域控制器功能。默认在此服务器上直接安装 DNS 服务器。如果这样做,该向导将自动创建 DNS 区域委派。无论 DNS 服务器服务是否与 AD DS 集成,都必须将其安装在部署的 AD DS 目录林根级域的第一个域控制器上。

(4)第一台域控制器需要扮演全局编录服务器的角色。

(5)第一台域控制器不可以是只读域控制器(RODC)。

　提示　　安装后若要设置"林功能级别",需登录域控制器,打开"Active Directory 域和信任关系"窗口,右击"Active Directory 域和信任关系"选项,在弹出的快捷菜单中选择"提升林功能级别"命令,选择相应的林功能级别即可。

STEP 3　单击"下一步"按钮,显示图 2-11 所示的"DNS 选项"的警告对话框,直接单击"下一步"按钮即可。

STEP 4　在图 2-12 所示的窗口中会自动为此域设置一个 NetBIOS 名称,也可以更改此名称。如果此名称已被占用,安装程序会自动指定一个建议名称。完成后单击"下一步"按钮。

STEP 5　显示如图 2-13 所示的"路径"对话框,可以单击 ⬚ 按钮更改为其他路径。其中,数据库文件夹用来存储互动目录数据库,日志文件夹用来存储活动目录的变化日志,以便于日常管理和维护。需要注意的是,SYSVOL 文件夹必须保存在 NTFS 格式的分区中。

STEP 6　出现"查看选项"对话框,单击"下一步"按钮。

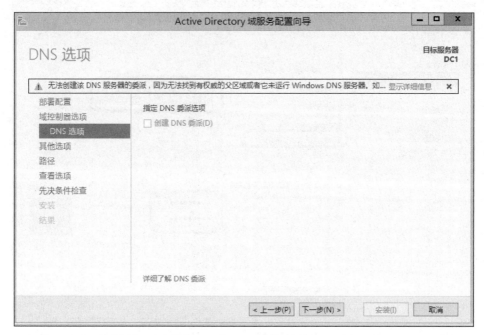

图 2-11 "DNS 选项"对话框

图 2-12 "其他选项"对话框

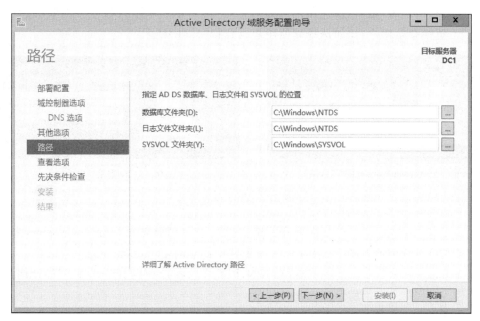

图 2-13   指定 AD DS 数据库、日志文件和 SYSVOL 的位置

STEP 7   在如图 2-14 所示的"先决条件检查"对话框中,如果顺利通过检查,就直接单击"安装"按钮,否则要按提示先排除问题。安装完成后会自动重新启动系统。

图 2-14   "先决条件检查"对话框

STEP 8   重新启动计算机,升级为 Active Directory 域控制器之后,必须使用域用户账户登

录，格式为"域名\用户账户"，如图 2-15（a）所示。单击人像左侧的箭头  就可以更换登录用户，比如选择其他用户，如图 2-15（b）所示。

（a）"SamAccountName登录"对话框　　　　　　　　　（b）"UPN登录"对话框

图 2-15　两个对话框

- 用户名 SamAccountName 登录：用户也可以利用此名称（contoso\wang）来登录。其中 wang 是 NetBIOS 名称。同一个域中此名称必须是唯一的。Windows NT 及 Windows 98 等旧版系统不支持 UPN，因此在这些计算机上登录时，只能使用此登录名。如图 2-15（a）所示即为此种登录。
- 用户 UPN 登录：用户可以利用这个域电子邮箱格式相同的名称（administrator@long.com）来登录域，此名称被称为 User Principal Name（UPN）。此名在林中是唯一的。如图 2-15（b）所示即为此种登录。

3. 验证 Active Directory 域服务的安装

活动目录安装完成后，在 dc1 上可以从各方面进行验证。

（1）查看计算机名

选择"开始"→"控制面板"→"系统和安全"→"系统"→"高级系统设置"→"计算机"选项卡，可以看到计算机已经由工作组成员变成了域成员。

（2）查看管理工具

活动目录安装完成后，会添加一系列的活动目录管理工具，包括"Active Directory 用户和计算机""Active Directory 站点和服务""Active Directory 域和信任关系"等。选择"开始"→"管理工具"选项，可以在"管理工具"中找到这些管理工具的快捷方式。

（3）查看活动目录对象

打开"Active Directory 用户和计算机"管理工具，可以看到企业的域名 long.com。单击该域名，窗口右侧的详细信息窗格中会显示域中的各个容器。其中包括一些内置容器，主要有以下几种。

- built-in：存放活动目录域中的内置组账户。
- computers：存放活动目录域中的计算机账户。
- users：存放活动目录域中的一部分用户和组账户。
- Domain Controllers：存放域控制器的计算机账户。

（4）查看 Active Directory 数据库

Active Directory 数据库文件保存在%SystemRoot%\Ntds（本例为 C:\windows\ntds）文件夹中，主要有以下几种文件。

- Ntds.dit：数据库文件。

- Edb.chk：检查点文件。
- Temp.edb：临时文件。

（5）查看 DNS 记录

为了让活动目录正常工作，需要 DNS 服务器的支持。活动目录安装完成后，重新启动 dc1 时会在指定的 DNS 服务器上注册 SRV 记录。

依次选择"开始"→"管理工具"→DNS 选项，或者在服务器管理器窗口中单击右上方的"工具"菜单并选择 DNS，打开"DNS 管理器"窗口。一个注册了 SRV 记录的 DNS 服务器如图 2-16 所示。

图 2-16　注册 SRV 记录

如果因为域成员本身的设置有误或者有网络问题，造成它们无法将数据注册到 DNS 服务器上，则可以在问题解决后重新启动这些计算机或利用以下方法来手动注册。

- 如果某域成员计算机的主机名与 IP 地址没有正确注册到 DNS 服务器上，可在此计算机上运行 ipconfig /registerdns 来手动注册完成，然后到 DNS 服务器检查是否已有正确记录。例如，域成员主机名为 dc1.long.com，IP 地址为 192.168.10.1，则请检查区域 long.com 内是否有 dc1 的主机记录以及其 IP 地址是否为 192.168.10.1。
- 如果发现域控制器并没有将其扮演的角色注册到 DNS 服务器内，也就是并没有类似图 2-16 所示的"_tcp"等文件夹与相关记录，请到此台域控制器上利用"开始"→"系统管理工具"→"服务"选项打开图 2-17 所示的"服务"窗口，选中 Netlogon 服务并右击，选择"重新启动"命令来注册。具体操作也可以使用以下命令。

```
net stop netlogon
net start netlogon
```

　　　　SRV 记录手动添加无效的方法是：将注册成功的 DNS 服务器中 long.com 域下面的 SRV 记录删除一些，试着在域控制器上使用上面的命令恢复 DNS 服务器被删除的内容（使用右键菜单中的"刷新"命令即可）。

试一试

图 2-17　重新启动 Netlogon 服务

2.3.2　加入 long.com 域

下面再将 ms1 独立服务器加入 long.com 域,将 ms1 提升为 long.com 的成员服务器。其步骤如下。

STEP 1　首先在 ms1 服务器上确认"本地连接"属性中的 TCP/IP 首选 DNS 指向了 long.com 域的 DNS 服务器,即 192.168.10.1。

STEP 2　选择"开始"→"控制面板"→"系统和安全"→"系统"→"高级系统设置"选项,弹出"系统属性"对话框,选择"计算机名"选项卡,单击"更改"按钮,弹出"计算机名/域更改"对话框,在"隶属于"选项区域中选择"域"单选按钮,并输入要加入的域的名字 long.com,然后单击"确认"按钮。

STEP 3　输入有权限加入该域账户的名称和密码,确定后重新启动计算机即可。比如该域控制器的管理员账户(见图 2-18)。

STEP 4　加入域后,其完整计算机名的后缀就会附上域名,如图 2-19 所示的 ms1.long.com。单击"关闭"按钮,按照提示重新启动计算机。

（1）Windows 10 的计算机加入域中的步骤和 Windows Server 2012 R2 加入域中的步骤是一样的。

（2）这些被加入域的计算机,其计算机账户会被创建在 Computers 窗口内。

图 2-18　将 ms1 加入 long.com 域

图 2-19　加入 long.com 域后的系统属性

2.3.3　利用已加入域的计算机登录

也可以在已经加入域的计算机上利用本地域用户账户进行登录。

1. 利用本地账户登录

在登录界面中按 Ctrl＋Alt＋Del 组合键后,将出现图 2-20 所示的界面,图中默认让你利用本地系统管理员 Administrator 的身份登录,因此只要输入 Administrator 的密码就可以登录了。

此时,系统会利用本地安全性数据库来检查账户与密码是否正确,如果正确,就可以成

图 2-20　本地用户登录

功登录，并可以访问计算机内的资源（若有权限），不过无法访问域内其他计算机的资源，除非在连接其他计算机时再输入有权限的用户名与密码。

2. 利用域用户账户登录

如果要更改利用域系统管理员 Administrator 的身份登录，请单击图 2-20 所示的人像左侧的箭头图标 ，然后单击"其他用户"链接，打开图 2-21 所示的"其他用户"登录对话框，输入域系统管理员的账户（long\administrator）与密码，单击"登录"按钮 → 进行登录。

图 2-21　域用户登录

> 账户名前面要附加域名，例如 long. com \ administrator 或 long \ administrator，此时账户与密码会被发送给域控制器，并利用 Active Directory 数据库来检查账户与密码是否正确，如果正确，就可以登录成功，并且可以直接连接域内任何一台计算机并访问其中的资源（如果被赋予权限），不需要手动输入用户名与密码。当然，也可以用 UPN 登录，如 administrator@long.com。

2.3.4　安装额外的域控制器与 RODC

一个域内若有多台域控制器，便可以拥有下面的优势。

- 改善用户登录的效率：若同时有多台域控制器来对客户端提供服务，可以分担用户身份验证（账户与密码）的负担，提高用户登录的效率。
- 容错功能：若有域控制器故障，此时仍然可以由其他正常的域控制器来继续提供服务，因此对用户的服务并不会停止。

在安装额外域控制器（Additional Domain Controller）时，需要将 AD DS 数据库由现有的域控制器复制到这台新的域控制器。若数据库非常庞大，这个复制操作势必会增加网络负担，尤其是这台新域控制器位于远程网络内。系统提供了两种复制 AD DS 数据库的方式。

- 通过网络直接复制：若 AD DS 数据库庞大，此方法会增加网络负担，影响网络效率。
- 通过安装介质：需要事先到一台域控制器内制作安装介质（Installation Media），其中包含 AD DS 数据库，接着将安装介质复制到 U 盘、CD、DVD 等媒体或共享文件夹内。然后在安装额外域控制器时，要求安装向导到这个媒体内读取安装介质内的 AD DS 数据库，这种方式可以大幅降低对网络所造成的负担。若在安装介质制作完成之后，现有域控制器的 AD DS 数据库内有新变动数据，这些少量数据会在完成额外域控制器的安装后，再通过网络自动复制过来。

下面同时说明如何将图 2-3 中右上角的 DC2 升级为常规额外域控制器（可写域控制器），将右下角的 DC3 升级为只读域控制器（RODC）。

1. 利用网络直接复制安装额外控制器

STEP 1　先在图 2-3 中的服务器 DC2 与 DC3 上安装 Windows Server 2012 R2，将计算机名称分别设定为 DC2 与 DC3，IPv4 地址等按照图 2-3 所示来设置（图中采用 TCP/IPv4）。注意将计算机名称分别设置为 DC2 与 DC3 后，等升级为域控制器后，它们会自动被改为 DC2.long.com 与 DC3.long.com。

STEP 2　安装 Active Directory 域服务。操作方法与安装第一台域控制器的方法完全相同。

STEP 3　启动 Active Directory 安装向导，当显示"部署配置"窗口时，选择"将域控制器添加到现有域"单选按钮，单击"更改"按钮，弹出"Windows 安全"对话框，需要指定可以通过相应主域控制器验证的用户账户凭据，该用户账户必须是 Domain Admins 组，拥有域管理员权限。比如，根域控制器的管理员账户 long \ administrator，如图 2-22 所示。

图 2-22　"Windows 安全"对话框

注意 　　只有 Enterprise Admins 或 Domain Admins 内的用户有权利建立其他域控制器。若你现在所登录的账户不隶属于这两个组（例如现在所登录的账户为本机 Administrator），则需如图 2-22 所示另外指定有权利的用户账户。

STEP 4　单击"下一步"按钮，显示图 2-23 所示的"域控制器选项"对话框。

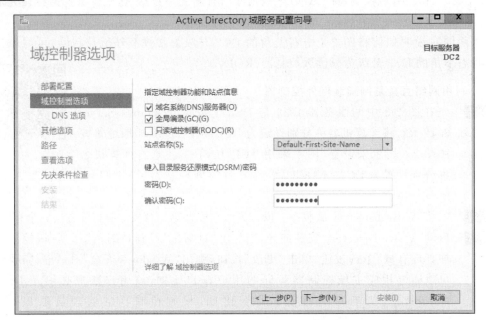

图 2-23　"域控制器选项"对话框

（1）选择是否在此服务器上安装 DNS 服务器（默认会）。

（2）选择是否将其设置为全局编录服务器（默认会）。

（3）选择是否将其设置为只读域控制器（默认不会）。

（4）设置目录服务还原模式的密码。

STEP 5　若在图 2-23 中未选中只读域控制器（RODC），请直接跳到下一步；若是安装 RODC，则会出现如图 2-24 所示的画面，在完成图中的设置后单击"下一步"按钮，然后跳到 STEP 7。

- 委派的管理员账户：可通过"选择"按钮来选取被委派的用户或组，他们在这台 RODC 将拥有本地系统管理员的权限，且若采用阶段式安装 RODC，则他们也可将此 RODC 服务器附加到 AD DS 数据库内的计算机账户。默认仅允许 Domain Admins 或 Enterprise Admins 组内的用户有权管理此 RODC 与执行附加操作。

- 允许将密码复制到 RODC 的账户：默认仅允许 Allowed RODC Password Replication Group 组内的用户密码可被复制到 RODC（此组默认并无任何成员），然后通过"添加"按钮来添加用户或组账户。

- 拒绝将密码复制到 RODC 的账户：此处的用户账户的密码会被拒绝复制到 RODC。部分内建的组账户（例如 Administrators、Server Operators 等）默认已被列于此列表内，可通过"添加"按钮来添加用户或组账户。

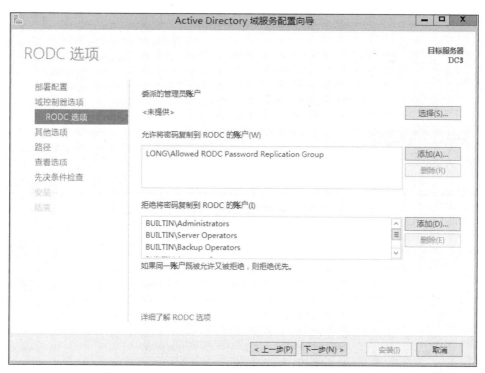

图 2-24　"RODC 选项"对话框

注意　　在安装域中的第一台 RODC 时,系统会自动建立与 RODC 有关的组账户;这些账户会自动复制给其他域控制器,不过可能需要花费一段时间,尤其是复制给位于不同站点的域控制器时。之后在其他站点安装 RODC 时,若安装向导无法从这些域控制器中得到这些域信息,它会显示警告信息,此时请等待,这些组信息完成复制后再继续安装这台 RODC。

STEP 6　若不是安装 RODC,会出现如图 2-25 所示的界面,请直接单击"下一步"按钮。

图 2-25　"DNS 选项"对话框

STEP 7　在图 2-26 中单击"下一步"按钮,它会直接从其他任何一台域控制器中复制 AD DS 数据库。

STEP 8　在图 2-27 中可直接单击"下一步"按钮。

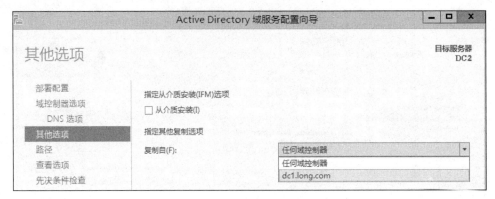

图 2-26 "其他选项"对话框

图 2-27 "路径"对话框

- 数据库文件夹：用来存储 AD DS 数据库。
- 日志文件文件夹：用来存储 AD DS 数据库的变更日志，此日志文件可被用来修复 AD DS 数据库。
- SYSVOL 文件夹：用来存储域共享文件(例如组策略相关的文件)。出现"查看选项"对话框，单击"下一步"按钮。

STEP 9 在查看选项界面中单击"下一步"按钮。

STEP 10 在图 2-28 中若顺利通过检查，则直接单击"安装"按钮，否则请根据界面提示先解决问题。

STEP 11 安装完成后会自动重新启动计算机，请重新登录。

STEP 12 分别打开 DC1、DC2、DC3 的 DNS 服务器管理器，检查 DNS 服务器内是否有域控制器 DC2.long.com 与 DC3.long.com 的相关记录，如图 2-29 所示(与 DC2、DC3 上的 DNS 服务器类似)。

这两台域控制器的 AD DS 数据库内容是从其他域控制器复制过来的，而原本这两台计算机内的本地用户账户会被删除。

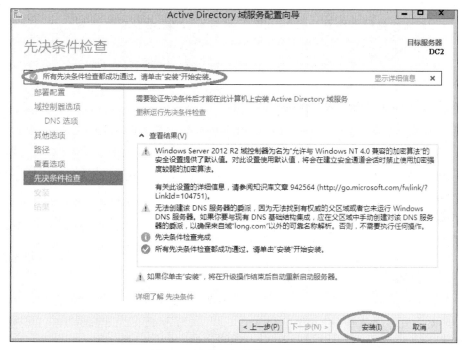

图 2-28　"先决条件检查"对话框

图 2-29　检查 DNS 服务器

注意　在服务器 DC1(第一台域控制器)还没有升级成为域控制器之前,原本位于本地安全性数据库内的本地账户会在升级后被转移到 Active Directory 数据库内,而且是被放置到 Users 容器内;并且这台域控制器的计算机账户会被放置到 Domain Controllers 组织单位内,其他加入域的计算机账户默认会被放置到 Computers 容器内。

> 只有在创建域内的第一台域控制器时,该服务器原来的本地账户才会被转移到 Active Directory 数据库,其他域控制器(例如本例中的 DC2、DC3)原来的本地账户并不会被转移到 Active Directory 数据库,而是被删除。

2. 利用安装介质来安装额外域控制器

先到一台域控制器上制作安装介质(Installation Media),也就是将 AD DS 数据库存储到安装介质内,并将安装介质复制到 U 盘、CD、DVD 等媒体或共享文件夹内。然后在安装额外域控制器时,要求安装向导从安装介质来读取 AD DS 数据库,这种方式可以大幅降低对网络所造成的负担。

(1)制作安装介质

请到现有的域控制器上执行 ntdsutil 命令来制作安装介质。

- 若此安装介质是要给可写域控制器来使用,则你需要到现有的可写域控制器上执行 ntdsutil 指令。
- 若此安装介质是要给 RODC(只读域控制器)来使用,则你可以到现有的可写域控制器或 RODC 上执行 ntdsutil 指令。

STEP 1 请到域控制器上利用域系统管理员的身份登录。

STEP 2 选中左下角的开始图标并右击选中"命令提示符"(或单击左下方任务栏中的 Windows PowerShell 图标）。

STEP 3 输入以下命令后按 Enter 键(操作界面可参考图 2-29)。

```
ntdsutil
```

STEP 4 在 ntdsutil 提示符下执行以下命令。

```
activate instance ntds
```

它会将域控制器的 AD DS 数据库设置为"使用中"。

STEP 5 在 ntdsutil 提示符下执行以下命令。

```
ifm
```

STEP 6 在 ifm 提示符下执行以下命令。

```
create sysvol full C:\InstallationMedia
```

注意 此命令假设要将安装介质的内容存储到 C:\InstallationMedia 文件夹内。其中的 sysvol 表示要制作包含 ntds.dit 与 SYSVOL 的安装介质;full 表示要制作供可写域控制器使用的安装介质,若是要制作供 RODC 使用的安装介质,请将 full 改为 rodc。

STEP 7 连续执行两次 quit 命令来结束 ntdsutil,图 2-30 所示为部分操作界面。

STEP 8 将整个 C:\InstallationMedia 文件夹内的所有数据复制到 U 盘、CD、DVD 等媒体或共享文件夹内。

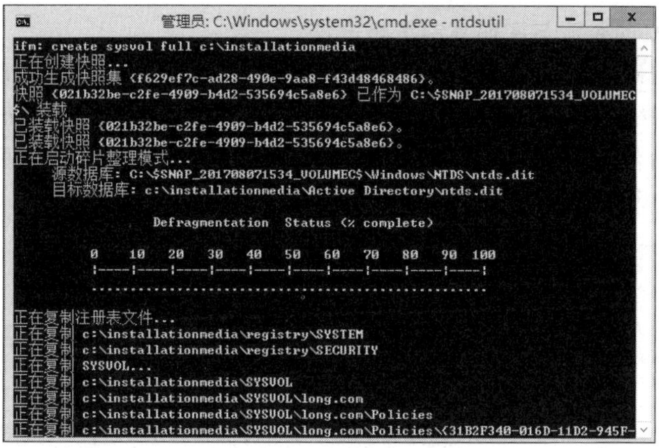

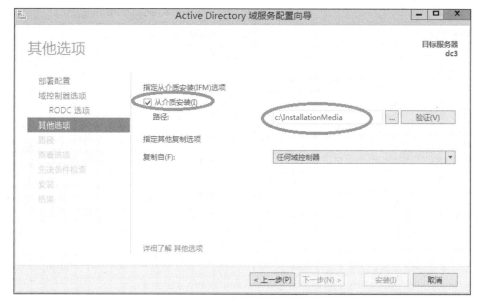

图 2-30　制作安装介质

（2）安装额外域控制器

将包含安装介质的 U 盘、CD 或 DVD 拿到即将扮演额外域控制器角色的计算机上，或将其放到可以访问到的共享文件夹内。

由于利用安装介质来安装额外域控制器的方法与安装本地域控制器方法大致相同，因此下面仅列出不同之处。下面假设安装介质被复制到即将升级为额外域控制器的服务器的 C:\InstallationMedia 文件夹内：在图 2-31 中改为选择指定"从介质安装（I）"选项，并在路径处指定存储安装介质的文件夹 C:\InstallationMedia。

图 2-31　选择"从介质安装"复选框

安装过程中会从安装介质所在的文件夹 C:\InstallationMedia 中复制 AD DS 数据库。若在安装介质制作完成之后，现有域控制器的 AD DS 数据库更新了数据，这些数据会在完成额外域控制器安装后再通过网络自动复制过来。

3. 修改 RODC 的委派与密码复制策略设置

若你要修改密码复制策略设置或 RODC 系统管理工作的委派设置，请在开启"Active Directory 用户和计算机"后，在图 2-32 中单击容器 Domain Controllers 右方扮演 RODC 角色的域控制器，再单击上方的属性图标，通过图 2-33 中的"密码复制策略"与"管理者"选项卡来设置。

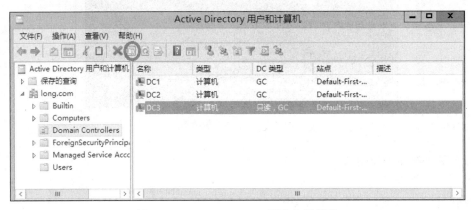

图 2-32　Active Directory 用户和计算机

图 2-33　"密码复制策略"和"管理者"选项卡

也可以通过"Active Directory 管理中心"来修改上述设置：在开启 Active Directory 管理中心后（见图 2-34），单击容器 Domain Controllers 界面中间扮演 RODC 角色的域控制器，然后单击右方的属性，通过图 2-35 中的"管理者"选项与"扩展"选项中的"密码复制策略"选项卡来设定。

图 2-34　"Active Directory 管理中心"中的 Domain Controllers

图 2-35　"密码复制策略"和"管理者"

4. 验证额外域控制器运行正常

DC1 是第一台域控制器,DC2 服务器已经提升为额外域控制器,现在可以将成员服务器 ms1 的首选 DNS 指向 DC1 域控制器,备用 DNS 指向 DC2 额外域控制器,当 DC1 域控制器发生故障,DC2 额外域控制器可以负责域名解析和身份验证等工作,从而实现不间断服务。

STEP 1 在 ms1 上配置"首选"为 192.168.10.1,"备用 DNS"为 192.168.10.2。

STEP 2 利用 DC1 域控制器的"Active Directory 用户和计算机"建立供测试用的域用户 domainuser1。刷新 DC2、DC3 的"Active Directory 用户和计算机"中的 users 容器,发现 domainuser1 几乎同时同步到这两台域控制器上。

STEP 3 将"DC1 域控制器"暂时关闭,在 VMWare Workstation 中也可以将"DC1 域控制器"暂时挂起。

STEP 4 在 ms1 上使用 domainuser1 登录域,观察是否能够登录,结果是可以登录成功的,这样就可以提供 AD 的不间断服务了,也验证了额外域控制器安装的成功。

STEP 5 在"服务器管理器"主窗口下,单击"工具"并打开"Active Directory 站点和服务"窗口,依次展开 Sites → Default-First-Site-Name → Servers → DC2 → NTDS Settings,右击,在弹出的快捷菜单中选择"属性"命令,如图 2-36 所示。

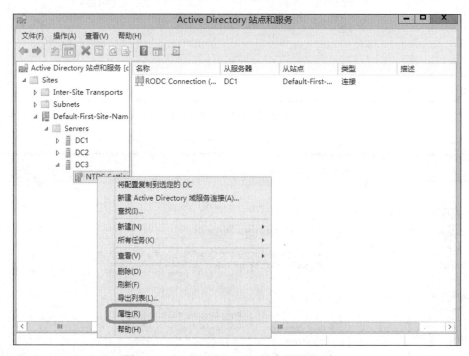

图 2-36 "Active Directory 站点和服务"窗口

STEP 6 在弹出的对话框中取消选中"全局编录"复选框,如图 2-37 所示。

STEP 7 在"服务器管理器"主窗口下单击"工具"命令,打开"Active Directory 用户和计算机",展开 Domain Controllers,可以看到 DC2 的"DC 类型"由之前的 GC 变为现在的 DC,如图 2-38 所示。

2.3.5 转换服务器角色

Windows Server 2012 R2 服务器在域中可以有 3 种角色:域控制器、成员服务器和独立服务器。当一台 Windows Server 2012 R2 成员服务器安装了活动目录后,服务器就成为域控制器,域控制器可以对用户的登录等进行验证;Windows Server 2012 R2 成员服务器可以加入域中,而不安

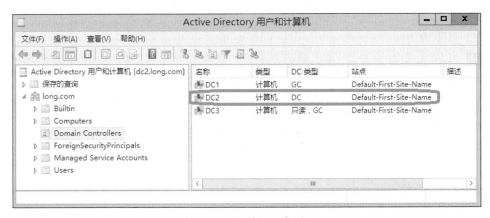

图 2-37　取消选中"全局编录"复选框

图 2-38　查看"DC 类型"

装活动目录,这时服务器的主要目的是为了提供网络资源,这样的服务器称为成员服务器。严格来说,独立服务器和域没有什么关系,如果服务器不加入域中,也不安装活动目录,服务器就称为独立服务器。服务器的这 3 个角色的转换如图 2-39 所示。

图 2-39　服务器角色的转换

1. 域控制器降级为成员服务器

在域控制器上把活动目录删除,服务器就降级为成员服务器了。下面以图 2-3 中的 DC2 降级为例,介绍具体步骤。

(1) 删除活动目录注意要点

用户删除活动目录也就是将域控制器降级为独立服务器,降级时需要注意以下三点。

① 如果该域内还有其他域控制器,则该域会被降级为该域的成员服务器。

② 如果这个域控制器是该域的最后一个域控制器,则被降级后该域内将不存在任何域控制器。因此,该域控制器被删除,而该计算机被降级为独立服务器。

③ 如果这台域控制器是"全局编录",则将其降级后它不再担当"全局编录"的角色,因此,要先确定网络上是否还有其他"全局编录"域控制器。如果没有,则需要先指派一台域控制器来担当"全局编录"的角色,否则将影响用户的登录操作。

提示　指派"全局编录"的角色时,可以依次选择"开始"→"管理工具"→"Active Directory 站点和服务"→Sites→Default-First-Site-Name→Servers 选项,展开要担当"全局编录"角色的服务器名称,右击"NTDS Settings 属性"选项,在弹出的快捷菜单中选择"属性"命令,在显示的"NTDS Settings 属性"对话框中选中"全局编录"复选框。

(2) 删除活动目录

STEP 1　以管理员身份登录 DC2,单击左下角的服务器管理器图标,在图 2-40 所示的窗口中选择右上方的"管理"菜单下的"删除角色和功能"命令。

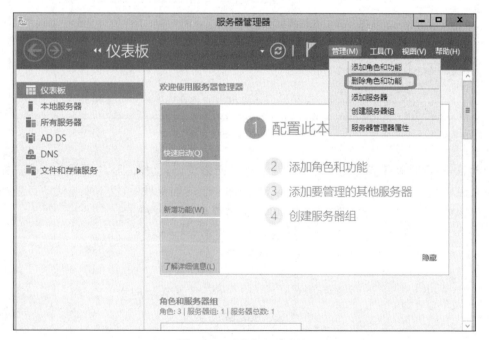

图 2-40　删除角色和功能

STEP 2 在图 2-41 所示的对话框中取消选中"Active Directory 域服务"复选框,在上面的对话框中单击"删除功能"按钮。

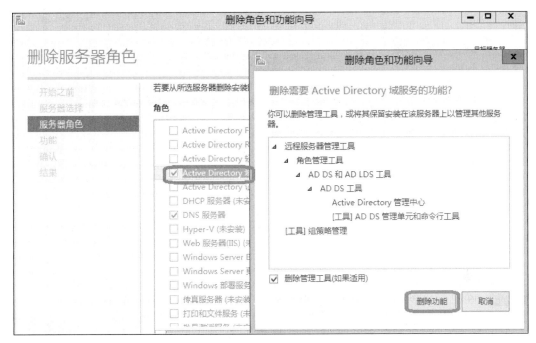

图 2-41　"删除角色和功能向导"对话框

STEP 3 出现图 2-42 所示的界面时,单击"确定"按钮即可将此域控制器降级。

图 2-42　验证结果

STEP 4 如果在图 2-43 所示界面中当前的用户有权删除此域控制器,请单击"下一步"按钮,否则单击"更改"按钮来输入新的账户与密码。

 提　示　　　如果因故无法删除此域控制器(例如,在删除域控制器时,需要能够先连接到其他域控制器,但是却一直无法连接),或者是最后一个域控制器,此时选中图中的"强制删除此域控制器"复选框。

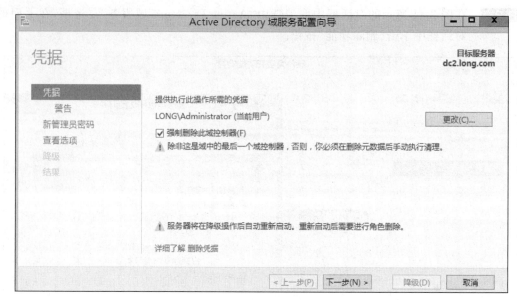

图 2-43　"凭据"对话框

STEP 5　在图 2-44 所示界面中选中"继续删除"复选框后，单击"下一步"按钮。

图 2-44　"警告"对话框

STEP 6　在图 2-45 中为这台即将被降级为独立或成员服务器的计算机设置本地新管理员密码，设置完成后单击"下一步"按钮。

STEP 7　在"查看选项"界面中单击"降级"按钮。

STEP 8　完成后会自动重新启动计算机，请重新登录。（以域管理员登录）

　　　　虽然当前的服务器已经不再是域控制器了，不过此时其 Active Directory 域服务组件仍然存在，并没有被删除。

STEP 9　在服务器管理器中单击"管理"菜单下的"删除角色和功能"。

STEP 10　出现"开始之前"界面，单击"下一步"按钮。

STEP 11　确认在选择目标服务器界面的服务器无误后单击"下一步"按钮。

STEP 12　在图 2-41 所示界面中取消选中"Active Directory 域服务"复选框，单击"删除功

图 2-45　新管理员密码

能"按钮。

STEP 13　回到"删除服务器角色"界面时,确认"Active Directory 域服务"已经被取消选中(也可以一起取消选中"DNS 服务器")后单击"下一步"按钮。

STEP 14　出现"删除功能"界面时,单击"下一步"按钮。

STEP 15　然后再单击"删除"按钮。

STEP 16　完成后,重新启动计算机。

2. 成员服务器降级为独立服务器

DC2 删除 Active Directory 域服务后,降级为域 long.com 的成员服务器。现在将该成员服务器继续降级为独立服务器。

首先在 DC2 上以域管理员(long\administrator)或本地管理员(dc2\administrator)身份登录。登录成功后,依次选择"开始"→"控制面板"→"系统和安全"→"系统"→"高级系统设置"选项,弹出"系统属性"对话框,选择"计算机名"选项卡,单击"更改"按钮;弹出"计算机名/域更改"窗口;在"隶属于"选项区域中选择"工作组"单选按钮,并输入从域中脱离后要加入的工作组的名字(本例为 WORKGROUP),单击"确定"按钮;输入有权限脱离该域的账户的名称和密码,确定后重新启动计算机即可。

2.4　习题

一、填空题

1. 通过 Windows Server 2012 R2 系统组建客户机/服务器模式的网络时,应该将网络配置为_____。

2. 在 Windows Server 2012 R2 系统中活动目录存放在_____中。

3. 在 Windows Server 2012 R2 系统中安装_____后,计算机即成为一台域控制器。

4. 同一个域中的域控制器的地位是_____。域树中,子域和父域的信任关系是_____。独立服务器上安装了_____就升级为域控制器。

5. Windows Server 2012 R2 服务器的 3 种角色是_____、_____、_____。

6. 活动目录的逻辑结构包括_____、_____、_____和_____。

7. 物理结构的 3 个重要概念是_____、_____和_____。

8. 无论 DNS 服务器服务是否与 AD DS 集成，都必须将其安装在部署的 AD DS 目录林根级域的第_____个域控制器上。

9. Active Directory 数据库文件保存在_____。

10. 解决在 DNS 服务器中未能正常注册 SRV 记录的问题，需要重新启动_____服务。

二、判断题

1. 在一台 Windows Server 2012 R2 计算机上安装 AD 后，计算机就成了域控制器。　（　　　）

2. 客户机在加入域时，需要正确设置首选 DNS 服务器地址，否则无法加入。　（　　　）

3. 在一个域中至少有一个域控制器（服务器），也可以有多个域控制器。　（　　　）

4. 管理员只能在服务器上对整个网络实施管理。　（　　　）

5. 域中所有账户信息都存储于域控制器中。　（　　　）

6. OU 是可以应用组策略和委派责任的最小单位。　（　　　）

7. 一个 OU 只指定一个受委派管理员，不能为一个 OU 指定多个管理员。　（　　　）

8. 同一域林中的所有域都显式或者隐式地相互信任。　（　　　）

9. 一个域目录树不能称为域目录林。　（　　　）

三、简答题

1. 什么时候需要安装多个域树？

2. 简述活动目录、域、活动目录树和活动目录林。

3. 简述信任关系。

4. 为什么在域中常常需要 DNS 服务器？

5. 活动目录中存放了什么信息？

2.5　实训项目　部署与管理活动目录

一、实训目的

- 掌握规划和安装局域网中的活动目录的方法。
- 掌握创建目录林根级域的方法。
- 掌握安装额外域控制器的方法。
- 掌握创建子域的方法。
- 掌握创建双向可传递的林信任的方法。
- 掌握备份与恢复活动目录的方法。
- 掌握将服务器 3 种角色相互转换的方法。

二、项目背景

随着公司的发展壮大，已有的工作组式的网络已经不能满足公司的业务需要，需要构筑新的网络结构。经过多方论证，确定了公司新的服务器拓扑结构，如图 2-3 所示。

三、项目要求

根据图 2-3 所示的公司域环境，构建满足公司需要的域环境。具体要求如下。

（1）创建域 long.com，域控制器的计算机名称为 DC1。

（2）检查安装后的域控制器。

（3）安装域 long.com 的额外域控制器,域控制器的计算机名称为 DC2。

（4）利用介质文件创建 RODC 域控制器,其计算机名称为 DC3。

（5）验证额外域控制器是否工作正常。

（6）转换 DC2 域控制器为独立服务器。

四、做一做

根据本节的二维码进行项目的实训,检查学习效果。

项目 3
管理用户账户和组

项目背景

　　当安装完操作系统并完成操作系统的环境配置后,管理员应规划一个安全的网络环境,为用户提供有效的资源访问服务。Windows Server 2012 R2 通过建立账户(包括用户账户和组账户)并赋予账户合适的权限,保证使用网络和计算机资源的合法性,以确保数据访问、存储和交换服从安全需要。

　　如果是单纯工作组模式的网络,需要使用"计算机管理"工具来管理本地用户和组;如果是域模式的网络,则需要通过"Active Directory 管理中心"和"Active Directory 用户和计算机"工具管理整个域环境中的用户和组。

项目目标

- 理解管理用户账户。
- 掌握本地账户和组的管理。
- 掌握一次同时添加多个用户账户。
- 掌握管理域组账户。
- 掌握组的使用原则。

3.1　相关知识

　　域系统管理员需要为每一个域用户分别建立一个用户账户,让他们可以利用这个账户来登录域、访问网络上的资源。域系统管理员同时需要了解如何有效利用组,以便高效地管理资源的访问。

　　域系统管理员可以利用 Active Directory 管理中心或 Active Directory 用户和计算机管理控制台来建立与管理域用户账户。当用户利用域用户账户登录域后,便可以直接连接域内的所有成员计算机,访问有权访问的资源。换句话说,域用户在一台域成员计算机上成功登录后,当他要连接域内的其他成员计算机时,并不需要再登录到被访问的计算机,这个功能称为单点登录。

　　本地用户账户并不具备单点登录的功能,也就是说,利用本地用户账户登录后,当要再连接其他计算机时,需要再次登录到被访问的计算机。

在服务器还没有升级为域控制器之前,原本位于其本地安全数据库内的本地账户,会在升级为域控制器后被转移到 AD DS 数据库内,并且是被放置到 Users 容器内的,可以通过 Active Directory 管理中心来查看原本地账户的变化情况,如图 3-1 所示(可先单击上方的树视图图标),同时这台服务器的计算机账户会被放置到图 3-1 中的组织单位(Domain Controllers)内。其他加入域的计算机账户默认会被放置到图 3-1 中的容器(Computers)内。

图 3-1　Active Directory 管理中——树视图

升级为域控制器后,也可以通过 Active Directory 用户和计算机来查看本地账户的变化情况,如图 3-2 所示。

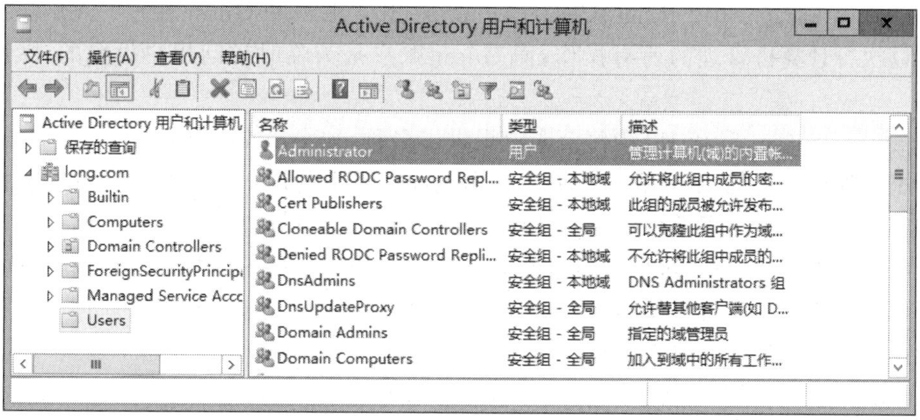

图 3-2　Active Directory 用户和计算机

只有在建立域内的第一台域控制器时,该服务器原来的本地账户才会被转移到 AD DS 数据库,其他域控制器原有的本机账户并不会被转移到 AD DS 数据库,而是被删除了。

3.1.1　规划新的用户账户

Windows Server 2012 R2 支持两种用户账户:域账户和本地账户。域账户可以登录到域上,并获得访问该网络的权限;本地账户则只能登录到一台特定的计算机上,并访问其资源。

遵循以下规则和约定可以简化账户创建后的管理工作。

1. 命名约定

- 账户名必须唯一:本地账户必须在本地计算机上唯一。
- 账户名不能包含以下字符: * 、;、?、/、\、[、]、:、|、=、,、+、<、>、"。
- 账户名最长不能超过 20 个字符。

2. 密码原则

- 一定要给 Administrator 账户指定一个密码,以防止他人随便使用该账户。
- 确定是管理员还是用户拥有密码的控制权。用户可以给每个用户账户指定一个唯一的密码,并防止其他用户对其进行更改,也可以允许用户在第一次登录时输入自己的密码。一般情况下,用户应该可以控制自己的密码。
- 密码不能太简单,应该不容易让他人猜出。
- 密码最多可由 128 个字符组成,推荐最小长度为 8 个字符。
- 密码应由大小写字母、数字以及合法的非字母数字的字符混合组成,如"P@$$word"。

3.1.2　本地用户账户

本地用户账户仅允许用户登录并访问创建该账户的计算机。当创建本地用户账户时,Windows Server 2012 R2 仅在 %Systemroot%\system32\config 文件夹下的安全数据库(SAM)中创建该账户,如 C:\Windows\system32\config\sam。

Windows Server 2012 R2 默认只有 Administrator 账户和 Guest 账户。Administrator 账户可以执行计算机管理的所有操作;而 Guest 账户是为临时访问用户设置的,默认是禁用的。

Windows Server 2012 R2 为每个账户提供了名称,如 Administrator、Guest 等,这些名称是为了方便用户记忆、输入和使用的。在本地计算机中的用户账户是不允许相同的。而系统内部则使用安全标识符(Security Identifier,SID)来识别用户身份,每个用户账户都对应一个唯一的安全标识符,这个安全标识符在用户创建时由系统自动产生。系统指派权利、授权资源访问权限等都需要使用安全标识符。当删除一个用户账户后,重新创建名称相同的账户并不能获得先前账户的权利。用户登录后,可以在命令提示符状态下输入"whoami /logonid"命令查询当前用户账户的安全标识符。

3.1.3　本地组概述

对用户进行分组管理可以更加有效并且灵活地分配设置权限,以方便管理员对 Windows Server 2012 R2 的具体管理。如果 Windows Server 2012 R2 计算机被安装为成员

服务器(而不是域控制器),将自动创建一些本地组。如果将特定角色添加到计算机,还将创建额外的组,用户可以执行与该组角色相对应的任务。例如,如果计算机被配置成 DHCP 服务器,将创建管理和使用 DHCP 服务的本地组。

可以在"计算机管理"管理单元的"本地用户和组"下的"组"文件夹中查看默认组。常用的默认组包括以下几种:Administrators、Backup Operators、Guests、Power Users、Print Operators、Remote Desktop Users、Users。

除了上述默认组以及管理员自己创建的组外,系统中还有一些特殊身份的组:Anonymous Logon、Everyone、Network、Interactive。

3.1.4　创建组织单位与域用户账户

可以将用户账户创建到任何一个容器或组织单位内。下面先建立名称为"网络部"的组织单位,然后在其内建立域用户账户 Rose、Jhon、Mike、Bob、Alice。

创建组织单位"网络部"的方法为:依次选择"开始"→"管理工具"→选择"Active Directory 管理中心"选项(或 Active Directory 用户和计算机),打开"Active Directory 管理中心"窗口,右击"域名",再单击"新建",选择"组织单位",打开图 3-3 所示的"创建 组织单位:网络部"对话框,输入组织单位名称"网络部",然后单击"确定"按钮。

　　　　图 3-3 中默认已经选中"防止意外删除"复选框,因此无法将此组织单位删除,除非取消选中此选项。若是使用 Active Directory 用户和计算机,则选择"查看"菜单中的"高级功能",选中此组织单位并右击,选择"属性"命令,取消选中"对象"选项卡下的"防止对象被意外删除"复选框,如图 3-4 所示。

图 3-3　在"Active Directory 管理中心"创建组织单位

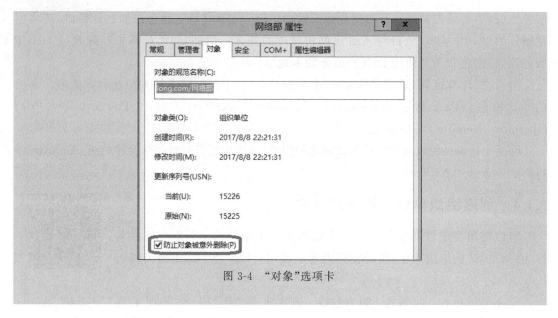

图 3-4 "对象"选项卡

在组织单位"网络部"内建立用户账户 Rose 的方法为：选中组织单位"网络部"并右击，选择"新建用户"。注意域用户的密码默认至少需要 7 个字符，且不可包含用户账户名称（指用户 SamAccountName）或全名，至少要包含 A～Z、a～z、0～9、非字母数字（如！、$、≠、％）4 组字符中的 3 组。例如，P@ssw0rd 是有效的密码，而 ABCDEF 是无效的密码。若要修改此默认值，请参考后面相关章节。以此类推，在该组织单位内创建 Jhon、Mike、Bob、Alice 4 个账户（如果 Mike 账户已经存在，请将其移动到"网络部"组织单位）。

3.1.5 用户登录账户

域用户可以到域成员计算机上（域控制器除外）利用两种账户来登录域，它们分别是图 3-5 中的用户 UPN 登录与用户 SamAccountName 登录。一般的域用户默认是无法在域控制器上登录的（Alice 用户是在"Active Directory 管理中心"控制台打开的）。

- 用户 UPN 登录。UPN（User Principal Name）的格式与电子邮件账户相同，例如，图 3-5 中的 Alice@long.com 这个名称只能在隶属于域的计算机上登录域时使用，如图 3-6 所示。在整个林内，这个名称必须是唯一的。

请在 MS1 成员服务器上登录域，默认一般域用户不能在域控制器上本地登录，除非赋予其"允许本地登录"权限。

- UPN 并不会随着账户被移动到其他域而改变，例如，用户 Alice 的用户账户位于 long.com 域内，其默认的 UPN 为 Alice@long.com，之后即使此账户被移动到林中的另一个域内，如 smile.com 域，其 UPN 仍然是 Alice@long.com，并没有被改变，因此 Alice 仍然可以继续使用原来的 UPN 登录。
- 用户 SamAccountName 登录。图 3-5 中的 long\＊Alice 是旧格式的登录账户。

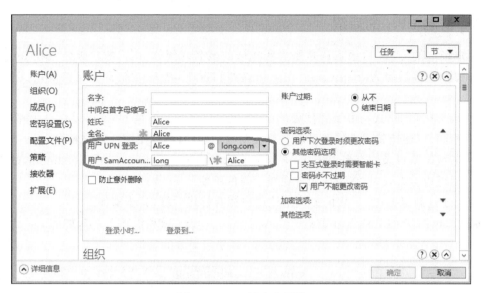

图 3-5　Alice 域账户属性

Windows 2000 之前版本的旧客户端需要使用这种格式的名称来登录域。在隶属于域的 Windows 2000(含)之后的计算机上也可以采用这种名称来登录,如图 3-7 所示。在同一个域内,这个名称必须是唯一的。

图 3-6　用户 UPN 登录

图 3-7　用户 SamAccountName 登录

3.1.6 创建 UPN 的后缀

用户账户的 UPN 后缀默认是账户所在域的域名。例如，用户账户被建立在 long.com 域内，则其 UPN 后缀为 long.com。在下面这些情况下，用户可能希望能够改用其他替代后缀。

- 因 UPN 的格式与电子邮件账户相同，故用户可能希望其 UPN 可以与电子邮件账户相同，以便让其无论是登录域还是收发电子邮件，都可使用一致的名称。
- 若域树状目录内有多层子域，则域名会太长，例如 network.jinab.long.com，故 UPN 后缀也会太长，这将造成用户在登录时的不便。

可以通过新建 UPN 后缀的方式来让用户拥有替代后缀，其步骤如下。

STEP 1 单击"开始"→"管理工具"→"Active Directory 域和信任关系"，如图 3-8 所示，单击 Active Directory 域和信任关系后，单击上方的属性图标 。

图 3-8 Active Directory 域和信任关系

STEP 2 在图 3-9 中输入替代的 UPN 后缀后，单击"添加"按钮并单击"确定"按钮。后缀不一定是 DNS 格式，例如，可以是 smile.com，也可以是 smile。

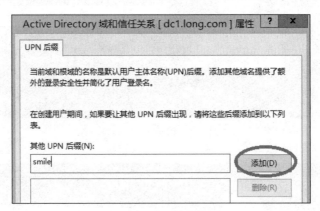

图 3-9 添加 UPN 后缀

STEP 3 完成后，就可以通过 Active Directory 管理中心（或 Active Directory 用户和计算机）管理控制台来修改用户的 UPN 后缀，此例修改为 smile，如图 3-10 所示。请在成员服务器 MS1 上以 Alice@smile 登录域，看是否登录成功。

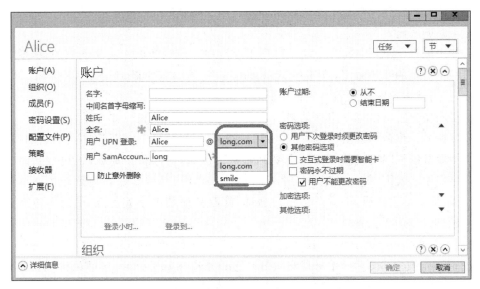

图 3-10 修改用户 UPN 登录

3.1.7 域用户账户的一般管理

一般管理是指重设密码、禁用(启用)账户、移动账户、删除账户、更改登录名称与解除锁定等。可以单击想要管理的用户账户(例如,图 3-11 中的 Alice),然后通过右侧的选项来设置。

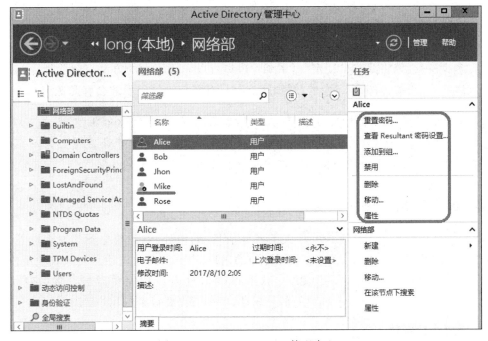

图 3-11 Active Directory 管理中心

- 重置密码。当用户忘记密码或密码使用期限到期时,系统管理员可以为用户设置一个新的密码。
- 禁用账户(或启用账户)。若某位员工因故在一段时间内无法来上班的话,就可以先将该员工的账户禁用,待该员工回来上班后,再将其重新启用。若用户账户已被禁用,则该用户账户图形上会有一个向下的箭头符号(例如,图 3-11 中的用户 Mike)。
- 移动账户。可以将账户移动到同一个域内的其他组织单位或容器。
- 重命名。重命名以后(可通过选中用户账户并右击选择"属性"的方法),该用户原来所拥有的权限与组关系都不会受到影响。例如,当某员工离职时,可以暂时先将其用户账户禁用,等到新进员工来接替他的工作时,再将此账户名称改为新员工的名称,重新设置密码,更改登录账户名称,修改其他相关个人信息,然后再重新启用此账户。

说明:①在每一个用户账户创建完成之后,系统都会为其建立一个唯一的安全标识符(Security Identifier,SID),而系统是利用这个 SID 来代表该用户的,同时权限设置等都是通过 SID 来记录的,并不是通过用户名称。例如,在某个文件的权限列表内,它会记录哪些 SID 具备哪些权限,而不是哪些用户名称拥有哪些权限。②由于用户账户名称或登录名称更改后,其 SID 并没有被改变,因此用户的权限与组关系都不变。③可以双击用户账户或右方的属性来更改用户账户名称与登录名称等相关设置。

- 删除账户。若这个账户以后再也用不到,就可以将此账户删除。将账户删除后,即使再新建一个相同名称的用户账户,此新账户也不会继承原账户的权限与组关系,因为系统会给予这个新账户一个新的 SID,而系统是利用 SID 来记录用户的权限与组关系的,不是利用账户名称,因此对于系统来说,这是两个不同的账户,当然就不会继承原账户的权限与组关系。
- 解除被锁定的账户。可以通过组策略管理器的账户策略来设置用户输入密码失败多少次后,就将此账户锁定,而系统管理员可以利用下面的方法来解除锁定:双击该用户账户,单击图 3-12 中的"解锁账户"(只有账户被锁定后才会有此选项)。

提示 设置账户策略的参考步骤如下:在组策略管理器中右击"Default Domain Policy GPO"(或其他域级别的 GPO)→选择"编辑",展开计算机配置→策略→Windows 设置→安全设置→账户策略。项目 4 中会有详细介绍。

3.1.8 设置域用户账户的属性

每一个域用户账户内都有一些相关的属性信息,如地址、电话与电子邮件地址等,域用户可以通过这些属性来查找 AD DS 数据库内的用户。例如,通过电话号码来查找用户。因此为了更容易地找到所需的用户账户,这些属性信息应该越完整越好。将通过 Active Directory 管理中心来介绍用户账户的部分属性,请先双击要设置的用户账户 Alice。

1. 设置组织信息

组织信息是指显示名称、职务、部门、地址、电话、电子邮件、网页等,如图 3-13 中的"组织"节点,这部分的内容都很简单,请自行浏览这些字段。

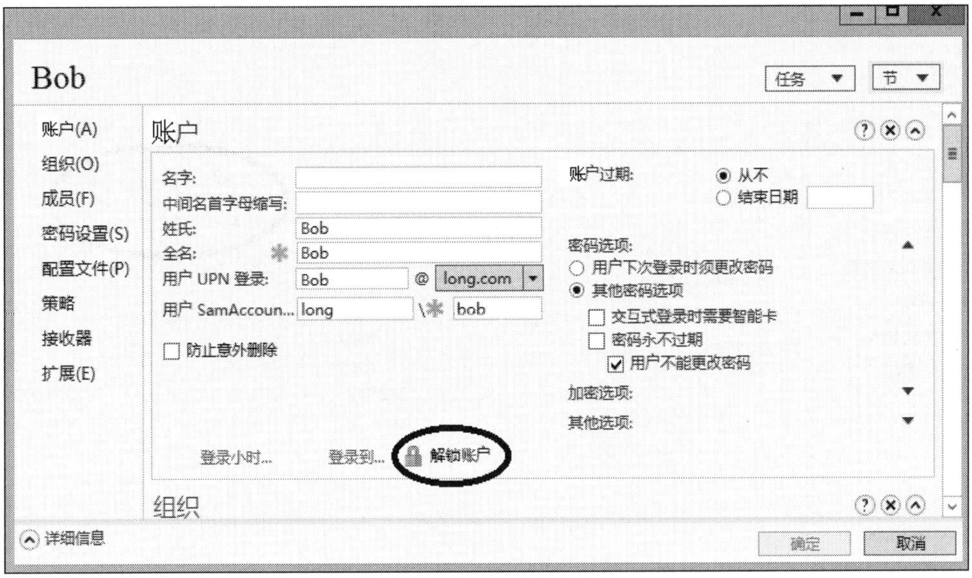

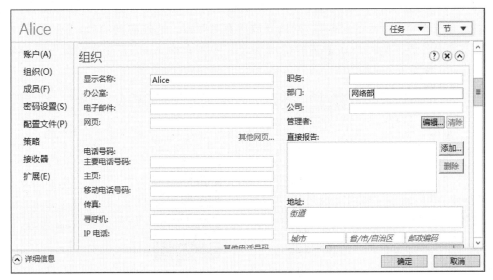

图 3-12 Bob 账户

图 3-13 组织信息

2. 设置账户过期

如图 3-14 所示,在"账户"节点内的"账户过期"选项区中设置账户的有效期限,默认为"从不",要设置过期时间,请单击结束日期,然后输入格式为 yyyy/mm/dd 的过期日期即可。

3. 设置登录时段

登录时段用来指定用户可以登录到域的时间段,默认是任何时间段都可以登录域,若要改变设置,请单击图 3-15 中的"登录小时",然后在"登录小时数"对话框中设置。"登录小时

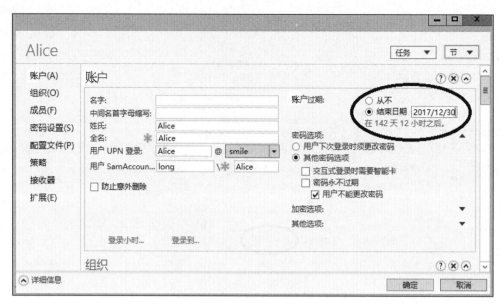

图 3-14 账户过期

数"对话框中横轴的每一方块代表一小时,纵轴每一方块代表一天,填满方块与空白方块分别代表允许与不允许登录的时间段,默认开放所有时间段。选好时间段后,单击允许登录或拒绝登录来允许或拒绝用户在上述时间段登录。下例允许 Alice 在工作时间:周一到周五 8:00—18:00 登录。

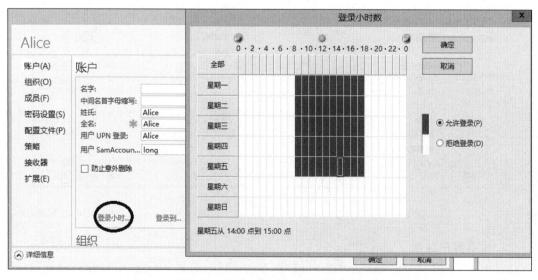

图 3-15 允许 Alice 在工作时间登录

4. 限制用户只能够通过某些计算机登录

一般域用户默认可以利用任何一台域成员计算机(域控制器除外)来登录域,不过也可以通过下面的方法来限制用户只可以利用某些特定计算机来登录域:单击图 3-16 中的"登录到",在"登录到"对话框中选中"下列计算机",输入计算机名称后单击"添加"按钮,计算机名称可为 NetBIOS 名称(如 ms1)或 DNS 名称(如 ms1.long.com)。

图 3-16　限制 Alice 只能在 ms1 上登录

3.1.9　域组账户

如果能够使用组(Group)来管理用户账户,就必定能够减轻许多网络管理负担。例如,针对网络部组设置权限后,此组内的所有用户都会自动拥有此权限,因此就不需要设置每一个用户。

注意　域组账户也都有唯一的安全标识符。命令 whoami/usesr 显示当前用户的信息和安全标识符;whoami/groups 显示当前用户的组成员信息、账户类型、安全标识符和属性;whoami/? 显示该命令的常见用法。

1. 域内的组类型

AD DS 的域组分为下面两种类型,它们之间是可以相互转换的。

- 安全组(Security Group)。它可以被用来分配权限与权利,例如,可以指定安全组对文件具备读取的权限。它也可以用在与安全无关的工作上,例如,可以给安全组发送电子邮件。
- 通信组(Distribution Group)。它被用在与安全(权限与权利设置等)无关的工作上,例如,可以给通信组发送电子邮件,但是无法为通信组分配权限与权利。

2. 组的使用范围

从组的使用范围来看,域内的组分为本地域组(Domain Local Group)、全局组(Global Group)、通用组(Universal Group)3 种,如表 3-1 所示。

表 3-1　组的使用范围

组 ＼ 特性	本 地 域 组	全 局 组	通 用 组
可包含的成员	所有域内的用户、全局组、通用组；相同域内的本地域组	相同域内的用户与全局组	所有域内的用户、全局组、通用组
可以在哪一个域内被分配权限	同一个域	所有域	所有域
组转换	可以被转换成通用组（只要原组内的成员不包含本地域组即可）	可以被转换成通用组（只要原组不隶属于任何一个全局组即可）	可以被换成本地域组；可以被转换成全局组（只要原组内的成员不含通用组即可）

（1）本地域组

本地域组主要被用来分配其所属域内的访问权限，以便可以访问该域内的资源。

- 其成员可以包含任何一个域内的用户、全局组、通用组，也可以包含相同域内的本地域组，但无法包含其他域内的本地域组。

- 本地域组只能够访问该域内的资源，无法访问其他不同域内的资源。换句话说，在设置权限时，只可以设置相同域内的本地域组的权限，无法设置其他不同域内的域本地组的权限。

（2）全局组

全局组主要用来组织用户，也就是可以将多个即将被赋予相同权限（权利）的用户账户，加入同一个全局组内。

- 全局群组内的成员，只可以包含相同域内的用户与全局组。

- 全局组可以访问任何一个域内的资源，也就是说，可以在任何一个域内设置全局组的权限（这个全局组可以位于任何一个域内），以便让此全局组具备权限来访问该域内的资源。

（3）通用组

- 通用组可以在所有域内为通用组分配访问权限，以便访问所有域内的资源。

- 通用组具备万用领域的特性，其成员可以包含林中任何一个域内的用户全局组、通用组，但它无法包含任何一个域内的本地域组。

- 通用组可以访问任何一个域内的资源，也就是说，可以在任何一个域内设置通用组的权限（这个通用组可以位于任何一个域内），以便让此通用组具备权限来访问该域内的资源。

3.1.10　建立与管理域组账户

1. 组的新建、删除与重命名

要创建域组时，可选择"开始"→"管理工具"→"Active Directory 管理中心"选项，展开域名，单击容器或组织单位，在右侧的任务窗格中选择"新建"→"组"选项，然后在图 3-17 中输入组名、输入供旧版操作系统访问的组名、选择组类型与组范围等。若要删除组，则选中组账户并右击，选择"删除"命令即可。

图 3-17　创建组

2. 添加组的成员

将用户、组等加入组内的方法为：单击成员节点右侧的"添加"按钮，如图 3-18 所示，再依次单击"高级"按钮→"立即查找"按钮，选取要被加入的成员（按 Shift 键或 Ctrl 键可同时选择多个账户），单击"确定"按钮。本例将 Alice、Bob、Jhon 加入东北组。

图 3-18　添加组成员

3. AD DS 内置的组

AD DS 有许多内置组，它们分别隶属于本地域组、全局组、通用组和特殊组。

（1）内置的本地域组

这些本地域组本身已被赋予了一些权利与权限，以便让其具备管理 AD DS 域的能力。只要将用户或组账户加入这些组内，这些账户也会自动具备相同的权利与权限。下面是 Builtin 容器内常用的本地域组。

- Account Operators：其成员默认可在容器与组织单位内添加/删除/修改用户、组与计算机账户，不过部分内置的容器除外，如 Builtin 容器与 Domain Controllers 组织单位，同时也不允许在部分内置的容器内添加计算机账户，如 Users。
- Administrators：其成员具备系统管理员权限。他们对所有域控制器拥有最大控制权，可以执行 AD DS 管理工作。内置系统管理员 Administrator 就是此组的成员，而且无法将其从此组内删除。此组默认的成员包括 Administrator、全局组 Domain Admins、通用组 Enterprise Admins 等。
- Backup Operators：其成员可以通过 Windows Server Backup 工具来备份与还原域控制器内的文件，不管他们是否有权限访问这些文件。其成员也可以对域控制器执行关机操作。
- Guests：其成员无法永久改变其桌面环境，当他们登录时，系统会为他们建立一个临时的用户配置文件，而注销时，此配置文件就会被删除。此组默认的成员为用户账户 Guest 与全局组 Domain Guests。
- Network Configuration Operators：其成员可在域控制器上执行常规网络配置工作，如变更 IP 地址，但不可以安装、删除驱动程序与服务，也不可以执行与网络服务器配置有关的工作，如 DNS 与 DHCP 服务器的设置。
- Performance Monitor Users：其成员可监视域控制器的运行情况。
- Pre-Windows 2000 Compatible Access：此组主要是为了与 Windows NT 4.0（或更旧的系统）兼容。其成员可以读取 AD DS 域内的所有用户与组账户。其默认的成员为特殊组 Authenticated Users。只有在用户的计算机是 Windows NT 4.0 或更早版本的系统时，才将用户加入此组内。
- Print Operators：其成员可以管理域控制器上的打印机，也可以将域控制器关闭。
- Remote Desktop Users：其成员可从远程计算机通过远程桌面来登录。
- Server Operators：其成员可以备份与还原域控制器内的文件；锁定与解锁域控制器；将域控制器上的硬盘格式化；更改域控制器的系统时间；将域控制器关闭等。
- Users：其成员仅拥有一些基本权限，如执行应用程序，但是他们不能修改操作系统的设置、不能修改其他用户的数据、不能将服务器关闭。此组默认的成员为全局组 Domain Users。

（2）内置的全局组

AD DS 内置的全局组本身并没有任何的权利与权限，但是可以将其加入具备权利或权限的域本地组，或另外直接分配权利或权限给此全局组。这些内置全局群组位于 Users 容器内。

下面列出了较常用的全局组。

- Domain Admins：域成员计算机会自动将此组加入其本地组 Administrators 内，因此 Domain Admins 组内的每一个成员，在域内的每一台计算机上都具备系统管理员权限。此组默认的成员为域用户 Administrator。

- Domain Computers：所有的域成员计算机(域控制器除外)都会被自动加入此组内。我们会发现 MS1 就是该组的一个成员。
- Domain Controllers：域内的所有域控制器都会被自动加入此群内。
- Domain Users：域成员计算机会自动将此组加入其本地组 Users 内,因此 Domain Users 内的用户将享有本地组 Users 拥有的权利与权限,如拥有允许本机登录的权利。此组默认的成员为域用户 Administrator,而以后新建的域用户账户都自动隶属于此组。
- Domain Guests：域成员计算机会自动将此组加入本地组 Guests 内。此组默认的成员为域用户账户 Guest。

（3）内置的通用组

- Enterprise Admins：此组只存在于林根域,其成员有权管理林内的所有域。此组默认的成员为林根域内的用户 Administrator。
- Schema Admins：此组只存在于林根域,其成员具备管理架构(Schema)的权利。此组默认的成员为林根域内的用户 Administrator。

4. 特殊组账户

除了前面介绍的组之外,还有一些特殊组,而用户无法更改这些特殊组的成员。下面列出了几个经常使用的特殊组。

- Everyone：任何一位用户都属于这个组。若 Guest 账户被启用,则在分配权限给 Everyone 时需小心,因为若某位在计算机内没有账户的用户,通过网络来登录这台计算机,他就会被自动允许利用 Guest 账户来连接,此时因为 Guest 也隶属于 Everyone 组,所以他将具备 Everyone 拥有的权限。
- Authenticated Users：任何利用有效用户账户来登录此计算机的用户,都隶属于此组。
- Interactive：任何在本机登录(按 Ctrl＋Alt＋Del 组合键登录)的用户,都隶属于此组。
- Network：任何通过网络来登录此计算机的用户,都隶属于此组。
- Anonymous Logon：任何未利用有效的普通用户账户来登录的用户,都隶属于此组。Anonymous Logon 默认并不隶属于 Everyone 组。
- Dialup：任何利用拨号方式连接的用户,都隶属于此组。

3.1.11　掌握组的使用原则

为了让网络管理更为容易,同时为了减少以后维护的负担,在利用组来管理网络资源时,建议尽量采用下面的原则,尤其是大型网络。

- A、G、DL、P 原则。
- A、G、G、DL、P 原则。
- A、G、U、DL、P 原则。
- A、G、G、U、DL、P 原则。

其中,A 代表用户账户(User Account),G 代表全局组(Global Group),DL 代表本地域组(Domain Local Group),U 代表通用组(Universal Group),P 代表权限(Permission)。

1. A、G、DL、P 原则

A、G、DL、P 原则就是先将用户账户(A)加入全局组(G),再将全局群组加入本地域组(DL)内,然后设置本地域组的权限(P),如图 3-19 所示。例如,只要针对图 3-19 中的本地域组设置权限,则隶属于该域本地组的全局组内的所有用户都自动具备该权限。

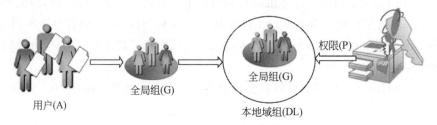

图 3-19　A、G、DL、P 原则

例如,若甲域内的用户需要访问乙域内的资源,则由甲域的系统管理员负责在甲域建立全局组,将甲域用户账户加入此组内;而乙域的系统管理员则负责在乙域建立本地域组,设置此组的权限,然后将甲域的全局群组加入此组内;之后由甲域的系统管理员负责维护全局组内的成员,而乙域的系统管理员则负责维护权限的设置,从而将管理的负担分散。

2. A、G、G、DL、P 原则

A、G、G、DL、P 原则就是先将用户账户(A)加入全局组(G),将此全局组加入另一个全局组(G)内,再将此全局组加入本地域组(DL)内,然后设置本地域组的权限(P),如图 3-20 所示。图 3-20 中的全局组(G3)内包含 2 个全局组(G1 与 G2),它们必须是同一个域内的全局组,因为全局组内只能够包含位于同一个域内的用户账户与全局组。

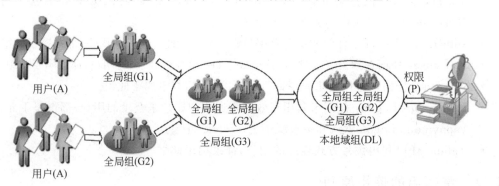

图 3-20　A、G、G、DL、P 原则

3. A、G、U、DL、P 原则

图 3-20 所示的全局组 G1 与 G2 若不是与 G3 在同一个域内,则无法采用 A、G、G、DL、P 原则,因为全局组(G3)内无法包含位于另外一个域内的全局组,此时需将全局组 G3 改为通用组,也就是需要改用 A、G、U、DL、P 原则(见图 3-21),此原则是先将用户账户(A)加入全局组(G),将此全局组加入通用组(U)内,再将此通用组加入本地域组(DL)内,然后设置本地域组的权限(P)。

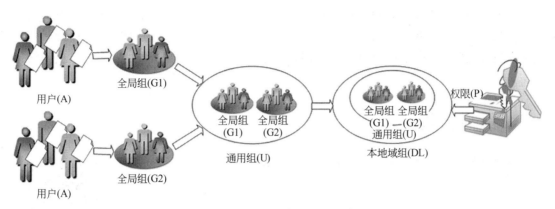

图 3-21 A、G、U、DL、P 原则

4. A、G、G、U、DL、P 原则

A、G、G、U、DL、P 原则与前面两种类似,在此不再重复说明。

也可以不遵循以上的原则来使用组,不过会有一些缺点,例如,可以执行以下操作。

- 直接将用户账户加入本地域组内,然后设置此组的权限。它的缺点是无法在其他域内设置此本地域组的权限,因为本地域组只能够访问所属域内的资源。
- 直接将用户账户加入全局组内,然后设置此组的权限。它的缺点是,如果网络内包含多个域,而每个域内都有一些全局组需要对此资源具备相同的权限,则需要分别为一个全局组设置权限,这种方法比较浪费时间,会增加网络管理的负担。

3.2 项目设计及分析

本项目所有实例都部署在图 3-22 所示的域环境下。

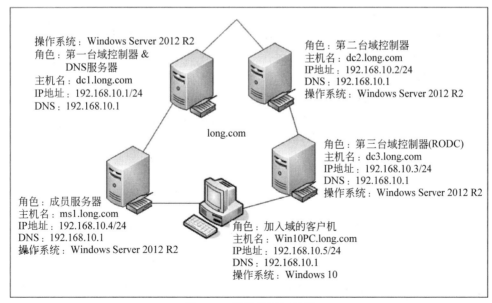

图 3-22 网络规划拓扑图

在本次项目实训中,会用到域树中的部分内容,而不是全部,在每一个任务中会特别交代需要的网络拓扑结构。本项目需要完成如下任务:使用 Csvde 批量创建用户、管理将计算机加入域的权限、使用 A、G、U、D、L、P 原则管理域组(需要用到域林环境,使用单独网络拓扑图)。

3.3　项目实施

下面开始实施具体任务,实施任务的顺序遵循由简到难的原则,先进行"域用户的导入与导出"。

3.3.1　使用 A、G、U、D、L、P 原则管理域组

3.1.11 小节中讲到,A、G、U、DL、P 原则是先将用户账户(A)加入全局组(G),再将此全局组加入通用组(U)内,然后将此通用组加入本地域组(DL)内,再设置本地域组的权限(P)。下面介绍应用该原则的案例。

1. 任务背景

未名公司目前正在实施某工程,该工程需要总公司工程部和分公司工程部协同,需要创建一个共享目录,供总公司工程部和分公司工程部共享数据,公司决定在子域控制器 beijing.long.com 上临时创建共享目录 Projects_Share。请通过权限分配使总公司工程部和分公司工程部用户对共享目录有写入和删除权限。网络拓扑图如图 3-23 所示。

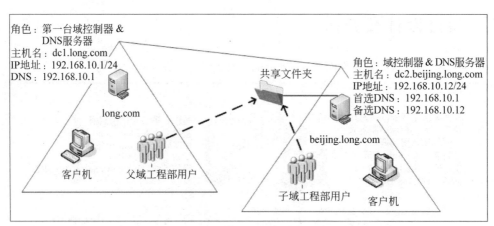

图 3-23　运行 A、G、U、D、L、P 原则管理组网络拓扑图

2. 任务分析

为本项目创建的共享目录需要对总公司工程部和分公司工程部用户配置写入和删除权限。解决方案如下。

(1) 在总公司 DC1 和分公司 DC2 上创建相应工程部员工用户。

(2) 在总公司 DC1 上创建全局组 Project_long_Gs,并将总公司工程部用户加入该全局组;在分公司上创建全局组 Project_Beijingj_Gs,并将分公司工程部用户加入该全局组。

（3）在总公司 DC1（林根）上创建通用组 Project_long_Us，并将总公司和分公司的工程全局组配置为成员。

（4）在子公司 DC2 上创建本地域组 Project_Beijing_DLs，并将通用组 Project_long_Us 加入本地域组。

（5）创建共享目录 Projects_Share，配置本地域组权限为读/写权限。

实施后面临的问题如下。

（1）总公司工程部员工新增或减少。

总公司管理员直接对工程部用户进行 Project_long_Gs 全局组的加入与退出。

（2）分公司工程部员工新增或减少。

分公司管理员直接对工程部用户进行 Project_Beijing_Gs 全局组的加入与退出。

3. 任务实施

STEP 1 在总公司 DC1 上创建 Project OU，在总公司的 Project OU 中创建 Project_userA 和 Project_userB 工程部员工用户，如图 3-24 所示。

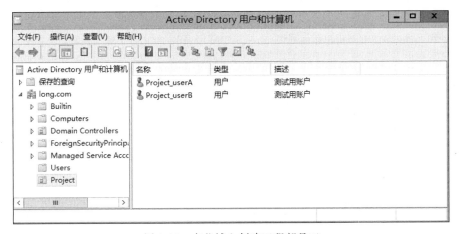

图 3-24 在父域上创建工程部员工

STEP 2 在分公司 DC2 创建 Project OU，在分公司的 Project OU 中创建 Project_user1 和 Project_user2 工程部员工用户，如图 3-25 所示。

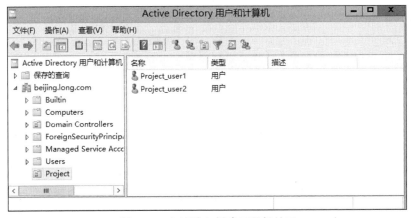

图 3-25 在子域上创建工程部员工

STEP 3 在总公司 DC1 创建全局组 Project_long_Gs,并将总公司工程部用户加入该全局组,如图 3-26 所示。

STEP 4 在分公司 DC2 上创建全局组 Project_Beijing_Gs,并将分公司工程部用户加入该全局组,如图 3-27 所示。

图 3-26　将父域工程部用户添加到组

图 3-27　将子域工程部用户添加到组

STEP 5 在总公司 DC1(林根)上创建通用组 Project_long_Us,并将总公司和分公司的工程部全局组配置为成员(由于在不同域中,加入时应注意"位置"信息),如图 3-28 所示。

STEP 6 在子公司 beijing 的 DC2 上创建本地组 Project_Beijing_DLs,并将通用组 Project_long_Us 加入本地组,如图 3-29 所示。

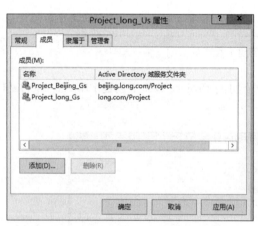

图 3-28　将全局组添加到通用组

图 3-29　将通用组添加到域本地组

STEP 7 在 DC2 上创建共享目录 Projects_Share。如图 3-30 所示,在下拉列表中选择查找个人,找到域本地组 Project_Beijing_DLs 并添加,将读/写的权限赋予该本地组,然后单击"共享"按钮,最后单击"完成"按钮完成共享目录的设置。

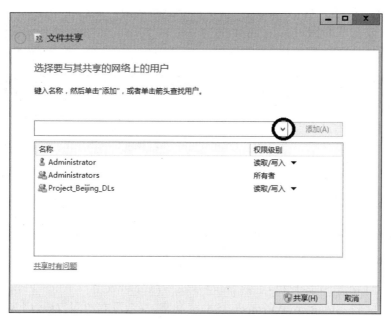

图 3-30　设置共享文件夹的共享权限

 注意　　权限设置还可以结合 NTFS 权限，详细内容请参考相关书籍，在此不再赘述。

STEP 8　总公司工程部员工新增或减少：总公司管理员直接对工程部用户进行 Project_long_Gs 全局组的加入与退出。

STEP 9　分公司工程部员工新增或减少：分公司管理员直接对工程部用户进行 Project_Beijing_Gs 全局组的加入与退出。

4. 测试验证

STEP 1　在客户机 MS1 上，右击"开始"菜单，选择"运行"命令，输入 UNC 路径 \\dc2.beijing.long.com\Projects_Share，如图 3-31 所示，在弹出的"凭据"对话框中输入总公司域用户 Project_userA@long.com 及密码，能够成功读取写入文件。

图 3-31　访问共享目录

STEP 2 注销 MS1 客户机，重新登录后，使用分公司域用户 Project_user1@beijing.long.com 访问\\dc2.beijing.long.com\Projects_Share，如图 3-32 所示，能够成功读取写入文件。

图 3-32　访问共享目录

STEP 3 再次注销 MS1 客户机，重新登录后，使用总公司域用户 Alice@long.com 访问\\dc2.beijing.long.com\Projects_Share 共享，提示没有访问权限，因为 Alice 用户不是工程部用户，如图 3-33 所示。

图 3-33　提示没有访问权限

3.3.2　在成员服务器上管理本地账户和组

1. 创建本地用户账户

用户可以在 MS1 上以本地管理员账户登录计算机，使用"计算机管理"中的"本地用户和组"管理单元来创建本地用户账户，而且用户必须拥有管理员权限。创建本地用户账户 student1 的步骤如下。

STEP 1 选择"开始"→"管理工具"→"计算机管理"命令，打开"计算机管理"窗口。

STEP 2 在"计算机管理"窗口中展开"本地用户和组"，在"用户"目录上右击，在弹出的快捷菜单中选择"新用户"命令，如图 3-34 所示。

STEP 3 打开"新用户"对话框，输入用户名、全名、描述和密码，如图 3-35 所示。可以设置密码选项，设置完成后，单击"创建"按钮新增用户账户。创建完用户后，单击"关闭"按钮，返回"计算机管理"窗口。

有关密码的选项如下。

- 密码：要求用户输入密码，系统用"＊"显示。

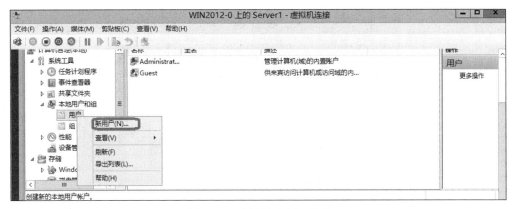

图 3-34　选择"新用户"选项

图 3-35　"新用户"对话框

- 确认密码：要求用户再次输入密码，以确认输入正确与否。
- 用户下次登录时须更改密码：要求用户下次登录时必须修改该密码。
- 用户不能更改密码：通常用于多个用户共用一个用户账户，如 Guest 等。
- 密码永不过期：通常用于 Windows Server 2012 R2 的服务账户或应用程序所使用的用户账户。
- 账户已禁用：禁用用户账户。

2. 设置本地用户账户的属性

用户账户不只包括用户名和密码等信息，为了管理和使用方便，一个用户还包括其他属性，如用户隶属的用户组、用户配置文件、用户的拨入权限、终端用户设置等。

在"本地用户和组"的右窗格中双击刚刚建立的 student1 user，打开图 3-36 所示的"student1 属性"对话框。

图 3-36 "student1 属性"对话框

（1）"常规"选项卡

可以设置与账户有关的描述信息，如全名、描述、账户选项等。管理员可以设置密码选项或禁用账户。如果账户已经被系统锁定，管理员可以解除锁定。

（2）"隶属于"选项卡

在"隶属于"选项卡中，可以设置将该账户加入其他本地组中。为了管理方便，通常都需要为用户组（见图 3-37）分配与设置权限。用户属于哪个组，就具有该用户组的权限。新增的用户账户默认加入 Users 组，Users 组的用户一般不具备一些特殊权限，如安装应用程序、

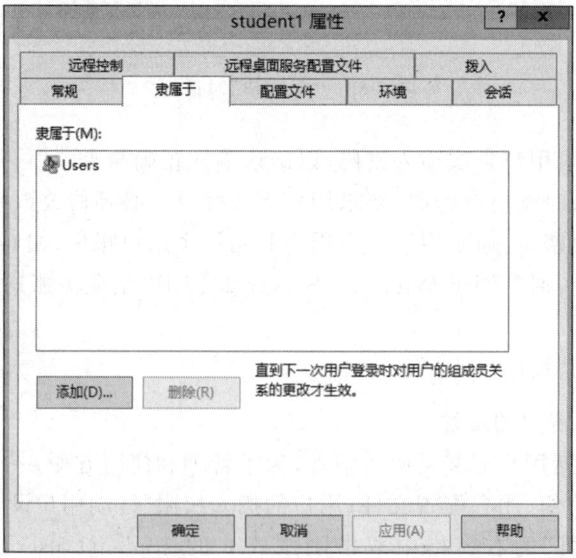

图 3-37 "隶属于"选项卡

修改系统设置等。所以,当要分配给这个用户一些权限时,可以将该用户账户加入其他组,也可以单击"删除"按钮,将用户从一个或几个用户组中删除。例如,将 student1 添加到管理员组的操作步骤如下。

单击图 3-37 中的"添加"按钮,在图 3-38 所示的"选择组"对话框中直接输入组的名称,例如,管理员组的名称 Administrator、高级用户组名称 Power users。输入组名称后,如需要检查名称是否正确,则单击"检查名称"按钮,名称会变为"Win2012-2\Administrators"。前面部分表示本地计算机名称,后面部分为组名称。如果输入了错误的组名称,检查时,系统将提示找不到该名称,并提示更改,然后再次搜索。

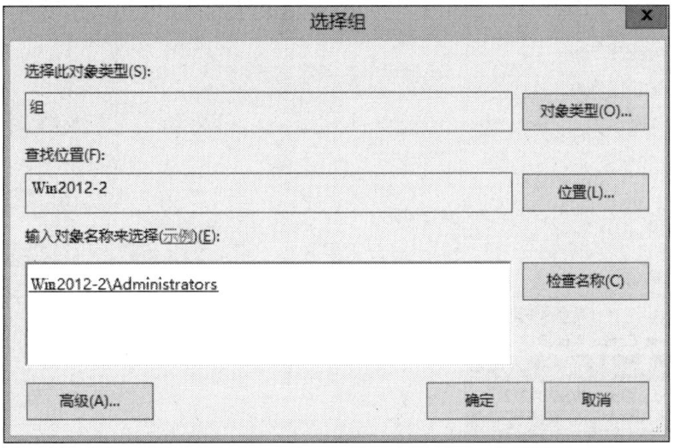

图 3-38 "选择组"对话框

如果不希望手动输入组名称,也可以单击"高级"按钮,再单击"立即查找"按钮,从搜索结果中选择一个或多个组(按 Ctrl 键或 Shift 键再选择),如图 3-39 所示。

(3)"配置文件"选项卡

在"配置文件"选项卡中可以设置用户账户的配置文件路径、登录脚本和主文件夹路径,如图 3-40 所示。

用户配置文件是存储当前桌面环境、应用程序设置以及个人数据的文件夹和数据的集合,还包括所有登录到该台计算机上所建立的网络连接。由于用户配置文件提供的桌面环境与用户最近一次登录到该计算机上所用的桌面相同,因此保持了用户桌面环境及其他设置的一致性。

当用户第一次登录到某台计算机上时,Windows Server 2012 R2 根据默认用户配置文件自动创建一个用户配置文件,并将其保存在该计算机上。默认用户配置文件位于"C:\users\default"下,该文件夹是隐藏文件夹,用户 student1 的配置文件位于"C:\users\student1"下。

除了"C:\用户\用户名\我的文档"文件夹外,Windows Server 2012 R2 还提供了用于存放个人文档的主文件夹。主文件夹可以保存在客户机上,也可以保存在一个文件服务器的共享文件夹中。用户可以将所有的用户主文件夹都定位在某个网络服务器的中心位置上。

管理员在为用户提供主文件夹时,应考虑以下因素:用户可以通过网络中任意一台联网的计算机访问其主文件夹。在对用户文件进行集中备份和管理时,基于安全性考虑,应将用

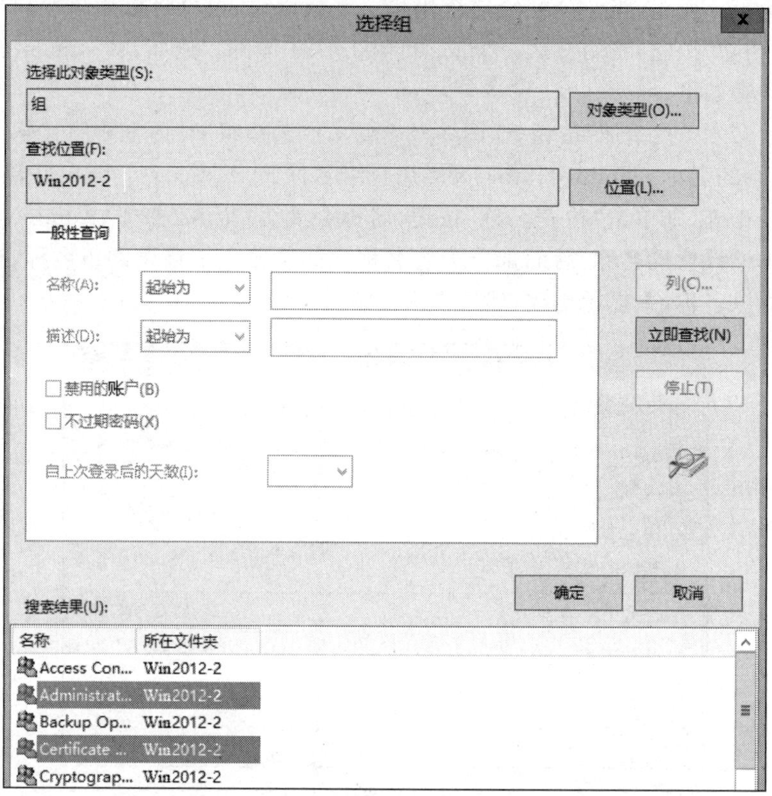

图 3-39　查找可用的组

图 3-40　"配置文件"选项卡

户主文件夹存放在 NTFS 卷中,可以利用 NTFS 的权限来保护用户文件(放在 FAT 卷中只能通过共享文件夹权限来限制用户对主目录的访问)。

(4) 登录脚本

登录脚本是用户登录计算机时自动运行的脚本文件,脚本文件的扩展名可以是 VBS、BAT 或 CMD。

其他选项卡(如"拨入""远程控制"选项卡)请参考 Windows Server 2012 R2 的帮助文件。

3. 删除本地用户账户

当用户不再需要使用某个用户账户时,可以将其删除。因为删除用户账户会导致与该账户有关的所有信息遗失,所以在删除之前,最好确认其必要性或者考虑用其他方法,如禁用该账户。许多企业给临时员工设置了 Windows 账户,当临时员工离开企业时将账户禁用,新来的临时员工需要用该账户时,只需改名即可。

在"计算机管理"控制台中,右击要删除的用户账户,选择删除相关命令,但是系统内置账户如 Administrator、Guest 等无法删除。

在前面提到,每个用户都有一个名称之外的唯一标识符 SID 号,SID 号在新增账户时由系统自动产生,不同账户的 SID 不同。由于系统在设置用户的权限、访问控制列表中的资源访问能力信息时,内部都使用 SID 号,所以一旦用户账户被删除,这些信息也就跟着消失了。重新创建一个名称相同的用户账户,也不能获得原先用户账户的权限。

4. 使用命令行创建用户

重新以管理员的身份登录 Win2012-2 计算机,然后使用命令行方式创建一个新用户,命令格式如下(注意密码要满足密码复杂度要求)。

```
net user username password /add
```

例如,要建立一个名为 mike,密码为 P@ssw0rd2 的用户,可以使用以下命令。

```
net user mike P@ssw0rd2 /add
```

要修改旧账户的密码,可以按如下步骤操作。

STEP 1　打开"计算机管理"对话框。

STEP 2　在该对话框中,单击"本地用户和组"。

STEP 3　右击要重置密码的用户账户,在弹出的快捷菜单中选择"设置密码"选项。

STEP 4　阅读警告消息,如果要继续,则单击"继续"按钮。

STEP 5　在"新密码"和"确认密码"中,输入新密码,然后单击"确定"按钮。

或者使用如下命令行方式。

```
net user username password
```

例如,将用户 mike 的密码设置为 P@ssw0rd3(必须符合密码复杂度要求),可以运行以下命令。

```
net user mike P@ssw0rd3
```

5. 创建本地组

Windows Server 2012 R2 计算机在运行某些特殊功能或应用程序时,可能需要特定的权限。为这些任务创建一个组,并将相应的成员添加到组中是一个很好的解决方案。对于计算机被指定的大多数角色来说,系统都会自动创建一个组来管理该角色。例如,如果计算机被指定为 DHCP 服务器,相应的组就会添加到计算机中。

要创建一个新组 common,先打开"计算机管理"对话框,右击"组"文件夹,在弹出的快捷菜单中选择"新建组"选项。在"新建组"对话框中,输入组名和描述,然后单击"添加"按钮向组中添加成员,如图 3-41 所示。

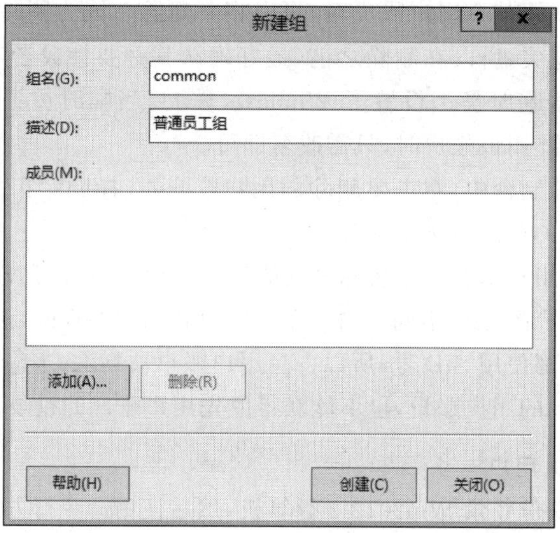

图 3-41　新建组

另外,也可以使用命令行方式创建一个组,命令格式如下。

```
net localgroup groupname /add
```

例如,要添加一个名为 sales 的组,可以输入如下命令。

```
net localgroupsales /add
```

6. 为本地组添加成员

可以将对象添加到任何组。在域中,这些对象可以是本地用户、域用户,甚至是其他本地组或域组。但是在工作组环境中,本地组的成员只能是用户账户。

将成员 mike 添加到本地组 common,可以执行以下操作。

STEP 1　选择"开始"→"管理工具"命令,打开"计算机管理"对话框。

STEP 2　在左窗格中展开"本地用户和组"对象,双击"组"对象,在右窗格中显示本地组。

STEP 3　双击要添加成员的组 common,打开组的"属性"对话框。

STEP 4　单击"添加"按钮,选择要加入的用户 mike 即可。

如果使用命令行,可以使用如下命令。

```
net localgroup groupname username /add
```

例如,将用户 mike 加入 administrators 组中,可以使用如下命令。

```
net localgroup administrators mike /add
```

3.4　习题

一、填空题

1.账户的类型分为＿＿＿＿＿、＿＿＿＿＿、＿＿＿＿＿。

2.根据服务器的工作模式,组分为＿＿＿＿＿、＿＿＿＿＿。

3.在工作组模式下,用户账户存储在＿＿＿＿＿中;在域模式下,用户账户存储在＿＿＿＿＿中。

4.在活动目录中,组按照能够授权的范围,分为＿＿＿＿＿、＿＿＿＿＿、＿＿＿＿＿。

5.你创建了一个名为 Helpdesk 的全局组,其中包含所有帮助账户。你希望帮助人员能在本地桌面计算机上执行任何操作,包括取得文件所有权,最好使用＿＿＿＿＿内置组。

二、选择题

1.在设置域账户属性时,(　　　)项目是不能被设置的。

　　A. 账户登录时间　　　　　　　　B. 账户的个人信息

　　C. 账户的权限　　　　　　　　　D. 指定账户登录域的计算机

2.下列账户名不是合法的是(　　　)。

　　A. abc_234　　　　B. Linux book　　　C. doctor ＊　　　　D. addeofHELP

3.下列用户不是内置本地域组成员的是(　　　)。

　　A. Account Operator　　　　　　B. Administrator

　　C. Domain Admins　　　　　　　D. Backup Operators

4.公司聘用了 10 名新雇员。你希望这些新雇员通过 VPN 连接接入公司总部。你创建了新用户账户,并将总部中的共享资源的"允许读取"和"允许执行"权限授予新雇员。但是,新雇员无法访问总部的共享资源。你需要确保用户能够建立可接入总部的 VPN 连接。你该怎么做?(　　　)

　　A. 授予新雇员"允许完全控制"权限

　　B. 授予新雇员"允许访问拨号"权限

　　C. 将新雇员添加到 Remote Desktop Users 安全组

　　D. 将新雇员添加到 Windows Authorization Access 安全组

5.公司有一个 Active Directory 域。有一个用户试图从客户端计算机登录到域,但是收到以下消息:"此用户账户已过期。请管理员重新激活该账户。"你需要确保该用户能够登录到域。你该怎么做?(　　　)

　　A. 修改该用户账户的属性,将该账户设置为永不过期

　　B. 修改该用户账户的属性,延长"登录时间"设置

　　C. 修改该用户账户的属性,将密码设置为永不过期

　　D. 修改默认域策略,缩短账户锁定持续时间

6.公司有一个 Active Directory 域,名为 intranet.contoso.com。所有域控制器都运行

Windows Server 2012 R2。域功能级别和林功能级别都设置为 Windows 2000 纯模式。你需要确保用户账户有 UPN 后缀 contoso.com 应该先怎么做?(　　　)

    A. 将 contoso.com 林功能级别提升到 Windows Server 2008 或 Windows Server 2012 R2

    B. 将 contoso.com 域功能级别提升到 Windows Server 2008 或 Windows Server 2012 R2

    C. 将新的 UPN 后缀添加到林

    D. 将 Default Domain Controllers 组策略对象(GPO)中的 Primary DNS Suffix 选项设置为 contoso.com

7. 公司有一个总部和 10 个分部。每个分部有一个 Active Directory 站点,其中包含一个域控制器。只有总部的域控制器被配置为全局编录服务器。你需要在分部域控制器上停用"通用组成员身份缓存"(UGMC)选项。应在(　　　)停用 UGMC。

    A. 站点　　　　　B. 服务器　　　　　C. 域　　　　　　D. 连接对象

8. 公司有一个单域的 Active Directory 林。该域的功能级别是 Windows Server 2012 R2。执行以下活动:

- 创建一个全局通信组。
- 将用户添加到该全局通信组。
- 在 Windows Server 2012 R2 成员服务器上创建一个共享文件夹。
- 将该全局通信组放入有权访问该共享文件夹的域本地组中。
- 你需要确保用户能够访问该共享文件夹。

你该怎么做?(　　　)

    A. 将林功能级别提升为 Windows Server 2012 R2

    B. 将该全局通信组添加到 Domain Administrators 组中

    C. 将该全局通信组的组类型更改为安全组

    D. 将该全局通信组的作用域更改为通用通信组

三、简答题

1. 简述工作组和域的区别。

2. 简述通用组、全局组和本地域组的区别。

3. 你负责管理你所属组的成员的账户以及对资源的访问权。组中的某个用户离开了公司,你希望在几天内将有人来代替该员工。对于前用户的账户,你应该如何处理?

4. 你需要在 AD DS 中创建数百个计算机账户,以便为无人参与安装预先配置这些账户。创建如此大量的账户的最佳方法是什么?

5. 用户报告说,他们无法登录到自己的计算机。错误消息表明计算机和域之间的信任关系中断。如何修正该问题?

6. BranchOffice_Admins 组对 BranchOffice_OU 中的所有用户账户有完全控制权限。对于从 BranchOffice_OU 移入 HeadOffice_OU 的用户账户,BranchOffice_Admins 对该账户将有何权限?

3.5　项目实训　用户账户和组账户的管理

一、实训目的

- 掌握创建用户账户的方法。
- 掌握创建组账户的方法。
- 掌握管理用户账户的方法。
- 掌握管理组账户的方法。
- 掌握组的使用原则。

二、项目背景

本实训项目部署在图 3-42 所示的环境下。其中 Win2012-1 和 Win2012-2 是 VMWare（或者 Hyper-V 服务器）的 2 台虚拟机，Win2012-1 是域 long.com 的域控制器，Win2012-2 是域 long.com 的成员服务器。本地用户和组的管理在 Win2012-1 上进行，域用户和组的管理在 Win2012-1 上进行，在 Win2012-2 上进行测试。

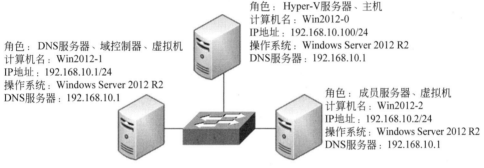

图 3-42　管理用户账户和组账户网络拓扑图

三、做一做

根据本节的二维码视频进行项目的实训，检查学习效果。

项目 4
管理文件系统与共享资源

项目背景

网络中最重要的是安全,安全中最重要的是权限。在网络中,网络管理员首先面对的是权限,日常解决的问题是权限问题,最终出现漏洞还是由于权限设置方面的原因。权限决定着用户可以访问的数据、资源,也决定着用户享受的服务,权限甚至决定着用户拥有什么样的桌面。理解 NTFS 和它的应用,对于高效地在 Windows Server 2012 R2 中实现这种功能来说是非常重要的。

项目目标

- 掌握设置共享资源和访问共享资源的方法。
- 掌握卷影副本的使用方法。
- 掌握使用 NTFS 控制资源访问的方法。
- 掌握使用文件系统加密文件的方法。
- 掌握压缩文件的方法。

4.1 FAT 与 NTFS 文件系统

文件和文件夹是计算机系统组织数据的集合单位。Windows Server 2012 R2 提供了强大的文件管理功能,其 NTFS 文件系统具有高安全性能,用户可以十分方便地在计算机或网络上处理、使用、组织、共享和保护文件及文件夹。

文件系统是指文件命名、存储和组织的总体结构,运行 Windows Server 2012 R2 的计算机的磁盘分区可以使用 3 种类型的文件系统: FAT16、FAT32 和 NTFS。

4.1.1 FAT 文件系统

FAT(File Allocation Table)是指文件分配表,包括 FAT16 和 FAT32 两种。FAT 是一种适合小卷集、对系统安全性要求不高、需要双重引导的用户应选择使用的文件系统。

在推出 FAT32 文件系统之前,通常 PC 使用的文件系统是 FAT16,如 MS-DOS、Windows 95 等系统。FAT16 支持的最大分区是 2^{16}(即 65536)个簇,每簇 64 个扇区,每扇区 512 字节,所以最大支持分区为 2.147GB。FAT16 最大的缺点是簇的大小和分区有关,这样当外存中存放较多小文件时,会浪费大量的空间。FAT32 是 FAT16 的派生文件系统,支持大到 2TB(2048GB)的磁盘分区。它使用的簇比 FAT16 小,从而有效地节约了磁盘空间。

FAT 文件系统是一种最初用于小型磁盘和简单文件夹结构的简单文件系统。它向后兼容,最大的优点是适用于所有的 Windows 操作系统。另外,FAT 文件系统在容量较小的卷上使用比较好,因为 FAT 启动只使用非常少的开销。FAT 在容量低于 512MB 的卷上工作最好,当卷容量超过 1.024GB 时,效率就比较低。对于 400~500MB 的卷,FAT 文件系统相对于 NTFS 文件系统来说是一个比较好的选择。不过对于使用 Windows Server 2012 R2 的用户来说,FAT 文件系统则不能满足系统的要求。

4.1.2 NTFS 文件系统

NTFS(New Technology File System)是 Windows Server 2012 R2 推荐使用的高性能文件系统。它支持许多新的文件安全、存储和容错功能,而这些功能也正是 FAT 文件系统所缺少的。

NTFS 是从 Windows NT 开始使用的文件系统,它是一个特别为网络和磁盘配额、文件加密等管理安全特性设计的磁盘格式。NTFS 文件系统包括文件服务器和高端个人计算机所需的安全特性,它还支持对于关键数据以及十分重要的数据访问控制和私有权限。除了可以赋予计算机中的共享文件夹特定权限外,NTFS 文件和文件夹无论共享与否都可以赋予权限,NTFS 是唯一允许为单个文件指定权限的文件系统。但是,当用户从 NTFS 卷移动或复制文件到 FAT 卷时,NTFS 文件系统权限和其他特有属性将会丢失。

NTFS 文件系统设计简单但功能强大,从本质上讲,卷中的一切都是文件,文件中的一切都是属性。从数据属性到安全属性,再到文件名属性,NTFS 卷中的每个扇区都分配给了某个文件,甚至文件系统的超数据(描述文件系统自身的信息)也是文件的一部分。

如果安装 Windows Server 2012 R2 系统时采用了 FAT 文件系统,用户也可以在安装完毕使用 convert.exe 命令把 FAT 分区转化为 NTFS 分区。

```
Convert D:/FS:NTFS
```

上面的命令是将 D 盘转换成 NTFS 格式。无论是在运行安装程序中还是在运行安装程序后,相对于重新格式化磁盘来说,这种转换不会使用户的文件受到损害。因为 Windows 95/98 系统不支持 NTFS 文件系统,所以在要配置双重启动系统时,即在同一台计算机上同时安装 Windows Server 2012 R2 和其他操作系统(如 Windows 98)时,则可能无法从本计算机上的另一个操作系统访问 NTFS 分区上的文件。

4.2 项目设计及分析

本项目所有实例都部署在图 3-42 所示的环境下。其中 Win2012-0 是物理主机,也是 Hyper-V 服务器,Win2012-1 和 Win2012-2 是 Hyper-V 服务器的 2 台虚拟机。在 Win2012-1 与 Win2012-2 上可以测试资源共享情况,而资源访问权限的控制、加密文件系统与压缩、分布式文件系统等在 Win2012-1 上实施并测试。

4.3 项目实施

按图3-42所示，配置好Win2012-1和Win2012-2的所有参数，保证Win2012-1和Win2012-2之间通信畅通。建议将Hyper-V服务器中虚拟网络的模式设置为"专用"。

4.3.1 设置资源共享

为安全起见，默认状态下，服务器中所有的文件夹都不被共享。而创建文件服务器时，又只创建一个共享文件夹。因此，若要授予用户某种资源的访问权限，必须先将该文件夹设置为共享，然后赋予授权用户相应的访问权限。创建不同的用户组，并将拥有相同访问权限的用户加入同一用户组，可使用户权限的分配变得简单而快捷。

1. 在"计算机管理"对话框中设置共享资源

STEP 1 在Win2012-1上依次选择"开始"→"管理工具"→"计算机管理"命令，在打开的窗口中展开左窗格中的"共享"文件夹，如图4-1所示。该"共享"文件夹提供有关本地计算机上的所有共享、会话和打开的文件的相关信息，可以查看本地和远程计算机的连接和资源使用概况。

图4-1 "计算机管理"窗口

共享名称后带有"$"符号的是隐藏共享。对于隐藏共享，网络上的用户无法通过网上邻居直接浏览。
注意

STEP 2 在右窗格中右击"共享"图标，在弹出的快捷菜单中选择"新建共享"命令，即可打开"创建共享文件夹向导"对话框。注意权限的设置，如图4-2所示。其他操作过程不再详述。

请读者将Win2012-1的文件夹"C:\share1"设置为共享，并赋予管理员可以完全访问的权限，而其他用户为只读的权限。提前在Win2012-1上创建student1账户。
做一做

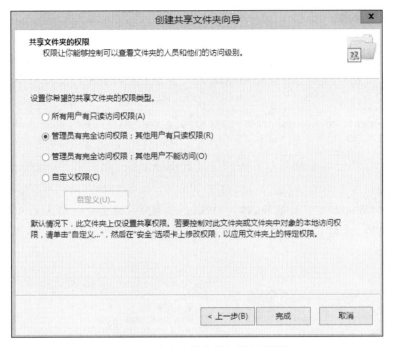

图 4-2　"共享文件夹的权限"对话框

2. 特殊共享

前面提到的共享资源中有一些是系统自动创建的,如 C＄、IPC＄等。这些系统自动创建的共享资源就是这里所指的"特殊共享",它们是 Windows Server 2012 R2 用于本地管理和系统使用的。一般情况下,用户不应该删除或修改这些特殊共享。

由于被管理计算机的配置情况不同,共享资源中所列出的这些特殊共享也会有所不同。

下面列出了一些常见的特殊共享。

driveletter＄:为存储设备的根目录创建的一种共享资源。显示形式为 C＄、D＄等。例如,D＄号是一个共享名,管理员通过它可以从网络上访问驱动器。值得注意的是,只有 Administrators 组、Power Users 组和 Server Operators 组的成员才能连接这些共享资源。

ADMIN＄:在远程管理计算机的过程中系统使用的资源。该资源的路径通常指向 Windows Server 2012 R2 系统目录的路径。同样,只有 Administrators 组、PowerUsers 组和 Server Operators 组的成员才能连接这些共享资源。

IPC＄:共享命名管道的资源,它对程序之间的通信非常重要。在远程管理计算机的过程及查看计算机的共享资源时使用。

PRINT＄:在远程管理打印机的过程中使用的资源。

4.3.2　访问网络共享资源

企业网络中的客户端计算机,可以根据需要采用不同方式访问网络共享资源。

1. 利用网络发现

 提示　　必须确保 Win2012-1 和 Win2012-2 开启了网络发现功能,并且运行了要求的 3 个服务(自动、启动)。请再次参考项目 2 中的相关内容。

分别以 student1 和 Administrator 的身份访问 Win2012-1 中所设的共享 share1。步骤如下。

STEP 1 　在 Win2012-2 上单击左下角的资源管理器图标　,打开"资源管理器"窗口。单击窗口左下角的"网络"链接,打开 Win2012-2 的"网络"对话框,如图 4-3 所示。

STEP 2 　双击"Win2012-1"计算机,弹出"Windows 安全"对话框。输入 student1 的用户名及密码,连接到 Win2012-1,如图 4-4 所示。(用户 student1 是 Win2012-1 下的用户。)

图 4-3　"网络"窗口

图 4-4　"Windows 安全"对话框

STEP 3 　单击"确定"按钮,打开"Win2012-1"上的共享文件夹,如图 4-5 所示。

STEP 4 　双击"share1"共享文件夹,尝试在下面新建文件,失败。

STEP 5 　注销 Win2012-2,重新执行 STEP 1～STEP 4 的操作。注意本次输入 Win2012-1 的 administrator 的用户名及密码,连接到 Win2012-1,验证 4.3.1 小节设置的共享的权限情况。

图 4-5　Win2012-1 上的共享文件夹

2. 使用 UNC 路径

UNC(Universal Naming Conversion,通用命名标准)是用于命名文件和其他资源的一种约定,以两个反斜杠"\"开头,指明该资源位于网络计算机上。UNC 路径的格式为

\\Servername\sharename

其中，Servername 是服务器的名称，也可以用 IP 地址代替；sharename 是共享资源的名称。目录或文件的 UNC 名称也可以把目录路径包括在共享名称之后，其语法格式如下。

```
\\Servername\sharename\directory\filename
```

本例在 Win2012-2 的"运行"对话框中输入以下命令，并分别以不同用户连接到 Win2012-1 上来测试 4.3.1 小节所设共享。

```
\\192.168.10.2\share1
```

或者

```
\\Win2012-1\share1
```

4.3.3 使用卷影副本

用户可以通过"共享文件夹的卷影副本"功能，让系统自动在指定的时间将所有共享文件夹内的文件复制到另外一个存储区内备用。当用户通过网络访问共享文件夹内的文件，将文件删除或者修改文件的内容后，却反悔想要恢复该文件或者想要还原文件原来的内容时，可以通过"卷影副本"存储区内的旧文件来达到目的，因为系统之前已经将共享文件夹内的所有文件都复制到"卷影副本"的存储区内。

1. 启用"共享文件夹的卷影副本"功能

在 Win2012-1 上，在共享文件夹 share1 下建立 test1 和 test2 两个文件夹，并在该共享文件夹所在的计算机 Win2012-1 上启用"共享文件夹的卷影副本"功能。操作步骤如下。

STEP 1 选择"开始"→"管理工具"→"计算机管理"命令，打开"计算机管理"对话框。

STEP 2 右击"共享文件夹"，在弹出的快捷菜单中选择"所有任务"→"配置卷影副本"命令，如图 4-6 所示。

STEP 3 在打开的"卷影副本"对话框中，选择要启用"卷影复制"的驱动器（例如 C 盘），单击"启用"按钮，如图 4-7 所示。再单击"是"按钮，此时，系统会自动为该磁盘创建第一个"卷影副本"，也就是将该磁盘内所有共享文件夹内的文件都复制到"卷影副本"的存储区内，而且系统默认以后会在星期一至星期五的上午 7:00 与中午 12:00 两个时间点分别自动添加一个"卷影副本"，也就是在这两个时间到达时会将所有共享文件夹内的文件复制到"卷影副本"的存储区内备用。

用户还可以在资源管理器中双击对应的计算机，然后右击任意一个磁盘分区，选择"属性"→"卷影副本"命令，同样能启用"共享文件夹的卷影复制"功能。

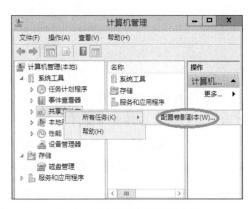

图 4-6　"配置卷影副本"命令

图 4-7　"卷影副本"对话框

STEP 4　如图 4-7 所示，C 盘已经有两个"卷影副本"，用户还可以随时单击图中的"立即创建"按钮，自行创建新的"卷影副本"。用户在还原文件时，可以选择在不同时间点所创建的"卷影副本"内的旧文件来还原文件。

　　"卷影副本"内的文件只可以读取，不可以修改，而且每个磁盘最多只可以有 64 个"卷影副本"。如果超过此限制，则最旧版本的"卷影副本"会被删除。

STEP 5　系统会以共享文件夹所在磁盘的磁盘空间决定"卷影副本"存储区的容量大小，默认配置该磁盘空间的 10％作为"卷影副本"的存储区，而且该存储区最小需要 100MB。如果要更改其容量，单击图 4-7 中的"设置"按钮，打开如图 4-8 所示的"设置"对话框。然后在"最大值"处更改设置。可以单击"计划"按钮来更改自动创建"卷影副本"的时间点。用户还可以通过图中的"位于此卷"来更改存储"卷影副本"的磁盘，不过必须在启用"卷影副本"功能前更改，启用后就无法更改了。

2. 客户端访问"卷影副本"内的文件

本例任务：先将 Win2012-1 上的 share1 文件夹下面的 test1 文件夹删除，再用此前的卷影副本进行还原，测试是否恢复了 test1 文件夹。

STEP 1　在 Win2012-2 上，以 Win2012-1 计算机的 administrator 用户身份连接到

Win2012-1 上的共享文件夹。删除 share1 下面的 test1 文件夹。

STEP 2 右击 share1 文件夹,打开"share1(\\Win2012-2)属性"对话框。单击"以前的版本"选项卡,如图 4-9 所示。

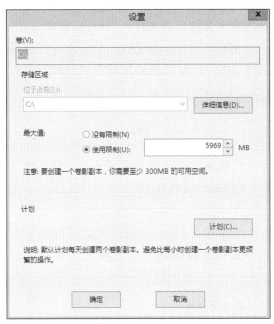

图 4-8　"设置"对话框

图 4-9　"share1(\\Win2012-2)属性"对话框

STEP 3 选中"share1 2016/2/14/19:20"版本,通过单击"打开"按钮可以查看该时间点内的文件夹内容,通过单击"复制"按钮可以将该时间点的 share1 文件夹复制到其他位置,通过单击"还原"按钮可以将文件夹还原到该时间点的状态。在此单击"还原"按钮,还原误删除的 test1 文件夹。

STEP 4 打开 share1 文件夹,检查 test1 文件夹是否被恢复。

提示　　如果要还原被删除的文件,可在连接到共享文件夹后,右击"文件列表"对话框中空白的区域,在弹出的快捷菜单中选择"属性"命令,选择"以前的版本"选项卡,选择旧版本的文件夹,单击"打开"按钮,然后复制需要还原的文件。

4.3.4　认识 NTFS 权限

利用 NTFS 权限,可以控制用户账号和组对文件夹和个别文件的访问。

NTFS 权限只适用于 NTFS 磁盘分区。NTFS 权限不能用于由 FAT 或者 FAT32 文件系统格式化的磁盘分区。

Windows 2008 只为用 NTFS 进行格式化的磁盘分区提供 NTFS 权限。为了保护 NTFS 磁盘分区上的文件和文件夹,要为需要访问该资源的每一个用户账号授予 NTFS 权限。用户必须获得明确的授权才能访问资源。用户账号如果没有被组授予权限,它就不能访问相应的文件或者文件夹。不管用户是访问文件还是访问文件夹,也不管这些文件或文件夹是在计算机上还是在网络上,NTFS 的安全性功能都有效。

对于 NTFS 磁盘分区上的每一个文件和文件夹,NTFS 都存储一个远程访问控制列表(ACL)。ACL 中包含那些被授权访问该文件或者文件夹的所有用户账号、组和计算机,还包含它们被授予的访问类型。为了让一个用户访问某个文件或者文件夹,针对用户账号、组或者该用户所属的计算机,ACL 中必须包含一个相对应的元素,这样的元素称为访问控制元素(ACE)。为了让用户能够访问文件或者文件夹,访问控制元素必须具有用户所请求的访问类型。如果 ACL 中没有相应的 ACE 存在,Windows Server 2012 R2 就拒绝该用户访问相应的资源。

1. NTFS 权限的类型

可以利用 NTFS 权限指定哪些用户、组和计算机能够访问文件和文件夹。NTFS 权限也指明哪些用户、组和计算机能够操作文件中或者文件夹中的内容。

(1) NTFS 文件夹权限

可以通过授予文件夹权限,控制对文件夹和包含在这些文件夹中的文件和子文件夹的访问。表 4-1 列出了可以授予的标准 NTFS 文件夹权限和各个权限提供给用户的允许访问类型。

表 4-1　标准 NTFS 文件夹权限列表

NTFS 文件夹权限	允许访问类型
读取(Read)	查看文件夹中的文件和子文件夹,查看文件夹属性、拥有人和权限
写入(Write)	在文件夹内创建新的文件和子文件夹,修改文件夹属性,查看文件夹的拥有人和权限
列出文件夹内容(List Folder Contents)	查看文件夹中的文件和子文件夹的名
读取和运行(Read & Execute)	遍历文件夹,执行允许"读取"权限和"列出文件夹内容"权限的动作
修改(Modify)	删除文件夹,执行"写入"权限和"读取和运行"权限的动作
完全控制(Full Control)	改变权限,成为拥有人,删除子文件夹和文件,以及执行允许所有其他 NTFS 文件夹权限进行的动作

注意　　"只读""隐藏""归档"和"系统文件"等都是文件夹属性,不是 NTFS 权限。

(2) NTFS 文件权限

可以通过授予文件权限,控制对文件的访问。表 4-2 列出了可以授予的标准 NTFS 文件权限和各个权限提供给用户的允许访问类型。

表 4-2　标准 NTFS 文件权限列表

NTFS 文件权限	允许访问类型
读取(Read)	读文件,查看文件属性、拥有人和权限
写入(Write)	覆盖写入文件,修改文件属性,查看文件拥有人和权限
读取和运行(Read & Execute)	运行应用程序,执行由"读取"权限进行的动作
修改(Modify)	修改和删除文件,执行由"写入"权限和"读取和运行"权限进行的动作
完全控制(Full Control)	改变权限,成为拥有人,执行允许所有其他 NTFS 文件权限进行的动作

注　意　　无论有什么权限保护文件,被允许对文件夹进行"完全控制"的组或用户都可以删除该文件夹内的任何文件。尽管"列出文件夹内容"和"读取和运行"看起来有相同的特殊权限,但这些权限在继承时却有所不同。"列出文件夹内容"可以被文件夹继承而不能被文件继承,并且它只在查看文件夹权限时才会显示。"读取和运行"可以被文件和文件夹继承,并且在查看文件和文件夹权限时始终出现。

2. 多重 NTFS 权限

如果将针对某个文件或者文件夹的权限授予个别用户账号又授予某个组,而该用户是该组的一个成员,那么该用户就对同样的资源有了多个权限。关于 NTFS 如何组合多个权限,存在一些规则和优先权。除此之外,在复制或者移动文件和文件夹时,对权限也会产生影响。

(1) 权限是累积的

一个用户对某个资源的有效权限是授予这一用户账号的 NTFS 权限与授予该用户所属组的 NTFS 权限的组合。例如,如果用户 Long 对文件夹 Folder 有"读取"权限,该用户又是某个组 Sales 的成员,而该组 Sales 对该文件夹 Folder 有"写入"权限,那么该用户对该文件夹 Folder 就有"读取"和"写入"两种权限。

(2) 文件权限超越文件夹权限

NTFS 的文件权限超越 NTFS 的文件夹权限。例如,某个用户对某个文件有"修改"权限,那么即使他对于包含该文件的文件夹只有"读取"权限,他仍然能够修改该文件。

(3) 拒绝权限超越其他权限

可以拒绝某用户账号或者组对特定文件或者文件夹的访问,为此,将"拒绝"权限授予该用户账号或者组即可。这样,即使某个用户作为某个组的成员具有访问该文件或文件夹的权限,但是因为将"拒绝"权限授予该用户,所以该用户具有的任何其他权限也被阻止了。因此,对于权限的累积规则来说,"拒绝"权限是一个例外。应该避免使用"拒绝"权限,因为允许用户和组进行某种访问比明确拒绝他们进行某种访问更容易做到。应该巧妙地构造组和组织文件夹中的资源,使各种各样的"允许"权限足以满足需要,从而可以避免使用"拒绝"

权限。

例如,用户 Long 同时属于 Sales 组和 Manager 组,文件 File1 和 File2 是文件夹 Folder 下面的两个文件。其中,Long 拥有对 Folder 的读取权限,Sales 拥有对 Folder 的读取和写入权限,Manager 则被禁止对 File2 的写操作。那么 Long 的最终权限是什么?

由于使用了"拒绝"权限,用户 Long 拥有对 Folder 和 File1 的读取和写入权限,但对 File2 只有读取权限。

 在 Windows Server 2012 R2 中,用户不具有某种访问权限和明确地拒绝用户的访问权限,这二者之间是有区别的。"拒绝"权限是通过在 ACL 中添加一个针对特定文件或者文件夹的拒绝元素而实现的。这就意味着管理员还有另一种拒绝访问的方法,而不仅仅是不允许某个用户访问文件或文件夹。

3. 共享文件夹权限与 NTFS 文件系统权限的组合

如何快速有效地控制对 NTFS 磁盘分区上网络资源的访问呢?答案就是利用默认的共享文件夹权限共享文件夹,然后,通过授予 NTFS 权限控制对这些文件夹的访问。当共享的文件夹位于 NTFS 格式的磁盘分区上时,该共享文件夹的权限与 NTFS 权限进行组合,用以保护文件资源。

要为共享文件夹设置 NTFS 权限,可在 Win2012-1 上的"share1 属性"对话框中选择"共享权限"选项卡,如图 4-10 所示。

图 4-10 "share1 属性"对话框中的"共享权限"选项卡

共享文件夹权限具有以下特点。

- 共享文件夹权限只适用于文件夹，而不适用于单独的文件，并且只能为整个共享文件夹设置共享权限，而不能对共享文件夹中的文件或子文件夹进行设置。所以，共享文件夹不如 NTFS 文件系统权限详细。
- 共享文件夹权限并不对直接登录到计算机上的用户起作用，只适用于通过网络连接该文件夹的用户，即共享权限对直接登录到服务器上的用户是无效的。
- 在 FAT/FAT32 系统卷上，共享文件夹权限是保证网络资源被安全访问的唯一方法。原因很简单，就是 NTFS 权限不适用于 FAT/FAT32 卷。
- 默认的共享文件夹权限是读取，并被指定给 Everyone 组。

共享权限分为读取、修改和完全控制。不同权限以及对用户访问能力的控制如表 4-3 所示。

表 4-3　共享文件夹权限列表

权　限	允许用户完成的操作
读取	显示文件夹名称、文件名称、文件数据和属性，运行应用程序文件，改变共享文件夹内的文件夹
修改	创建文件夹，向文件夹中添加文件，修改文件中的数据，向文件中追加数据，修改文件属性，删除文件夹和文件，执行"读取"权限所允许的操作
完全控制	修改文件权限，获得文件的所有权。执行"修改"和"读取"权限所允许的所有任务。默认情况下，Everyone 组具有该权限

当管理员对 NTFS 权限和共享文件夹的权限进行组合时，结果是组合的 NTFS 权限，或者是组合的共享文件夹权限，哪个范围更窄则选择哪一个。

当在 NTFS 卷上为共享文件夹授予权限时，应遵循以下规则。

- 可以对共享文件夹中的文件和子文件夹应用 NTFS 权限。可以对共享文件夹中包含的每个文件和子文件夹应用不同的 NTFS 权限。
- 除共享文件夹权限外，用户必须有该共享文件夹包含的文件和子文件夹的 NTFS 权限，才能访问那些文件和子文件夹。
- 在 NTFS 卷上必须要求 NTFS 权限。默认 Everyone 组具有"完全控制"权限。

4.3.5　继承与阻止 NTFS 权限

1. 使用权限的继承性

默认情况下，授予父文件夹的任何权限也将应用于包含在该文件夹中的子文件夹和文件。当授予访问某个文件夹的 NTFS 权限时，就将授予该文件夹的 NTFS 权限授予了该文件夹中任何现有的文件和子文件夹，以及在该文件夹中创建的任何新文件和新的子文件夹。

如果想让文件夹或者文件具有不同于它们父文件夹的权限，必须阻止权限的继承性。

2. 阻止权限的继承性

阻止权限的继承，也就是阻止子文件夹和文件从父文件夹继承权限。为了阻止权限的继承，要删除继承来的权限，只保留被明确授予的权限。

被阻止从父文件夹继承权限的子文件夹现在就成为新的父文件夹。包含在这一新的父文件夹中的子文件夹和文件将继承授予它们的父文件夹的权限。

若要禁止权限继承，以 test2 文件夹为例，打开该文件夹的"属性"对话框，单击"安全"选项卡，依次单击"高级"→"权限"按钮，出现如图 4-11 所示的"test2 的高级安全设置"对话框。选中某个要阻止继承的权限，单击"禁止继承"按钮，在弹出的"阻止继承"菜单中选择"将已继承的权限转换为此对象的显示权限"或"从此对象中删除所有已继承的权限"命令。

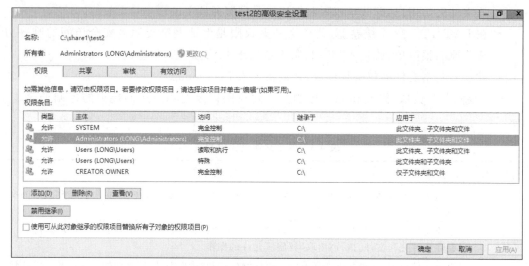

图 4-11 "test2 的高级安全设置"对话框

4.3.6 复制和移动文件和文件夹

1. 复制文件和文件夹

当从一个文件夹向另一个文件夹复制文件或者文件夹时，或者从一个磁盘分区向另一个磁盘分区复制文件或者文件夹时，这些文件或者文件夹具有的权限可能发生变化。复制文件或者文件夹对 NTFS 权限产生下述效果。

当在单个 NTFS 磁盘分区内或在不同的 NTFS 磁盘分区之间复制文件夹或者文件时，文件夹或者文件的复件将继承目的地文件夹的权限。

当将文件或者文件夹复制到非 NTFS 磁盘分区（如文件分配表 FAT 格式的磁盘分区）时，因为非 NTFS 磁盘分区不支持 NTFS 权限，所以这些文件夹或文件就丢失了它们的 NTFS 权限。

为了在单个 NTFS 磁盘分区内或者在 NTFS 磁盘分区间复制文件和文件夹，必须对源文件夹具有"读取"权限，并且对目的地文件夹具有"写入"权限。

注　意

2. 移动文件和文件夹

当移动某个文件或者文件夹的位置时，针对这些文件或者文件夹的权限可能发生变化，这主要依赖于目的地文件夹的权限情况。移动文件或者文件夹对 NTFS 权限产生下述效果。

当在单个 NTFS 磁盘分区内移动文件夹或者文件时,该文件夹或者文件保留它原来的权限。

当在 NTFS 磁盘分区之间移动文件夹或者文件时,该文件夹或者文件将继承目的地文件夹的权限。当在 NTFS 磁盘分区之间移动文件夹或者文件时,实际是将文件夹或者文件复制到新的位置,然后从原来的位置删除它。

当将文件或者文件夹移动到非 NTFS 磁盘分区时,因为非 NTFS 磁盘分区不支持 NTFS 权限,所以这些文件夹和文件就丢失了它们的 NTFS 权限。

> 为了在单个 NTFS 磁盘分区内或者多个 NTFS 磁盘分区间移动文件和文件夹,必须对目的地文件夹具有"写入"权限,并且对于源文件夹具有"修改"权限。之所以要求"修改"权限,是因为移动文件或者文件夹时,在将文件或者文件夹复制到目的地文件夹之后,Windows 2003 将从源文件夹中删除该文件。

4.3.7　利用 NTFS 权限管理数据

在 NTFS 磁盘中,系统会自动设置默认的权限值,并且这些权限会被其子文件夹和文件所继承。为了控制用户对某个文件夹以及该文件夹中的文件和子文件夹的访问,就需指定文件夹权限。不过,要设置文件或文件夹的权限,必须是 Administrators 组的成员、文件或者文件夹的拥有者,并且是具有完全控制权限的用户。

1. 授予标准 NTFS 权限

授予标准 NTFS 权限包括授予 NTFS 文件夹权限和 NTFS 文件权限。

（1）NTFS 文件夹权限

STEP 1　打开"Windows 资源管理器"对话框,右击要设置权限的文件夹,如 Network,在弹出的快捷菜单中选择"属性"命令,打开"network 属性"对话框,选择"安全"选项卡,如图 4-12 所示。

STEP 2　默认已经有一些权限设置,这些设置是从父文件夹（或磁盘）继承的。例如,在 Administrator 用户的权限中,灰色阴影部分的权限就是继承的权限。

STEP 3　如果要给其他用户指派权限,可单击"编辑"按钮,出现如图 4-13 所示的"network 的权限"对话框。

STEP 4　依次单击"添加"→"高级"→"立即查找"按钮,从本地计算机上添加拥有对该文件夹访问和控制权限的用户或用户组,如图 4-14 所示。

STEP 5　选择后单击"确定"按钮,拥有对该文件夹访问和控制权限的用户或用户组就被添加到"组或用户名"列表框中。由于新添加用户 sales 的权限不是从父项继承的,因此该用户所有的权限都可以被修改。

STEP 6　如果不想继承上一层的权限,可参照相关内容进行修改,这里不再赘述。

（2）NTFS 文件权限

NTFS 文件权限的设置与文件夹权限的设置类似。要想对 NTFS 文件指派权限,直接在文件上右击,在弹出的快捷菜单上选择"属性"命令,再在打开的对话框中选择"安全"选项卡,可为该文件设置相应的权限。

图 4-12 "network 属性"对话框

图 4-13 "network 的权限"对话框

图 4-14 "选择用户、计算机、服务账户或组"对话框

2. 授予特殊访问权限

标准的 NTFS 权限通常能提供足够的能力，用以控制对用户的资源的访问，以保护用户的资源。但是，如果需要更为特殊的访问级别，就可以使用 NTFS 的特殊访问权限。

在"文件或文件夹属性"对话框的"安全"选项卡中，依次单击"高级"→"权限"按钮，打开"network 的高级安全设置"对话框，选中 sales(LONG\sales)用户项，如图 4-15 所示。

图 4-15　在"network 的高级安全设置"对话框中选择 sales 用户项

单击"编辑"按钮，打开如图 4-16 所示的"network 的权限项目"对话框，可以更精确地设置 sales 用户的权限。单击"显示基本权限"或"显示高级权限"后，两者会交替出现。

有 14 项特殊访问权限，把它们组合在一起就构成了标准的 NTFS 权限。例如，标准的"读取"权限包含"列出文件夹/读取数据""读取属性""读取权限"及"读取扩展属性"等特殊访问权限。

其中两个特殊访问权限对于管理文件和文件夹的访问来说特别有用。

（1）更改权限

如果为某用户授予这一权限，该用户就具有针对文件或者文件夹修改权限的权力。

可以将针对某个文件或者文件夹修改权限的权力授予其他管理员和用户，但是不授予他们对该文件或者文件夹的"完全控制"权限。通过这种方式，这些管理员或者用户不能删除或者写入该文件或者文件夹，但是可以为该文件或者文件夹授权。

为了将修改权限的能力授予管理员，将针对该文件或者文件夹的"更改权限"的权限授予 Administrators 组即可。

（2）取得所有权

如果为某用户授予这一权限，该用户就具有取得文件和文件夹的所有权的权力。

图 4-16 "network 的权限项目"对话框

可以将文件和文件夹的拥有权从一个用户账号或者组转移到另一个用户账号或者组，也可以将"所有者"权限给予某个人。而作为管理员，也可以取得某个文件或者文件夹的所有权。

对于取得某个文件或者文件夹的所有权来说，需要应用下述规则。

- 当前的拥有者或者具有"完全控制"权限的任何用户，可以将"完全控制"这一标准权限或者"取得所有权"这一 Special 访问权限授予另一个用户账号或者组。这样，该用户账号或者该组的成员就能取得所有权。

- Administrators 组的成员可以取得某个文件或者文件夹的所有权，而不管为该文件夹或者文件授予了怎样的权限。如果某个管理员取得了所有权，则 Administrators 组也取得了所有权。因此，该管理员组的任何成员都可以修改针对该文件或者文件夹的权限，并且可以将"取得所有权"这一权限授予另一个用户账号或者组。例如，如果某个雇员离开了原来的公司，某个管理员即可取得该雇员的文件的所有权，将"取得所有权"这一权限授予另一个雇员，然后这一雇员就取得了前一雇员的文件的所有权。

为了成为某个文件或者文件夹的拥有者，具有"取得所有权"这一权限的某个用户或者组的成员必须明确地获得该文件或者文件夹的所有权。不能自动将某个文件或者文件夹的所有权授予任何一个人。文件的拥有者、管理员组的成员或者任何一个具有"完全控制"权限的人都可以将"取得所有权"权限授予某个用户账号或者组，这样就使他们获得了所有权。

4.4　习题

一、填空题

1. 可供设置的标准 NTFS 文件权限有 _____、_____、_____、_____、_____、_____。

2. Windows Server 2012 R2 系统通过在 NTFS 文件系统下设置_____，限制不同用户对文件的访问级别。

3. 相对于以前的 FAT、FAT32 文件系统来说，NTFS 文件系统的优点包括可以对文件设置_____、_____、_____、_____。

4. 创建共享文件夹的用户必须属于 _____、_____、_____等用户组的成员。

5. 在网络中可共享的资源有_____和_____。

6. 要设置隐藏共享，需要在共享名的后面加_____符号。

7. 共享权限分为_____、_____和_____。

二、判断题

1. 在 NTFS 文件系统下，可以对文件设置权限，而 FAT 和 FAT32 文件系统只能对文件夹设置共享权限，不能对文件设置权限。　　　　　　　　　　　　（　　）

2. 通常在管理系统中的文件时，要由管理员给不同用户设置访问权限，普通用户不能设置或更改权限。　　　　　　　　　　　　　　　　　　　　　　（　　）

3. NTFS 文件压缩必须在 NTFS 文件系统下进行，离开 NTFS 文件系统时，文件将不再压缩。　　　　　　　　　　　　　　　　　　　　　　　　　　（　　）

4. 磁盘配额的设置不能限制管理员账号。　　　　　　　　　　　　（　　）

5. 将已加密的文件复制到其他计算机后，以管理员账号登录就可以打开了。　（　　）

6. 文件加密后，除加密者本人和管理员账号外，其他用户无法打开此文件。（　　）

7. 对于加密的文件不可执行压缩操作。　　　　　　　　　　　　　（　　）

三、简答题

1. 简述 FAT、FAT32 和 NTFS 文件系统的区别。

2. 重装 Windows Server 2012 R2 后，原来加密的文件为什么无法打开？

3. 特殊权限与标准权限的区别是什么？

4. 如果一位用户拥有某文件夹的 Write 权限，而且还是该文件夹 Read 权限的成员，那么该用户对该文件夹的最终权限是什么？

5. 如果某员工离开公司，如何将他或她的文件所有权转给其他员工？

6. 如果一位用户拥有某文件夹的 Write 权限和 Read 权限，但被拒绝对该文件夹内某文件的 Write 权限，该用户对该文件的最终权限是什么？

4.5　实训项目　文件系统与共享资源的管理

一、实训目的

- 掌握设置共享资源和访问共享资源的方法。

- 掌握卷影副本的使用方法。
- 掌握使用 NTFS 控制资源访问的方法。
- 掌握使用文件系统加密文件的方法。
- 掌握压缩文件的方法。

二、项目背景

项目网络拓扑图如图 4-1 所示。

三、项目要求

完成以下各项任务。

(1) 在 Win2012-1 上设置共享资源\test。

(2) 在 Win2012-2 上使用多种方式访问网络共享资源。

(3) 在 Win2012-1 上设置卷影副本,在 Win2012-2 上使用卷影副本。

(4) 观察共享权限与 NTFS 文件系统权限组合后的最终权限。

(5) 设置 NTFS 权限的继承性。

(6) 观察复制和移动文件夹后 NTFS 权限的变化情况。

(7) 利用 NTFS 权限管理数据。

(8) 加密特定文件或文件夹。

(9) 压缩特定文件或文件夹。

四、做一做

根据本节的二维码视频进行项目的实训,检查学习效果。

项目 5
配置与管理基本磁盘和动态磁盘

项目背景

  Windows Server 2012 R2 的存储管理不论是技术上还是功能上,都比以前的 Windows 版本有了很多改进和提高,磁盘管理提供了更好的管理界面和性能。

  学习基本磁盘和动态磁盘的配置与管理,学习为用户分配磁盘配额,是一个网络管理员最起码的任务。

项目目标

- 基本磁盘管理。
- 动态磁盘管理。
- 磁盘配额管理。
- 常用磁盘管理命令。

5.1 磁盘的分类

从 Windows 2000 开始,Windows 系统将磁盘分为基本磁盘和动态磁盘两种类型。

1. 基本磁盘

基本磁盘是平常使用的默认磁盘类型,通过分区来管理和应用磁盘空间。一个基本磁盘可以划分为主磁盘分区(Primary Partition)和扩展磁盘分区(Extended Partition),但是最多只能建立一个扩展磁盘分区。一个基本磁盘最多可以分为 4 个区,即 4 个主磁盘分区或 3 个主磁盘分区和 1 个扩展磁盘分区。主磁盘分区通常用来启动操作系统,一般可以将分完主磁盘分区后的剩余空间全部分给扩展磁盘分区,扩展磁盘分区再分成若干个逻辑分区。基本磁盘中的分区空间是连续的。从 Windows Server 2003 开始,用户可以扩展基本磁盘分区的尺寸,这样做的前提是磁盘上存在连续的未分配空间。

2. 动态磁盘

动态磁盘使用卷(Volume)来组织空间,使用方法与基本磁盘分区相似。动态磁盘卷可建立在不连续的磁盘空间上,且空间大小可以动态地变更。动态卷的创建数量也不受限制。在动态磁盘中可以建立多种类型的卷,以提供高性能的磁盘存储能力。

5.2 项目设计及分析

已安装好 Windows Server 2012 R2，并且 Hyper-V 服务器正确配置。利用"Hyper-V 管理器"已建立 2 台虚拟机。

本项目的参数配置及网络拓扑图如图 3-42 所示。

在 Win2012-2 启动前，对其进行虚拟机设置，添加 4 块 SCSI 硬盘，每块硬盘容量为 127GB。操作步骤如下。

STEP 1 打开"Hyper-V 服务管理器"，右击"Win2012-2"虚拟机，选择"设置"命令，出现如图 5-1 所示的对话框。选择"硬件"→"添加硬件"选项，在右侧的允许添加的硬件列表中选中"SCSI 控制器"。

图 5-1 "添加硬件"对话框

STEP 2 单击"添加"按钮，选择"硬盘驱动器"选项，再次单击"添加"按钮，出现如图 5-2 所示的设置对话框。

STEP 3 在"位置"处选择一个没使用的位置。本例要增加 4 块硬盘，先选取 2，单击"新建"按钮，创建一个虚拟硬盘 vhd1.vhdx。然后单击对话框右下角的"应用"按钮，将

图 5-2　"硬盘驱动器"对话框

vhd1.vhdx 硬盘挂载到 SCSI 2 上。

STEP 4　同理添加另外 3 块 SCSI 硬盘（一定要从"添加硬件"重新开始）。

- 在图 5-1 中单击"添加硬件"选项，依次添加"SCSI 控制器"→"硬盘驱动器"，挂载第二块 SCSI 硬盘到一空闲位置。
- 在图 5-1 中单击"添加硬件"选项，依次添加"SCSI 控制器"→"硬盘驱动器"，挂载第三块 SCSI 硬盘到一空闲位置。
- 在图 5-1 中单击"添加硬件"选项，依次添加"SCSI 控制器"→"硬盘驱动器"，挂载第四块 SCSI 硬盘到一空闲位置。

注 意

　　在添加多块硬盘时，一定要处在关机状态，并且 SCSI 控制器与硬盘驱动器一一对应，所以添加 4 块硬盘就需要同时添加 4 个 SCSI 控制器，所添加的硬盘挂载到 SCSI 控制器上。

5.3　项目实施

5.3.1　管理基本磁盘

在安装 Windows Server 2012 R2 时，硬盘将自动初始化为基本磁盘。基本磁盘上的管理任务包括磁盘分区的建立、删除、查看以及分区的挂载和磁盘碎片整理等。

1. 使用磁盘管理工具

Windows Server 2012 R2 提供了一个界面非常友好的磁盘管理工具，使用该工具可以很轻松地完成各种基本磁盘和动态磁盘的配置和管理维护工作。可以使用多种方法打开该工具。

（1）使用"计算机管理"对话框

`STEP 1`　以管理员身份登录 Win2012-2，打开"计算机管理"对话框。选择"存储"→"磁盘管理"选项，出现如图 5-3 所示的对话框，要求对新添加的磁盘进行初始化。

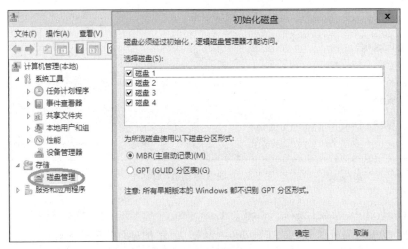

图 5-3　"初始化磁盘"对话框

　　　　如果没有弹出"初始化磁盘"对话框或者弹出的对话框中要进行初始化的磁盘少于预期，请在相应的新加磁盘上右击，然后选择"联机"命令，完成后再右击该磁盘，选择"初始化磁盘"命令，对该磁盘进行单独初始化。

`STEP 2`　单击"确定"按钮，初始化新加的 4 块硬盘。完成后，Win2012-2 就新加了 4 块新磁盘。

（2）使用系统内置的 MSC 控制台文件

选择"开始"→"运行"命令，输入 diskmgmt.msc，并单击"确定"按钮。

磁盘管理工具分别以文本和图形的方式显示出所有磁盘和分区（卷）的基本信息，这些信息包括分区（卷）的驱动器号、磁盘类型、文件系统类型以及工作状态等。在磁盘管理工具的下面，以不同的颜色表示不同的分区（卷）类型，利于用户分辨不同的分区（卷）。

2. 新建基本卷

基本磁盘上的分区和逻辑驱动器称为基本卷，基本卷只能在基本磁盘上创建。现在在 Win2012-2 的磁盘 1 上创建主分区和扩展分区，并在扩展分区中创建逻辑驱动器。具体过程如下。

（1）创建主分区

STEP 1　打开 Win2012-2 计算机的"计算机管理"→"磁盘管理"。右击"磁盘 1"，选择"新建简单卷"命令，如图 5-4 所示。

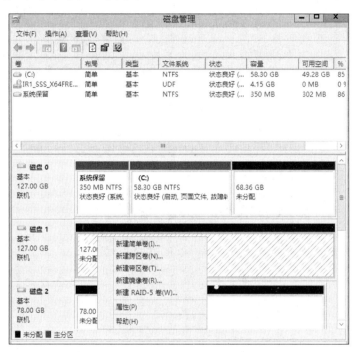

图 5-4　"新建简单卷"命令

STEP 2　打开"新建简单卷"向导，单击"下一步"按钮，设置卷的大小为 500MB。

STEP 3　单击"下一步"按钮，分配驱动器号和路径，如图 5-5 所示。

- 选择"装入以下空白 NTFS 文件夹中"单选项，表示指派一个在 NTFS 文件系统下的空文件夹来代表该磁盘分区。例如，用 C:\data 表示该分区，则以后所有保存到 C:\data 的文件都被保存到该分区中。该文件夹必须是空的文件夹，且位于 NTFS 卷内。这个功能特别适用于 26 个磁盘驱动器号（"A:"～"Z:"）不够使用时的网络环境。

- 选择"不分配驱动器号或驱动器路径"单选项，表示可以事后再指派驱动器号或指派某个空文件夹来代表该磁盘分区。

STEP 4　单击"下一步"按钮，选择格式化的文件系统，如图 5-6 所示。格式化结束，单击"完成"按钮完成主分区的创建。本例划分给主分区 500MB 空间，赋予驱动器的号为 E。

STEP 5　可以重复以上步骤创建其他主分区。

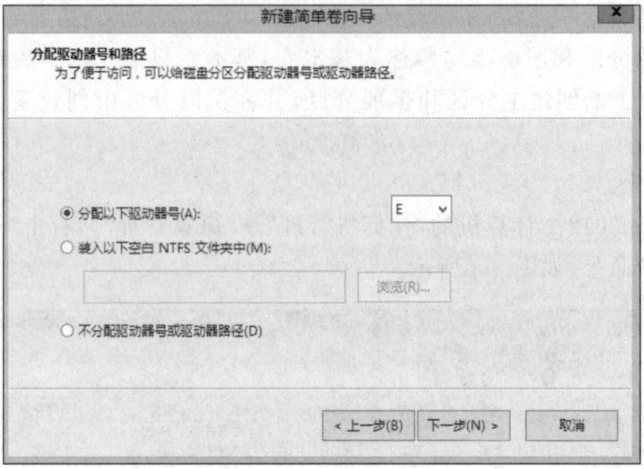

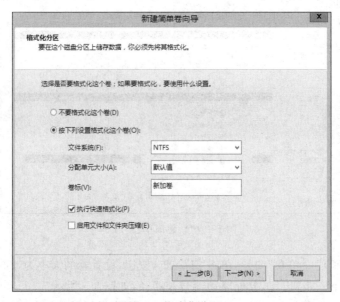

图 5-5　分配驱动器号和路径

图 5-6　格式化分区

（2）创建扩展分区

Windows Server 2012 R2 的磁盘管理中不能直接创建扩展分区，必须先创建完 3 个主分区才能创建扩展磁盘分区。

STEP 1　继续在 Win2012-2 的磁盘 1 上再创建 2 个主分区。

STEP 2　完成 3 个主分区创建后，在该磁盘未分区空间右击，选择"新建简单卷"命令。

STEP 3　后面的过程与创建主分区相似，不同的是，当创建完成显示"状态良好"的分区信息后，系统自动将刚才这个分区设置为扩展分区的一个逻辑驱动器，如图 5-7所示。

图 5-7　3 个主分区和 1 个扩展分区

3. 指定活动的磁盘分区

如果计算机中安装了多个无法直接相互访问的不同操作系统,如 Windows Server 2012 R2、Linux 等,则计算机在启动时会启动被设为"活动"的磁盘分区内的操作系统。

假设当前第 1 个磁盘分区中安装的是 Windows Server 2012 R2,第 2 个磁盘分区中安装的是 Linux,如果第 1 个磁盘分区被设为"活动",则计算机启动时就会启动 Windows Server 2012 R2。若要下一次启动时启动 Linux,只需将第 2 个磁盘分区设为"活动"即可。

由于用来启动操作系统的磁盘分区必须是主磁盘分区,因此,只能将主磁盘分区设为"活动"的磁盘分区。要指定"活动"的磁盘分区,右击 Win2012-2 的磁盘 1 的主分区 E,在弹出的快捷菜单中选择"将分区标为活动分区"命令即可。

4. 更改驱动器号和路径

Windows Server 2012 R2 默认为每个分区(卷)分配一个驱动器号字母,该分区就成为一个逻辑上的独立驱动器。有时为了管理,可能需要修改默认分配的驱动器号。

还可以使用磁盘管理工具在本地 NTFS 分区(卷)的任何空文件夹中连接或装入一个本地驱动器。当在空的 NTFS 文件夹中装入本地驱动器时,Windows Server 2012 R2 为驱动器分配一个路径而不是驱动器字母,可以装载的驱动器数量不受驱动器字母限制的影响,因此可以使用挂载的驱动器在计算机上访问 26 个以上的驱动器。Windows Server 2012 R2 确保驱动器路径与驱动器的关联,因此可以添加或重新排列存储设备而不会使驱动器路径失效。

另外,当某个分区的空间不足并且难以扩展空间尺寸时,也可以通过挂载一个新分区到该分区某个文件夹的方法达到扩展磁盘分区尺寸的目的。因此,挂载的驱动器使数据更容易访问,并增加了基于工作环境和系统使用情况管理数据存储的灵活性。例如,可以在 C:\ Document and Settings 文件夹处装入带有 NTFS 磁盘配额以及启用容错功能的驱动器,这样用户就可以跟踪或限制磁盘的使用,并保护装入的驱动器上的用户数据,而不用在 C 盘上做同样的工作。也可以将 C:\Temp 文件夹设为挂载驱动器,为临时文件提供额外的磁盘空间。

如果 C 盘上的空间较小,可将程序文件移动到其他大容量驱动器上,比如 E,并将它作为 C:\mytext 挂载。这样所有保存在 C:\mytext 下的文件事实上都保存在 E 分区上。下面完成这个例子。(保证 C:\mytext 在 NTFS 分区,并且是空白的文件夹。)

STEP 1 在"磁盘管理"对话框中右击目标驱动器 E,在弹出的快捷菜单中选择"更改驱动器号和路径"命令,打开如图 5-8 所示的对话框。

STEP 2 单击"更改"按钮,可以更改驱动器号;单击"添加"按钮,打开"添加驱动器号或路径"对话框,如图 5-9 所示。

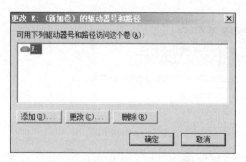

图 5-8　更改驱动器号和路径

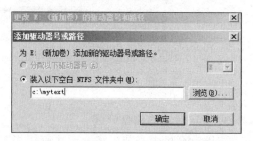

图 5-9　"添加驱动器号或路径"对话框

STEP 3　输入完成后,单击"确定"按钮。

STEP 4　测试。在 C:\text 下新建文件,然后查看 E 盘信息,发现文件实际存储在 E 盘上。

提示

　　要装入的文件夹一定是事先建立好的空文件夹,该文件夹所在的分区必须是 NTFS 文件系统。

5.3.2　认识动态磁盘

1. RAID 技术简介

　　如何增加磁盘的存取速度,如何防止数据因磁盘故障而丢失,以及如何有效地利用磁盘空间,一直困扰着计算机专业人员和用户。廉价磁盘冗余阵列(RAID)技术的产生一举解决了这些问题。

　　廉价磁盘冗余阵列是把多个磁盘组成一个阵列,当作单一磁盘使用。它将数据以分段(Striping)的方式存储在不同的磁盘中,存取数据时,阵列中的相关磁盘一起动作,大幅减少数据的存取时间,同时有更佳的空间利用率。磁盘阵列所利用的不同技术称为 RAID 级别。不同的级别针对不同的系统及应用,以解决数据访问性能和数据安全的问题。

　　RAID 技术的实现可以分为硬件实现和软件实现两种。现在很多操作系统,如 Windows NT 以及 UNIX 等都提供软件 RAID 技术,性能略低于硬件 RAID,但成本较低,配置管理也非常简单。目前 Windows Server 2003 支持的 RAID 级别包括 RAID 0、RAID 1、RAID 4 和 RAID 5。

　　RAID 0:通常被称为"条带",它是面向性能的分条数据映射技术。这意味着被写入阵列的数据被分割成条带,然后被写入阵列中的磁盘成员,从而允许低费用的高效 I/O 性能,但是不提供冗余性。

　　RAID 1:称为"磁盘镜像"。通过在阵列中的每个成员磁盘上写入相同的数据来提供冗余性。由于镜像的简单性和高度的数据可用性,目前仍然很流行。RAID 1 提供了极佳的数据可靠性,并提高了读取任务繁重的程序的执行性能,但是它的相对费用也较高。

　　RAID 4:使用集中到单个磁盘驱动器上的奇偶校验来保护数据,更适合事务性的 I/O 而不是大型文件传输。专用的奇偶校验磁盘同时带来了固有的性能瓶颈。

　　RAID 5:使用最普遍的 RAID 类型。通过在某些或全部阵列成员磁盘驱动器中分布奇偶校验,RAID 5 避免了 RAID 4 中固有的写入瓶颈。唯一的性能瓶颈是奇偶计算进程。与 RAID 4 一样,其结果是非对称性能,读取性能大大超过写入性能。

2. 动态磁盘卷类型

动态磁盘提供了更好的磁盘访问性能以及容错等功能。可以将基本磁盘转换为动态磁盘,而不损坏原有的数据。动态磁盘若要转换为基本磁盘,则必须先删除原有的卷。

在转换磁盘之前需要关闭这些磁盘上运行的程序。如果转换启动盘,或者要转化的磁盘中的卷或分区正在使用,则必须重新启动计算机才能成功转换。转换过程如下。

(1) 关闭所有正在运行的应用程序,打开"计算机管理"对话框中的"磁盘管理"对话框,在右窗格的底端右击要升级的基本磁盘,在弹出的快捷菜单中选择"转换到动态磁盘"命令。

(2) 在打开的对话框中可以选择多个磁盘一起升级。选好之后,单击"确定"按钮,再单击"转换"按钮即可。

Windows Server 2012 R2 中支持的动态卷包括以下几类。

- 简单卷(Simple Volume):与基本磁盘的分区类似,只是其空间可以扩展到非连续的空间上。
- 跨区卷(Spanned Volume):可以将多个磁盘(至少 2 个,最多 32 个)上的未分配空间合成一个逻辑卷。使用时先写满一部分空间,再写入下一部分空间。
- 带区卷(Striped Volume):又称条带卷 RAID 0,将 2~32 个磁盘空间上容量相同的空间组合成一个卷,写入时将数据分成 64KB 大小相同的数据块,同时写入卷的每个磁盘成员的空间上。带区卷提供最好的磁盘访问性能,但是带区卷不能被扩展或镜像,并且没有容错功能。
- 镜像卷(Mirrored Volume):又称 RAID 1 技术,是将两个磁盘上相同尺寸的空间建立为镜像,有容错功能,但空间利用率只有 50%,实现成本相对较高。
- 带奇偶校验的带区卷:采用 RAID 5 技术,每个独立磁盘进行条带化分割、条带区奇偶校验,校验数据平均分布在每块硬盘上。容错性能好,应用广泛,需要 3 个以上磁盘,其平均实现成本低于镜像卷。

5.3.3 建立动态磁盘卷

在 Windows Server 2012 R2 动态磁盘上建立卷,与在基本磁盘上建立分区的操作类似。下面以创建 RAID 5 卷为例建立 1000MB 的动态磁盘卷。

STEP 1 以管理员身份登录 Win2012-2,右击"磁盘 1",在弹出的菜单中选择"转换为动态磁盘"命令,在打开的对话框中选择磁盘 1~磁盘 4,如图 5-10 所示,将这4 个磁盘转换为动态磁盘。

STEP 2 在磁盘 2 的未分配空间上右击,在弹出的快捷菜单中选择"新建 RAID 5 卷"命令,打开"新建卷向导"对话框。

STEP 3 单击"下一步"按钮,打开"选择磁盘"对话框,如图 5-11 所示。选择要创建的 RAID 5 卷需要使用的磁盘,选择空间容量为 1000MB。对于 RAID 5 卷来说,至少需要选择 3 个动态磁

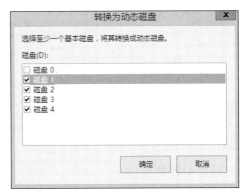

图 5-10 转换为动态磁盘

盘。这里选择磁盘 2～磁盘 4。

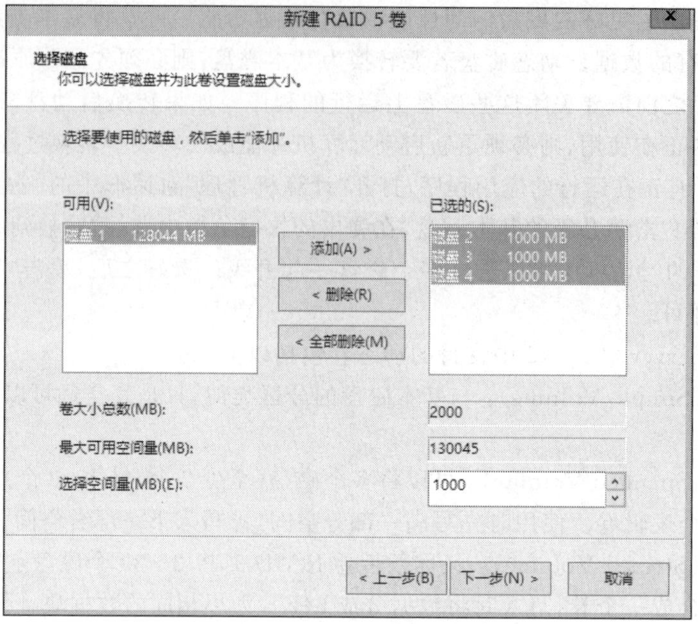

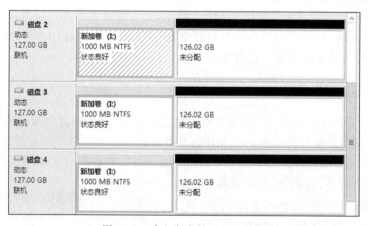

图 5-11　为 RAID 5 卷选择磁盘

STEP 4　为 RAID 5 卷指定驱动器号和文件系统类型，完成向导设置。

STEP 5　建立完成的 RAID 5 卷如图 5-12 所示。

图 5-12　建立完成的 RAID 5 卷

建立其他类型动态卷的方法与此类似，右击动态磁盘的未分配空间，出现快捷菜单，按需要在菜单中选择相应的命令，完成不同类型动态卷的建立即可。这里不再一一叙述。

5.3.4　维护动态卷

1. 维护镜像卷

在 Win2012-2 上提前建立镜像卷 J，容量为 50MB，使用磁盘 1 和磁盘 2。在 J 盘上存储一个文件夹 test，供测试用。(请注意，驱动器号可能与读者的不一样。)

不再需要镜像卷的容错能力时，可以选择将镜像卷中断。方法是右击镜像卷，选择"中断镜像""删除镜像"或"删除卷"。

- 如果选择"中断镜像"，中断后的镜像卷成员会成为两个独立的卷，不再容错。
- 如果选择"删除镜像"，则选中的磁盘上的镜像卷被删除，不再容错。
- 如果选择"删除卷"，则镜像卷成员会被删除，数据将会丢失。

如果包含部分镜像卷的磁盘已经断开连接，磁盘状态会显示为"脱机"或"丢失"。要重新使用这些镜像卷，可以尝试重新连接并激活磁盘。方法是在要重新激活的磁盘上右击，并在弹出的快捷菜单中选择"重新激活磁盘"命令。

如果包含部分镜像卷的磁盘丢失并且该卷没有返回到"良好"状态，则应当用另一个磁盘上的新镜像替换出现故障的镜像。具体方法如下。

STEP 1　构建故障：在虚拟机 Win2012-2 的设置中将第一块 SCSI 控制器上的硬盘删除并单击"应用"按钮。这时回到 Win2012-2，可以看到磁盘 1 显示为"丢失"状态。

STEP 2　在显示为"丢失"或"脱机"的磁盘的镜像卷上右击删除镜像，如图 5-13 所示。然后查看系统日志，以确定磁盘或磁盘控制器是否出现故障。如果出现故障的镜像卷成员位于有故障的控制器上，则在有故障的控制器上安装新的磁盘并不能解决问题。本例直接删除后重建。删除镜像后仍能在 J 盘上查到 test 文件夹，说明了镜像卷的容错能力。下面使用新磁盘替换损坏的磁盘重建镜像卷。

STEP 3　右击要重新镜像的卷（不是已删除的卷），然后在弹出的快捷菜单中选择"添加镜像"命令，打开如图 5-14 所示的"添加镜像"对话框。选择合适的磁盘后，单击"添加镜像"按钮，系统会使用新的磁盘重建镜像。

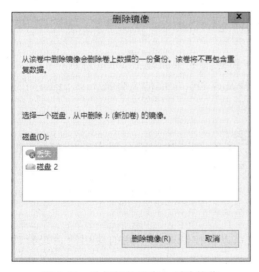

图 5-13　从损坏的磁盘上删除镜像

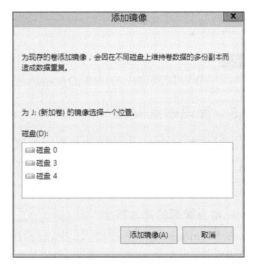

图 5-14　"添加镜像"对话框

2. 维护 RAID 5

在 Win2012-2 上提前建立 RAID 5 卷 E，容量为 50MB，使用磁盘 2～磁盘 4。在 E 盘上存储一个文件夹 test，供测试用。（磁盘符号根据不同情况会有变化。）

对于 RAID 5 卷的错误，首先右击卷并选择"重新激活磁盘"命令进行修复。如果修复失败,则需要更换磁盘并在新磁盘上重建 RAID 5 卷。RAID 5 卷的故障恢复过程如下。

STEP 1 构建故障:在虚拟机 Win2012-2 的设置中将第三块 SCSI 控制器上的硬盘删除并单击"应用"按钮。这时回到 Win2012-2,可以看到磁盘 3 显示为"丢失"状态。

STEP 2 在"磁盘管理"控制台右击将要修复的 RAID 5 卷(在"丢失"的磁盘上),选择"重新激活卷"命令。

STEP 3 由于卷成员磁盘失效,所以会弹出"缺少成员"的消息框,单击"确定"按钮。

STEP 4 再次右击将要修复的 RAID 5 卷,在弹出的菜单中选择"修复卷"命令。

STEP 5 在如图 5-15 所示的"修复 RAID 5 卷"对话框中选择新添加的动态磁盘 1,然后单击"确定"按钮。

图 5-15 "修复 RAID 5 卷"对话框

STEP 6 在磁盘管理器中,可以看到 RAID 5 在新磁盘上重新建立,并进行数据的同步操作。同步完成后,RAID 5 卷的故障被修复成功。上面的文件夹 test 仍然存在。

5.3.5 管理磁盘配额

在计算机网络中,系统管理员有一项很重要的任务,即为访问服务器资源的客户机设置磁盘配额,也就是限制它们一次性访问服务器资源的卷空间数量。这样做的目的在于防止某个客户机过量地占用服务器和网络资源而导致其他客户机无法访问服务器和使用网络。

1. 磁盘配额的基本概念

在 Windows Server 2012 R2 中,磁盘配额跟踪以及控制磁盘空间的使用使系统管理员可将 Windows 配置如下。

* 用户超过所指定的磁盘空间限额时,阻止进一步使用磁盘空间和记录事件。
* 当用户超过指定的磁盘空间警告级别时记录事件。

启用磁盘配额时,可以设置两个值:"磁盘配额限度"和"磁盘配额警告级别"。"磁盘配额限度"指定了允许用户使用的磁盘空间容量。"磁盘配额警告级别"指定了用户接近其配额限度的值。例如,可以把用户的磁盘配额限度设为 50MB,并把磁盘配额警告级别设为 45MB。这种情况下,用户可在卷上存储不超过 50MB 的文件。如果用户在卷上存储的文件超过 45MB,则把磁盘配额系统记录为系统事件。如果不想拒绝用户访问卷,但想跟踪每个用户的磁盘空间使用情况,启用配额但不限制磁盘空间使用将非常有用。

默认的磁盘配额不应用到现有的卷用户上。可以通过在"配额项目"对话框中添加新的配额项目,将磁盘空间配额应用到现有的卷用户上。

磁盘配额是以文件所有权为基础的,并且不受卷中用户文件的文件夹位置的限制。例如,如果用户把文件从一个文件夹移到相同卷上的其他文件夹,则卷空间用量不变。

磁盘配额只适用于卷,且不受卷的文件夹结构及物理磁盘的布局的限制。如果卷有多个文件夹,则分配给该卷的配额将应用于卷中所有文件夹。

如果单个物理磁盘包含多个卷,并把配额应用到每个卷,则每个卷配额只适用于特定的卷。例如,如果用户共享两个不同的卷,分别是 F 卷和 G 卷,即使这两个卷在相同的物理磁盘上,也分别对这两个卷的配额进行跟踪。

如果一个卷跨越多个物理磁盘,则整个跨区卷使用该卷的同一配额。例如,如果 F 卷有 50MB 的配额限度,则不管 F 卷是在物理磁盘上还是跨越 3 个磁盘,都不能把超过 50MB 的文件保存到 F 卷。

在 NTFS 文件系统中,卷使用信息按用户安全标识(SID)存储,而不是按用户账户名称存储。第一次打开"配额项目"对话框时,磁盘配额必须从网络域控制器或本地用户管理器上获得用户账户名称,将这些用户账户名称与当前卷用户的 SID 匹配。

2. 设置磁盘配额

STEP 1 在"磁盘管理"对话框中右击要启用磁盘配额的磁盘卷,然后在弹出的快捷菜单中选择"属性"命令,打开"属性"对话框。

STEP 2 选择"配额"选项卡,如图 5-16 所示。

STEP 3 选择"启用配额管理"复选框,然后为新用户设置磁盘空间限制数值。

STEP 4 若需要对原有的用户设置配额,单击"配额项"按钮,打开如图 5-17 所示的窗口。

STEP 5 选择"配额"→"新建配额项"选项,或单击工具栏中的"新建配额项"按钮,打开"选择用户"对话框。单击"高级"按钮,再单击"立即查找"按钮,即可在"搜索结果"列表框中选择当前计算机用户,并设置磁盘配额,关闭配额项窗口。图 5-18 所示为 yhl 用户设置磁盘配额。

STEP 6 回到图 5-16 所示的"配额"选项卡,如果需要限制受配额影响的用户使用超过配额的空间,则选择"拒绝将磁盘空间给超过配额限制的用户"复选框,单击"确定"按钮。

5.3.6 碎片整理和优化驱动器

计算机磁盘上的文件并非保存在一个连续的磁盘空间上,而是把一个文件分散存放在磁盘的许多地方,这样的分布会浪费磁盘空间,习惯称为"磁盘碎片"。在经常进行添加和删除文件等操作的磁盘上,这种情况尤其严重。"磁盘碎片"会增加计算机访问磁盘的时间,降低整个计算机的运行性能。因而,计算机在使用一段时间后,就要对磁盘进行碎片整理。

碎片整理和优化驱动器程序可以重新安排计算机硬盘上的文件、程序以及未使用的空间,使得程序运行得更快,文件打开得更快。磁盘碎片整理并不影响数据的完整性。

依次选择"开始"→"管理工具"→"碎片整理和优化驱动器"命令,打开如图 5-19 所示的"优化驱动器"窗口,对驱动器进行"分析"和"优化"。

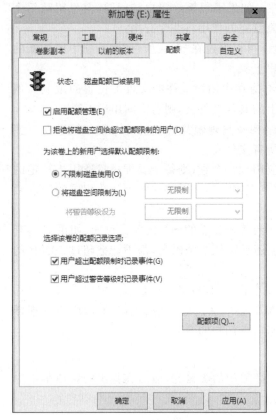

图 5-16 "配额"选项卡

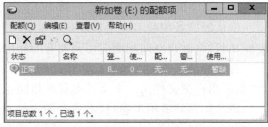

图 5-17 "新加卷（E:）的配额项"窗口

图 5-18 "添加新配额项"窗口

图 5-19 优化驱动器

一般情况下,选择要进行磁盘碎片整理的磁盘后,首先要分析一下磁盘分区状态。单击"分析"按钮,可以对所选的磁盘分区进行分析。系统分析完毕会打开对话框,询问是否对磁盘进行碎片整理。如果需要对磁盘进行优化操作,选中磁盘后直接单击"优化"按钮即可。

5.4　习题

一、填空题

1. 从 Windows 2000 开始,Windows 系统将磁盘分为_____和_____。

2. 一个基本磁盘最多可分为_____个区,即_____个主分区或_____个主分区和 1 个扩展分区。

3. 动态卷类型包括_____、_____、_____、_____、_____。

4. 要将 E 盘转换为 NTFS 文件系统,可以运行命令:_____。

5. 带区卷又称为_____技术,RAID 1 又称为_____卷,RAID 5 又称为_____卷。

6. 镜像卷的磁盘空间利用率只有_____,所以镜像卷的花费相对较高。与镜像卷相比,RAID 5 卷的磁盘空间有效利用率为_____。硬盘数量越多,冗余数据带区的成本越低,所以 RAID 5 卷的性价比较高,被广泛应用于数据存储领域。

二、简答题

1. 简述基本磁盘与动态磁盘的区别。

2. 磁盘碎片整理的作用是什么?

3. Windows Server 2012 R2 支持的动态卷类型有哪些?各有何特点?

4. 基本磁盘转换为动态磁盘应注意什么问题?如何转换?

5. 如何限制某个用户使用服务器上的磁盘空间?

5.5　实训项目　基本磁盘和动态磁盘的配置与管理

一、实训目的

- 掌握基本磁盘的管理方法。
- 掌握动态磁盘的管理方法。
- 学习磁盘阵列以及 RAID 0、RAID 1、RAID 5 的知识。
- 掌握做磁盘阵列的条件及方法。

二、项目背景

随着公司的发展壮大,已有的工作组式的网络已经不能满足公司的业务需要。经过多方论证,确定了公司的服务器的拓扑结构,如图 3-42 所示。

三、项目要求

根据图 3-42 所示的公司磁盘管理网络拓扑图,完成管理磁盘的实训。具体要求如下。

(1) 公司的服务器 Win2012-1 中新增了两块硬盘,请完成以下任务。

① 初始化磁盘。

② 在两块磁盘新建分区,注意主磁盘分区和扩展磁盘分区的区别以及在一块磁盘上能建主磁盘分区的数量等。

③ 格式化磁盘分区。

④ 标注磁盘分区为活动分区。

⑤ 向驱动器分配装入点文件夹路径。指派一个在 NTFS 文件系统下的空文件夹代表某磁盘分区,比如 C:\data 文件夹。

⑥ 对磁盘进行碎片整理。

(2) 公司的服务器 Win2012-2 中新增了 5 块硬盘,每块硬盘大小为 4GB。请完成以下任务。

① 添加硬盘,初始化硬盘,并将磁盘转换成动态磁盘。

② 创建 RAID 1 的磁盘组,大小为 1GB。

③ 创建 RAID 5 的磁盘组,大小为 2GB。

④ 创建 RAID 0 磁盘组,大小为 800MB×5＝4GB。

⑤ 对 D 盘进行扩容。

⑥ RAID 5 数据的恢复实验。

四、做一做

根据实训项目二维码视频进行项目的实训,检查学习效果。

项目 6
配置与管理打印服务器

项目背景

　　某公司组建了单位内部的办公网络,但办公设备(尤其是打印设备)不能每人配备一台,需要配置网络打印供公司员工使用。打印机的型号及所在楼层各异,人员使用打印机的优先级也不尽相同。为了提高效率,网络管理员有责任建立起该公司打印系统的良好组织与管理机制。

项目目标

- 了解打印机的概念。
- 掌握安装打印服务器。
- 掌握打印服务器的管理。
- 掌握共享网络打印机。

6.1　相关知识

　　Windows Server 2012 R2 系列中的产品支持多种高级打印功能。例如,无论运行 Windows Server 2012 R2 系列操作系统的打印服务器计算机位于网络中的哪个位置,用户都可以对它进行管理。另一项高级功能是,不必在 Windows XP 客户端计算机上安装打印机驱动程序就可以使用网络打印机。当客户端连接运行 Windows Server 2012 R2 系列操作系统的打印服务器计算机时,驱动程序将自动下载。

6.1.1　基本概念

　　为了建立网络打印服务环境,首先需要了解几个概念。

- 打印设备:即实际执行打印的物理设备,可以分为本地打印设备和带有网络接口的打印设备。根据使用的打印技术,可以分为针式打印设备、喷墨打印设备和激光打印设备。
- 打印机:即逻辑打印机,打印服务器上的软件接口。当发出打印作业时,作业在发送到实际的打印设备之前先在逻辑打印机上进行后台打印。
- 打印服务器:这是连接本地打印机并将打印机共享出来的计算机系统。网络中的打印客户端会将作业发送到打印服务器处理,因此打印服务器需要有较高的内存以处理作业。对于较频繁的或大尺寸文件的打印环境，还需要打印服务器有足够的磁盘空间以保存打印假脱机文件。

6.1.2 共享打印机的连接

在网络中共享打印机时，主要有两种不同的连接模式，即"打印服务器＋打印机"模式和"打印服务器＋网络打印机"模式。

（1）"打印服务器＋打印机"模式就是将一台普通打印机安装在打印服务器上，然后通过网络共享该打印机，供局域网中的授权用户使用。打印服务器既可以由通用计算机担任，也可以由专门的打印服务器担任。

如果网络规模较小，则可以采用普通计算机担任服务器，操作系统可以采用 Windows 2008/Windows 7。如果网络规模较大，则应当采用专门的服务器，操作系统也应当采用 Windows Server 2012 R2，从而便于对打印权限和打印队列的管理，以适应繁重的打印任务。

（2）"打印服务器＋网络打印机"模式是将一台带有网卡的网络打印设备通过网线接入局域网，给定网络打印设备的 IP 地址，使网络打印设备成为网络上的一个不依赖于其他 PC 的独立节点，然后在打印服务器上对该网络打印设备进行管理，用户就可以使用网络打印机进行打印。网络打印设备通过 EIO 插槽直接连接网络适配卡，能够以网络的速度实现高速打印输出。打印设备不再是 PC 的外设，而成为一个独立的网络节点。

由于计算机的端口有限，因此，采用普通打印设备时，打印服务器所能管理的打印机数量也就较少。而由于网络打印设备采用以太网端口接入网络，因此一台打印服务器可以管理数量非常多的网络打印机，更适用于大型网络的打印服务。

6.2 项目设计及分析

本项目的所有实例都部署在图 6-1 所示的网络拓扑图的环境中。

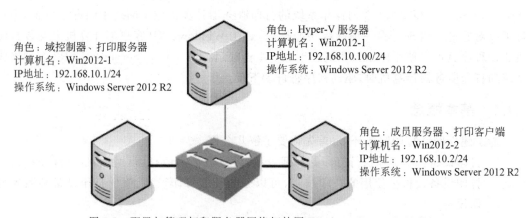

角色：域控制器、打印服务器
计算机名：Win2012-1
IP地址：192.168.10.1/24
操作系统：Windows Server 2012 R2

角色：Hyper-V 服务器
计算机名：Win2012-1
IP地址：192.168.10.100/24
操作系统：Windows Server 2012 R2

角色：成员服务器、打印客户端
计算机名：Win2012-2
IP地址：192.168.10.2/24
操作系统：Windows Server 2012 R2

图 6-1 配置与管理打印服务器网络拓扑图 Windows Server 2012 R2

（1）已安装好 Windows Server 2012 R2，并且 Hyper-V 服务器配置正确。

（2）利用"Hyper-V 管理器"建立 2 台虚拟机。

（3）在 Win2012-1 上安装打印服务器，在 Win2012-2 上安装客户端打印机。

6.3　项目实施

6.3.1　安装打印服务器

若要提供网络打印服务，必须先将计算机安装为打印服务器，安装并设置共享打印机，再为不同操作系统安装驱动程序，使得网络客户端在安装共享打印机时不再需要单独安装驱动程序。

1. 安装 Windows Server 2012 R2 打印服务器角色

在 Windows Server 2012 R2 中若要对打印机和打印服务器进行管理，必须安装"打印服务器角色"。而"LPD 服务"和"Internet 打印"这两个角色则是可选项。

选择"LPD 服务"角色服务之后，客户端需安装"LPR 端口监视器"功能才可以打印到已启动 LPD 服务共享的打印机。UNIX 打印服务器一般都会使用 LPD 服务。选择"Internet 打印"角色服务之后，客户端需安装"Internet 打印客户端"功能才可以通过 Internet 打印协议（IPP）经由 Web 来连接并打印到网络或 Internet 上的打印机。

现在将 Win2012-1 配置成打印服务器，操作步骤如下。

STEP 1 依次选择"开始"→"管理工具"→"服务器管理器"选项，选择"仪表板"选项中的"添加角色和功能"，持续单击"下一步"按钮，在出现"选择服务器角色"界面时选中"Hyper-V"复选框，然后打开"添加角色和功能向导"对话框并单击"添加功能"按钮。

STEP 2 返回"选择服务器角色"界面中选择"打印和文件服务"选项，单击"下一步"按钮，如图 6-2 所示，再次单击"下一步"按钮。

STEP 3 在"选择角色服务"对话框中选择"打印服务器""Internet 打印"以及"LPD 服务"选项。在选择"Internet 打印"选项时，会弹出"添加角色和功能向导"对话框，单击"添加功能"按钮，再单击"下一步"按钮，如图 6-3 所示。

STEP 4 再次单击"下一步"按钮，进入 Web 服务器的安装界面。本例采用默认设置，直接单击"下一步"按钮。在"确认安装选项"对话框中单击"安装"按钮，进行"打印服务"和"Web 服务器"的安装。

2. 安装本地打印机

Win2012-1 已成为网络中的打印管理服务器，在这台计算机上安装本地打印机，也可以管理其他打印服务器。其设置过程如下。

STEP 1 确保打印设备已连接到 Win2012-1 上，然后以管理员身份登录到系统中，依次选择"开始"→"管理工具"→"打印管理"选项，进入"打印管理"控制台窗口。

STEP 2 在"打印管理"控制台窗口中展开"打印服务器"→"Win2012-1（本地）"。选择"打印机"命令，在中间的详细窗格空白处右击，在弹出的菜单中选择"添加打印机"命令，如图 6-4 所示。

STEP 3 在"打印机安装"对话框中选择"使用现有的端口添加新打印机"选项，单击右边的下拉列表按钮 ▼ ，然后在下拉列表框中根据具体的连接端口进行选择。本例选择"LPT1：（打印机端口）"选项，然后单击"下一步"按钮，如图 6-5 所示。

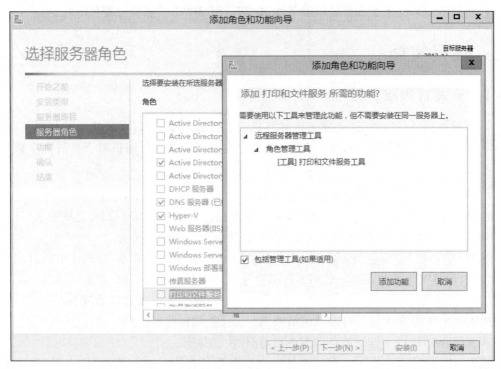

图 6-2　选择服务器角色

图 6-3　选择角色服务

图 6-4　"添加打印机"命令

图 6-5　选择连接端口

STEP 4　在"打印机驱动程序"对话框中选择"安装新驱动程序"选项,然后单击"下一步"按钮。

STEP 5　在"网络打印机安装向导"中,需要根据计算机具体连接的打印设备情况选择打印设备生产厂商和打印机型号。选择完成后,单击"下一步"按钮,如图 6-6 所示。

STEP 6　在"打印机名称和共享设置"对话框中选择"共享此打印机"选项,并设置共享名称,然后单击"下一步"按钮,如图 6-7 所示。

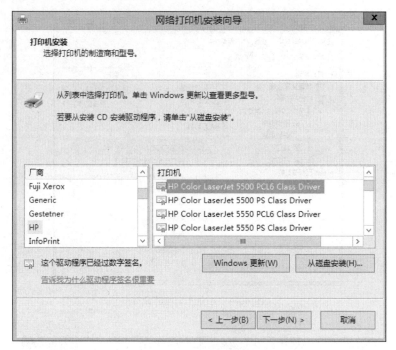

图 6-6　选择厂商和型号

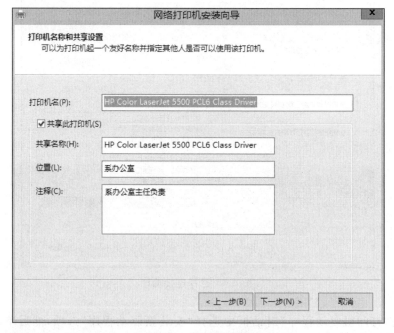

图 6-7　共享打印机

　也可以在打印机建立后，在其属性中设置共享，可设置共享名为 hp1。在共享打印机后，Windows 将在防火墙中启用"文件和打印共享"，以接收客户端的共享连接。

STEP 7 在打印机安装向导中,确认前面步骤的设置无误后,单击"下一步"按钮进行驱动程序和打印机的安装。安装完成后,单击"完成"按钮,完成打印机的安装。

提 示　　读者还可以依次展开"打印管理器"→"打印服务器"选项,并在空白处右击,在弹出的菜单中选择"添加/删除服务器"命令,根据向导完成"管理其他服务器"的任务。

6.3.2　连接共享打印机

打印服务器设置成功后,即可在客户端安装共享打印机。共享打印机的安装与本地打印机的安装过程非常相似,都需要借助"添加打印机向导"来完成。安装网络打印机时,在客户端不需要为要安装的打印机提供驱动程序。

1. 添加网络打印机

客户端打印机的安装过程与服务器的设置有很多相似之处,但也不尽相同。其安装在"添加打印机向导"的引导下即可完成。

网络打印机的添加安装有以下两种方式。

- 在"服务器管理器"中单击"打印服务器"中的"添加打印机"超链接,运行"添加打印机向导"。(前提是在客户端安装了"打印服务器"角色。)
- 依次选择"控制面板"→"硬件"选项,在"硬件和打印机"选项下单击"添加打印机"按钮,运行"添加打印机向导"。

【案例】　打印服务器 Win2012-1 已安装好,用户 print 需要通过网络服务器打印一份文档。

STEP 1 在 Win2012-1 上利用"Active Directory 用户和计算机"控制台新建用户 print。

STEP 2 依次选择"开始"→"管理工具"→"打印管理"选项,右击刚完成安装的打印机,选择"属性"命令,然后在打开的对话框中单击"安全"选项卡,如图 6-8 所示。

STEP 3 删除 Everyone 用户,添加 print 用户,允许该用户有"打印"权限。

STEP 4 以管理员身份登录 Win2012-2,依次选择"开始"→"控制面板"→"硬件"→"高级打印机设置"选项。

STEP 5 出现如图 6-9 所示的对话框。

STEP 6 单击"我需要的打印机不在列表中"链接,在弹出的对话框中选中"按名称选择共享打印机"选项;单击"浏览"按钮查找共享打印机,出现网络上存在的计算机列表,双击 Win2012-1,弹出"Windows 安全"对话框,在此输入 print 及密码,如图 6-10 所示。

STEP 7 单击"确定"按钮,显示 Win2012-1 计算机上共享的打印机 hp1,单击 hp1 并选中该共享打印机,单击"选择"按钮返回"添加打印机向导"对话框。

STEP 8 单击"下一步"按钮,开始安装共享打印机。安装完成后,单击"完成"按钮。在此,可以单击"打印测试页"按钮,进一步测试所安装的打印机是否正常工作。

图 6-8　设置 print 用户允许打印

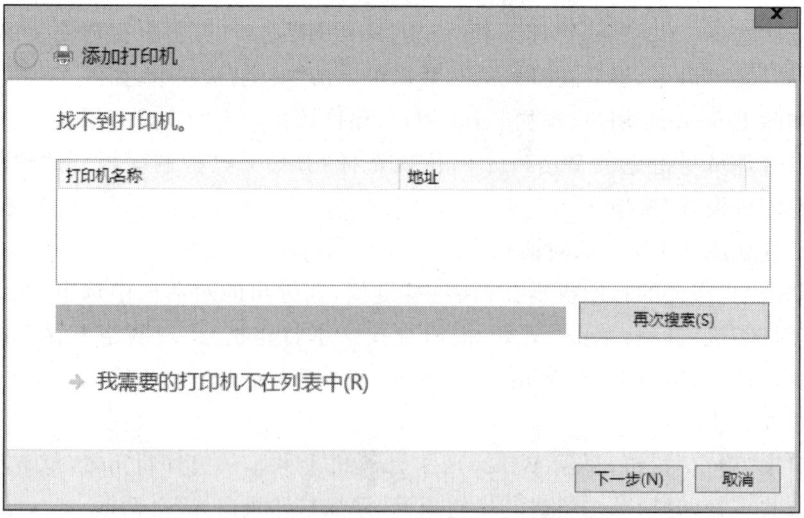

图 6-9　自动搜索要添加的打印机

图 6-10　选择共享打印机时的网络凭证

提示　　　　①一定要保证开启两计算机的网络发现功能。②本例在域方式下完成。如果在工作组环境下,也需要为共享打印机的用户创建用户,比如 print1,并赋予该用户允许打印的权限。在连接共享打印机时,以用户 print1 身份登录,然后添加网络打印机。添加网络打印机的过程与域环境下基本一样,按向导完成即可,这里不再赘述。

STEP 9　用户在客户端成功添加网络打印机后,就可以打印文档了。打印时,在出现的"打印"对话框中选择添加的网络打印机即可。

2. 使用"网络"或"查找"安装打印机

除了可以采用"打印机安装向导"安装网络打印机外,还可以使用"网络"或"查找"的方式安装打印机。

(1) 在 Win2012-2 上单击左下角的资源管理器图标██,打开"资源管理器"窗口,单击窗口左下角的"网络"链接,打开 Win2012-2 的"网络"对话框,找到打印服务器 Win2012-1,或者使用"查找"方式并以 IP 地址或计算机名称找到打印服务器(如在运行中输入\\192.168.10.1)。双击打开计算机 Win2012-1,根据系统提示输入有访问权限的用户名和密码,比如 print,然后显示其中所有的共享文档和共享打印机。

(2) 双击要安装的网络打印机,比如 hp1。该打印机的驱动程序将自动被安装到本地,并显示该打印机中当前的打印任务。或者右击共享打印机,在弹出的快捷菜单中选择"连接"选项,完成网络打印机的安装。

6.3.3　管理打印服务器

在打印服务器上安装共享打印机后,可通过设置打印机的属性来进一步管理打印机。

1. 设置打印优先级

高优先级的用户发送来的文档可以越过等候打印的低优先级的文档队列。如果两个逻辑打印机都与同一打印设备相关联,则 Windows Server 2012 R2 操作系统首先将优先级最高的文档发送到该打印设备。

要利用打印优先级系统,需为同一打印设备创建多个逻辑打印机。为每个逻辑打印机指派不同的优先等级,然后创建与每个逻辑打印机相关的用户组。例如,group1 中的用户拥有访问优先级为 1 的打印机的权利,group2 中的用户拥有访问优先级为 2 的打印机的权利,以此类推。1 代表最低优先级,99 代表最高优先级。设置打印机优先级的方法如下。

(1) 在 Win2012-1 中为 LPT1 的同一台设备安装两台打印机:hp1 已经安装,再安装一台 hp2。(请读者自行安装第二台打印机 hp2。)

(2) 在"打印管理器"中展开"打印服务器"→"Win2012-1(本地)"→"打印机"。右击打印机列表中的打印机 hp1,在弹出的快捷菜单中选择"属性"命令,打开打印机属性对话框,选择"高级"选项卡,如图 6-11 所示,设置优先级为"1"。

图 6-11 打印机属性的"高级"选项卡

(3) 然后在打印机属性对话框中选择"安全"选项卡,添加用户组 group1 允许打印。

(4) 同理,设置 hp2 的优先级为 2,添加用户组 group2 允许在 hp2 上打印。

2. 设置打印机池

打印机池就是将多个相同的或者特性相同的打印设备集合起来,然后创建一个(逻辑)打印机映射到这些打印设备,也就是利用一个打印机同时管理多台相同的打印设备。当用户将文档送到此打印机时,打印机会根据打印设备是否正在使用决定将该文档送到"打印机

池"中的哪一台打印设备打印。例如,当"A 打印机"和"B 打印机"忙碌时,有一个用户打印
机文档,逻辑打印机就会直接转到"C 打印机"打印。

设置打印机池的操作步骤如下。

STEP 1 在打印机属性对话框中选择"端口"选项卡。

STEP 2 选择"启用打印机池"复选框,再选中打印设备所连接的多个端口,如图 6-12 所示。
必须选择一个以上的端口,否则打开"打印机属性提示"对话框,然后单击"确定"
按钮。

图 6-12 选择"启用打印机池"复选框

 打印机池中的所有打印机必须是同一型号,使用相同的驱动程序。由于用
户不知道指定的文档由打印机池中的哪一台打印设备打印,因此应确保打印机
注 意 池中的所有打印设备位于同一位置。

3. 管理打印队列

打印队列是存放等待打印文件的地方。当应用程序选择"打印"命令后,Windows 就创
建一个打印工作且开始处理它。若打印机这时正在处理另一项打印作业,则在打印机文件
夹中将形成一个打印队列,保存着所有等待打印的文件。

(1) 查看打印队列中的文档

查看打印机打印队列中的文档不仅有利于用户和管理员确认打印文档的输出和打印状
态,同时也有利于进行打印机的选择。

在 Win2012-1 上,依次打开"开始"→"控制面板"→"硬件"→"查看设备和打印机"选项,双击要查看的打印机图标,单击"查看正在打印的内容"按钮,打开打印机管理窗口,如图 6-13 所示,其中列出了当前所有要打印的文件。

图 6-13　打印机管理窗口

(2) 调整打印文档的顺序

用户可通过更改打印优先级来调整打印文档的打印次序,使急需的文档优先打印出来。要调整打印文档的顺序,可采用以下操作。

STEP 1　在打印机管理窗口中右击需要调整打印次序的文档,在弹出的快捷菜单中选择"属性"命令,打开"文档属性"对话框,单击打开"常规"选项卡,如图 6-14 所示。

图 6-14　"文档属性"对话框的"常规"选项卡

STEP 2　在"优先级"选项区域中,拖动滑块即可改变被选文档的优先级。对于需要提前打印的文档,应提高其优先级;对于不需要提前打印的文档,应降低其优先级。

（3）暂停和继续打印一个文档

STEP 1　在打印管理器窗口中右击要暂停的打印文档,在弹出的快捷菜单中选择"暂停"命令,可以将该文档的打印工作暂停,状态栏中显示"已暂停"字样。

STEP 2　文档暂停之后,若想继续打印暂停的文档,只需在打印文档的快捷菜单中选择"继续"命令即可。不过如果用户暂停了打印队列中优先级别最高的打印作业,打印机将停止工作,直到继续打印。

（4）暂停和重新启动打印机的打印作业

STEP 1　在打印管理器窗口中执行"打印机"→"暂停打印"命令,即可暂停打印机的作业,此时标题栏中显示"已暂停"字样。

STEP 2　当需要重新启动打印机打印作业时,再次执行"打印机"→"暂停打印"命令即可使打印机继续打印,标题栏中的"已暂停"字样消失。

（5）删除打印文件

STEP 1　在打印管理器窗口中,在打印队列中选择要取消打印的文档,然后执行"文档"→"取消"命令,即可将要打印的文档消除。

STEP 2　如果管理员要清除所有的打印文档,可执行"打印机"→"取消所有文档"命令。

　　打印机没有还原功能,打印作业被取消之后不能再恢复,若要再次打印,则必须重新对打印队列的所有文档进行打印。

4. 为不同用户设置不同的打印权限

打印机被安装在网络上后,系统会为它指派默认的打印机权限。

该权限允许所有用户打印,并允许选择组对打印机发送给它的文档的管理。

因为打印机可用于网络上的所有用户,所以可能就需要通过指派特定的打印机权限以限制某些用户的访问权。例如,可以给部门中所有无管理权的用户设置"打印"权限,而给所有管理人员设置"打印和管理文档"权限。这样,所有用户和管理人员都能打印文档,但管理人员还能更改发送给打印机的任何文档的打印状态。

STEP 1　在 Win2012-1 的打印管理器窗口中展开"打印服务器"→"Win2012-1（本地）"→"打印机",右击打印机列表中的打印机,在弹出的快捷菜单中选择"属性"命令,打开"打印服务器 属性"对话框,选择"安全"选项卡,如图 6-15 所示。Windows 提供了 3 种等级的打印安全权限:打印、管理打印机和管理文档。

STEP 2　当给一组用户指派了多个权限时,将应用限制性最少的权限。但是,应用"拒绝"权限时,它将优先于其他任何权限。

STEP 3　默认情况下,"打印"权限将指派给 Everyone 组中的所有成员。用户可以连接到打印机,并将文档发送到打印机。

（1）管理打印机权限

用户可以执行与"打印"权限相关联的任务,并且具有对打印机的完全管理控制权。用户可以暂停和重新启动打印机、更改打印后台处理程序设置、共享打印机、调整打印机权限,还可以更改打印机属性。默认情况下,"管理打印机"权限将指派给服务器的 Administrators

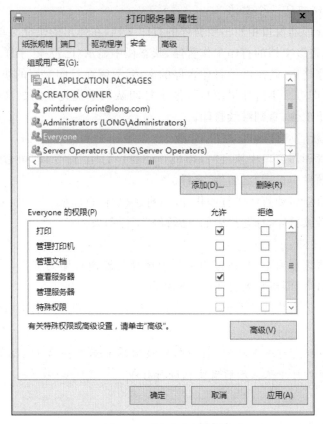

图 6-15　"安全"选项卡

组、域控制器上的 Print Operators 组以及 Server Operators 组。

（2）管理文档权限

用户可以暂停、继续、重新开始和取消由其他所有用户提交的文档，还可以重新安排这些文档的顺序。但用户无法将文档发送到打印机或控制打印机的状态。

默认情况下，"管理文档"权限指派给 Creator Owner 组的成员。当用户被指派给"管理文档"权限时，用户将无法访问当前等待打印的现有文档。此权限只应用于在该权限被指派给用户之后发送到打印机的文档。

（3）拒绝权限

在前面为打印机指派的所有权限都会被拒绝。如果访问被拒绝，用户将无法使用或管理打印机，或者更改任何权限。

如图 6-15 所示，在"组或用户名"列表框中选择设置权限的用户，在"Everyone 的权限"列表框中可以选择要为用户设置的权限。

如果要设置新用户或组的权限，在图 6-15 所示的对话框中单击"添加"按钮，打开"选择用户或组"对话框，输入要为其设置权限的用户或组的名称即可。或者单击"高级"按钮并在打开的对话框中单击"立即查找"按钮，在出现的用户或组列表中选择要为其设置权限的用户或用户组。

5. 设置打印机的所有者

默认情况下,打印机的所有者是安装打印机的用户。如果这个用户不能再管理这台打印机,就应由其他用户获得所有权以管理这台打印机。

以下用户或组成员能够成为打印机的所有者。

- 由管理员定义的具有管理打印机权限的用户或组成员。
- 系统提供的 Administrators 组、Print Operators 组、Server Operators 组和 Power Users 组的成员。

如果要成为打印机的所有者,首先要使用户具有管理打印机的权限,或者加入上述的组。设置打印机的所有者的操作步骤如下。

STEP 1 在图 6-15 所示对话框的"安全"选项卡中单击"高级"按钮,打开"高级安全设置"对话框。选择"更改"链接,显示如图 6-16 所示的对话框。

图 6-16　更改所有者

STEP 2 当前所有者是管理员组的所有成员。如果想更改打印机所有者的组或用户,可在"输入要选择的对象名称"列表框中输入要成为打印机所有者的组或用户。

注意　打印机的所有权不能从一个用户指定到另一个用户,只有当原先具有所有权的用户无效时才能指定其他用户。不过,Administrators 可以把所有权指定给 Administrators 组。

6.4 习题

一、填空题

1. 在网络中共享打印机时,主要有两种不同的连接模式,即_____和_____。

2. Windows Server 2012 R2 系统支持两种类型的打印机,即_____和_____。

3. 要利用打印优先级系统,需为同一打印设备创建_____个逻辑打印机。为每个逻辑打印机指派不同的优先等级,然后创建与每个逻辑打印机相关的用户组,_____代表最低优先级,_____代表最高优先级。

4. _____就是用一台打印服务器管理多个物理特性相同的打印设备,以便同时打印大量文档。

5. 默认情况下,"管理打印机"权限将指派给_____、_____以及_____。

6. 根据使用的打印技术,打印设备可以分为_____、_____和激光打印设备。

7. 默认情况下,添加打印机向导会_____并在 Active Directory 中发布,除非在向导的"打印机名称和共享设置"对话框中不选择"共享打印机"复选框。

二、选择题

1. 不是打印安全权限的是(　　)。

    A. 打印　　　　　　B. 浏览　　　　　　C. 管理打印机　　　　D. 管理文档

2. Internet 打印服务系统是基于(　　)方式工作的文件系统。

    A. B/S　　　　　　B. C/S　　　　　　C. B2B　　　　　　D. C2C

3. 不能通过计算机的(　　)端口与打印设备相连。

    A. 串行口(COM)　　　　　　　　B. 并行口(LPT)

    C. 网络　　　　　　　　　　　　D. RS-232

4. 不是 Windows Server 2012 R2 支持的其他驱动程序类型的是(　　)。

    A. X86　　　　　　B. X64　　　　　　C. 486　　　　　　D. Itanium

三、简答题

1. 简述打印机、打印设备和打印服务器的区别。

2. 简述共享打印机的好处并举例。

3. 为什么用多个打印机连接同一打印设备?

6.5 实训项目　打印服务器的配置与管理

一、实训目的

- 掌握打印服务器的安装。
- 掌握网络打印机的安装与配置。
- 掌握打印服务器的配置与管理。

二、项目背景

根据图 6-1 所示的环境来部署打印服务器。

三、项目要求

（1）安装打印服务器。

（2）连接共享打印机。

（3）管理打印服务器。

四、做一做

根据本节的二维码视频进行项目的实训,检查学习效果。

项目 7
配置与管理 DNS 服务器

项目背景

某高校组建了学校的校园网,为了使校园网中的计算机简单快捷地访问本地网络及 Internet 上的资源,需要在校园网中架设 DNS 服务器,用来提供域名转换成 IP 地址的功能。

在完成该项目之前,首先应当确定网络中 DNS 服务器的部署环境,明确DNS 服务器的各种角色及其作用。

项目目标

- 了解 DNS 服务器的作用及其在网络中的重要性。
- 理解 DNS 的域名空间结构及其工作过程。
- 理解并掌握主 DNS 服务器的部署。
- 理解并掌握辅助 DNS 服务器的部署。
- 理解并掌握 DNS 客户机的部署。
- 掌握 DNS 服务的测试以及动态更新。

7.1 相关知识

在 TCP/IP 网络上,每个设备必须分配一个唯一的地址。计算机在网络上通信时只能识别如 202.97.135.160 之类的数字地址,而人们在使用网络资源的时候,为了便于记忆和理解,更倾向于使用有代表意义的名称,如域名 www.yahoo.com(雅虎网站)。

DNS(Domain Name System)服务器就承担了将域名转换成 IP 地址的功能。当在浏览器地址栏中输入如 www.yahoo.com 的域名后,有一台称为 DNS 服务器的计算机自动把域名"翻译"为相应的 IP 地址。

DNS 实际上是域名系统的缩写,它的目的是为客户机对域名的查询(如 www.yahoo.com)提供该域名的 IP 地址,以便用户用易记的名字搜索和访问必须通过 IP 地址才能定位的本地网络或 Internet 上的资源。

DNS 服务使得网络服务的访问更加简单,对于一个网站的推广发布起到极其重要的作用。而且许多重要网络服务(如 E-mail 服务、Web 服务)的实现也需要借助于 DNS 服务。因此,DNS 服务可视为网络服务的基础。另外,在稍具规模的局域网中,DNS 服务也被大量采用,因为 DNS 服务不仅可以使网络服务的访问更加简单,而且可以完美地实现与 Internet 的融合。

7.1.1　域名空间结构

域名系统 DNS 的核心思想是分级的,是一种分布式的、分层次型的、客户机/服务器式的数据库管理系统,它主要用于将主机名或电子邮件地址映射成 IP 地址。一般来说,每个组织有自己的 DNS 服务器,并维护域名称映射数据库记录或资源记录。每个登记的域都将自己的数据库列表提供给整个网络复制。

目前负责管理全世界 IP 地址的单位是 InterNIC(Internet Network Information Center),在 InterNIC 之下的 DNS 结构共分为若干个域(Domain)。图 7-1 所示的阶层式树状结构称为域名空间(Domain Name Space)。

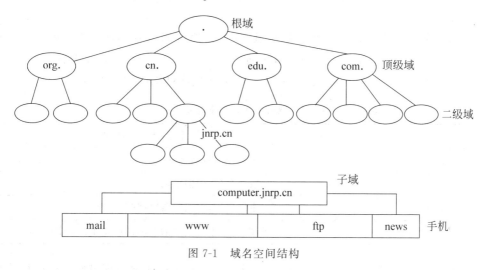

图 7-1　域名空间结构

注意

域名和主机名只能用字母 a~z(在 Windows 服务器中大小写等效,而在 UNIX 中则不同)、数字 0~9 和连线"-"组成。其他公共字符,如连接符"&"、斜杠"/"、句点"."和下画线"_"都不能用于表示域名和主机名。

1. 根域

在图 7-1 中,位于层次结构最高端的是域名树的根,提供根域名服务,用"."表示。在 Internet 中,根域是默认的,一般都不需要表示出来。全世界共有 13 台根域服务器,它们分布于世界各大洲,并由 InterNIC 管理。根域名服务器中并没有保存任何网址,只具有初始指针指向第一层域,也就是顶级域,如 com、edu、net 等。

2. 顶级域

顶级域位于根域之下,数目有限,且不能轻易变动。顶级域也是由 InterNIC 统一管理的。在互联网中,顶级域大致分为两类:各种组织的顶级域(机构域)和各个国家地区的顶级域(地理域)。顶级域所包含的部分域名称如表 7-1 所示。

表 7-1　顶级域所包含的部分域名称

域 名 称	说 明
com	商业机构
edu	教育、学术研究单位
gov	官方政府单位
net	网络服务机构
org	财团法人等非营利机构
mil	军事部门
其他国家或地区代码	代表其他国家/地区的代码,如 cn 表示中国,jp 表示日本

3. 子域

在 DNS 域名空间中,除了根域和顶级域之外,其他域都称为子域。子域是有上级域的域,一个域可以有许多个子域。子域是相对而言的,如 www.jnrp.edu.cn 中,jnrp.edu 是 cn 的子域,jnrp 是 edu.cn 的子域。表 7-2 中给出了域名层次结构中的若干层。

表 7-2　域名层次结构中的若干层

域 名	域名层次结构中的位置
.	根是唯一没有名称的域
.cn	顶级域名称,中国子域
.edu.cn	二级域名称,中国的教育部门
.jnrp.edu.cn	子域名称,教育网中的济南铁道职业技术学院

和根域相比,顶级域实际是处于第二层的域,但它们还是被称为顶级域。根域从技术的含义上是一个域,但常常不被当作一个域。根域只有很少几个根级成员,它们的存在只是为了支持域名树的存在。

第二层域(顶级域)是属于单位团体或地区的,用域名的最后一部分即域后缀来分类。例如,域名 edu.cn 代表中国的教育系统。多数域后缀可以反映使用这个域名所代表的组织的性质,但并不总是很容易通过域后缀来确定所代表的组织、单位的性质。

4. 主机

在域名层次结构中,主机可以存在于根以下的各层上。因为域名树是层次型的而不是平面型的,因此只要求主机名在每一连续的域名空间中是唯一的,而在相同层中可以有相同的名字,如 www.163.com、www.263.com 和 www.sohu.com 都是有效的主机名。也就是说,即使这些主机有相同的名字 www,也可以被正确地解析到唯一的主机。即只要是在不同的子域,就可以重名。

7.1.2　DNS 名称的解析方法

DNS 名称的解析方法主要有两种:一种是通过 hosts 文件进行解析;另一种是通过

DNS 服务器进行解析。

1. hosts 文件

hosts 文件解析只是 Internet 中最初使用的一种查询方式。采用 hosts 文件进行解析时,必须由人工输入、删除、修改所有 DNS 名称与 IP 地址的对应数据,即把全世界所有的 DNS 名称写在一个文件中,并将该文件存储到解析服务器上。客户端如果需要解析名称,就到解析服务器上查询 hosts 文件。全世界所有的解析服务器上的 hosts 文件都必须保持一致。当网络规模较小时,hosts 文件解析还是可以采用的。然而,当网络越来越大时,为保持网络里所有服务器中 hosts 文件的一致性,就需要大量管理和维护工作。在大型网络中,这将是一项沉重的负担,此种方法显然是不适用的。

在 Windows Server 2012 R2 中,hosts 文件位于％systemroot％\system32\drivers\etc 目录中,本例为 C:\windows\system32\drivers\etc。该文件是一个纯文本文件,如图 7-2 所示。

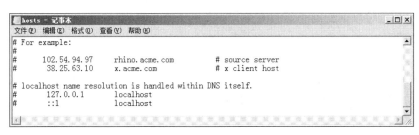

图 7-2　Windows Server 2012 R2 中的 hosts 文件

2. DNS 服务器

DNS 服务器是目前 Internet 上最常用也是最便捷的名称解析方法。全世界有众多 DNS 服务器各司其职,互相呼应,协同工作,构成了一个分布式的 DNS 名称解析网络。例如,jnrp.cn 的 DNS 服务器只负责本域内数据的更新,而其他 DNS 服务器并不知道也无须知道 jnrp.cn 域中有哪些主机,但它们知道 jnrp.cn 的 DNS 服务器的位置;当需要解析 www. jnrp.cn 时,它们就会向 jnrp.cn 的 DNS 服务器请求帮助。采用这种分布式解析结构时,一台 DNS 服务器出现问题并不会影响整个体系,而数据的更新操作也只在其中的一台或几台 DNS 服务器上进行,使整体的解析效率大大提高。

7.1.3　DNS 服务器的类型

DNS 服务器用于实现 DNS 名称和 IP 地址的双向解析。在网络中,主要有 4 种类型的 DNS 服务器:主 DNS 服务器、辅助 DNS 服务器、转发 DNS 服务器和唯缓存 DNS 服务器。

1. 主 DNS 服务器

主 DNS 服务器(Primary Name Server)是特定 DNS 域所有信息的权威性信息源。它从域管理员构造的本地数据库文件(区域文件,Zone File)中加载域信息,该文件包含该服务器具有管理权的 DNS 域的最精确信息。

主 DNS 服务器保存着自主生成的区域文件,该文件是可读可写的。当 DNS 域中的信息发生变化时(如添加或删除记录),这些变化都会保存到主 DNS 服务器的区域文件中。

2. 辅助 DNS 服务器

辅助 DNS 服务器(Secondary Name Server)可以从主 DNS 服务器中复制一整套域信息。该服务器的区域文件是从主 DNS 服务器中复制生成的,并作为本地文件存储,这种复制称为区域传输。在辅助 DNS 服务器中存有一个域所有信息的完整只读副本,可以对该域的解析请求提供权威的回答。由于辅助 DNS 服务器的区域文件仅是只读副本,因此无法进行更改,所有针对区域文件的更改必须在主 DNS 服务器上进行。在实际应用中,辅助 DNS 服务器主要用于均衡负载和容错。如果主 DNS 服务器出现故障,可以根据需要将辅助 DNS 服务器转换为主 DNS 服务器。

3. 转发 DNS 服务器

转发 DNS 服务器(Forwarder Name Server)可以向其他 DNS 转发解析请求。当 DNS 服务器收到客户端的解析请求后,它首先会尝试从其本地数据库中查找;若未能找到,则需要向其他指定的 DNS 服务器转发解析请求;其他 DNS 服务器完成解析后会返回解析结果,转发 DNS 服务器将该解析结果缓存在自己的 DNS 缓存中,并向客户端返回解析结果。在缓存期内,如果客户端请求解析相同的名称,则转发 DNS 服务器会立即回应客户端;否则,将会再次发生转发解析的过程。

目前网络中所有的 DNS 服务器均被配置为转发 DNS 服务器,向指定的其他 DNS 服务器或根域服务器转发自己无法完成的解析请求。

4. 唯缓存 DNS 服务器

唯缓存 DNS 服务器(Caching-only Name Server)可以提供名称解析服务器,但其没有任何本地数据库文件。唯缓存 DNS 服务器必须同时是转发 DNS 服务器,它将客户端的解析请求转发给指定的远程 DNS 服务器并从远程 DNS 服务器取得每次解析的结果,然后将该结果存储在 DNS 缓存中,以后收到相同的解析请求时就用 DNS 缓存中的结果。所有的 DNS 服务器都按这种方式使用缓存中的信息,但唯缓存服务器则依赖于这一技术实现所有的名称解析。

当刚安装好 DNS 服务器时,它就是一台缓存 DNS 服务器。

唯缓存服务器并不是权威性的服务器,因为它提供的所有信息都是间接信息。

(1) 所有的 DNS 服务器均可使用 DNS 缓存机制相应解析请求,以提高解析效率。

(2) 可以根据实际需要将上述几种 DNS 服务器结合,进行合理配置。

(3) 一些域的主 DNS 服务器可以是另一些域的辅助 DNS 服务器。

(4) 一个域只能部署一个主 DNS 服务器,它是该域的权威性信息源;另外,至少应该部署一个辅助 DNS 服务器,将其作为主 DNS 服务器的备份。

(5) 配置唯缓存 DNS 服务器可以减轻主 DNS 服务器和辅助 DNS 服务器的负载,从而减少网络传输。

7.1.4 DNS 名称解析的查询模式

当 DNS 客户端向 DNS 服务器发送解析请求或 DNS 服务器向其他 DNS 服务器转发解析请求时,均需要使用请求其所需的解析结果。目前使用的查询模式主要有递归查询和选代查询两种。

1. 递归查询

递归查询是最常见的查询方式,域名服务器将代替提出请求的客户机(下级 DNS 服务器)进行域名查询。若域名服务器不能直接回答,则域名服务器会在域各树中的各分支的上下进行递归查询,最终返回查询结果给客户机。在域名服务器查询期间,客户机完全处于等待状态。

2. 迭代查询(又称转寄查询)

当服务器收到 DNS 工作站的查询请求后,如果在 DNS 服务器中没有查到所需数据,该 DNS 服务器便会告诉 DNS 工作站另外一台 DNS 服务器的 IP 地址,然后由 DNS 工作站自行向此 DNS 服务器查询,以此类推,直到查到所需数据为止。如果到最后一台 DNS 服务器都没有查到所需数据,则通知 DNS 工作站查询失败。"转寄"的意思就是若在某地查不到,该地就会告诉用户其他地方的地址,让用户转到其他地方去查。一般在 DNS 服务器之间的查询请求属于转寄查询(DNS 服务器也可以充当 DNS 工作站的角色),在 DNS 客户端与本地 DNS 服务器之间的查询属于递归查询。

下面以查询 www.163.com 为例介绍转寄查询的过程,如图 7-3 所示。

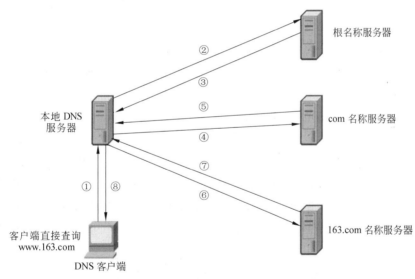

图 7-3　转寄查询

① 客户端向本地 DNS 服务器直接查询 www.163.com 的域名。

② 本地 DNS 无法解析此域名,先向根域服务器发出请求,查询.com 的 DNS 地址。

提示

① 正确安装完 DNS 后,在 DNS 属性对话框中的"根目录提示"选项卡中,系统显示了包含在解析名称中要使用的根服务器的提示列表,默认共有 13 项。

② 目前全球共有 13 个域名根服务器。1 个为主根服务器,放置在美国。其余 12 个均为辅助根服务器,其中美国 9 个,英国和瑞典各 1 个,日本 1 个。所有的根服务器均由 ICANN(互联网名称与数字地址分配机构)统一管理。

③ 根域 DNS 管理着.com、.net、.org 等顶级域名的地址解析。它收到请求后,把解析结果(管理.com 域的服务器地址)返回给本地的 DNS 服务器。

④ 本地 DNS 服务器得到查询结果后,接着向管理.com 域的 DNS 服务器发出进一步的查询请求,要求得到 163.com 的 DNS 地址。

⑤ .com 域把解析结果(管理 163.com 域的服务器地址)返回给本地 DNS 服务器。

⑥ 本地 DNS 服务器得到查询结果后,接着向管理 163.com 域的 DNS 服务器发出查询具体主机 IP 地址的请求(www),以便得到满足要求的主机 IP 地址。

⑦ 163.com 把解析结果返回给本地 DNS 服务器。

⑧ 本地 DNS 服务器得到了最终的查询结果。它把这个结果返回给客户端,从而使客户端能够和远程主机通信。

 为了便于根据实际情况来分散 DNS 名称管理工作的负荷,将 DNS 命名空间划分为区域(Zone)来进行管理。

7.2 项目设计及分析

1. 部署需求

在部署 DNS 服务器前需满足以下要求。

- 设置 DNS 服务器的 TCP/IP 属性,手工指定 IP 地址、子网掩码、默认网关和 DNS 服务器地址等。
- 部署域环境,域名为 long.com。

2. 部署环境

本项目的所有实例部署在同一个域环境下,域名为 long.com。其中 DNS 服务器主机名为 Win2012-1,其本身也是域控制器,IP 地址为 192.168.10.1。DNS 客户机主机名为 Win2012-2,其本身是域成员服务器,IP 地址为 192.168.10.2。这两台计算机都是域中的计算机,具体网络拓扑图如图 7-4 所示。

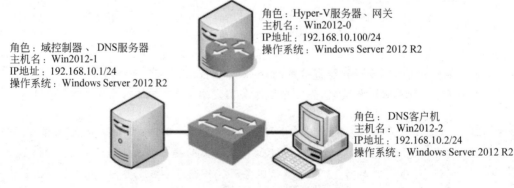

角色:Hyper-V服务器、网关
主机名:Win2012-0
IP地址:192.168.10.100/24
操作系统:Windows Server 2012 R2

角色:域控制器、DNS服务器
主机名:Win2012-1
IP地址:192.168.10.1/24
操作系统:Windows Server 2012 R2

角色:DNS客户机
主机名:Win2012-2
IP地址:192.168.10.2/24
操作系统:Windows Server 2012 R2

图 7-4 架设 DNS 服务器网络拓扑图

7.3　项目实施

7.3.1　添加 DNS 服务器

设置 DNS 服务器的首要任务就是建立 DNS 区域和域的树状结构。DNS 服务器以区域为单位来管理服务。区域是一个数据库,用来链接 DNS 名称和相关数据,如 IP 地址和网络服务,在 Internet 环境中一般用二级域名来命名,如 computer.com。而 DNS 区域分为两类:一类是正向搜索区域,即域名到 IP 地址的数据库,用于提供将域名转换为 IP 地址的服务;另一类是反向搜索区域,即 IP 地址到域名的数据库,用于提供将 IP 地址转换为域名的服务。

> 　　DNS 数据库由区域文件、缓存文件和反向搜索文件等组成,其中区域文件是最主要的,它保存着 DNS 服务器所管辖区域的主机的域名记录。默认的文件名是"区域名.dns",在 Windows NT/2000/2003/2008 系统中置于"windows\system32\dns"目录中。而缓存文件用于保存根域中的 DNS 服务器名称与 IP 地址的对应表,文件名为 cache.dns。DNS 服务就是依赖于 DNS 数据库来实现的。

1. 安装 DNS 服务器角色

在安装 Active Directory 域服务角色时,可以选择一起安装 DNS 服务器角色。如果没有安装,那么可以在计算机 Win2012-1 上通过"服务器管理器"安装 DNS 服务器角色,具体操作步骤如下。

STEP 1 依次选择"开始"→"管理工具"→"服务器管理器"选项,在"仪表板"选项中选择"添加角色和功能",持续单击"下一步"按钮,直到出现如图 7-5 所示的"选择服务器角色"对话框时,选中"DNS 服务器"复选框,在打开的对话框中单击"添加功能"按钮。

STEP 2 持续单击"下一步"按钮,最后单击"安装"按钮,开始安装 DNS 服务器。安装完成后,单击"关闭"按钮,完成 DNS 服务器角色的安装。

2. DNS 服务的停止和启动

要启动或停止 DNS 服务,可以使用 net 命令、"DNS 管理器"控制台或"服务"控制台,具体步骤如下。

(1) 使用 net 命令

以域管理员账户登录 Win2012-1,单击左下角的 PowerShell 按钮 ,在打开的窗口中输入 net stop dns 命令是停止 DNS 服务,输入 net start dns 命令是启动 DNS 服务。

(2) 使用"DNS 管理器"控制台

依次选择"开始"→"管理工具"→DNS 选项,打开"DNS 管理器"控制台,在左侧控制台树中右击服务器 Win2012-1,在弹出的菜单中选择"所有任务"中的"停止""启动"或"重新启动",即可停止或启动 DNS 服务,如图 7-6 所示。

(3) 使用"服务"控制台

依次选择"开始"→"管理工具"→"服务"选项,打开"服务"控制台,找到 DNS Server 服

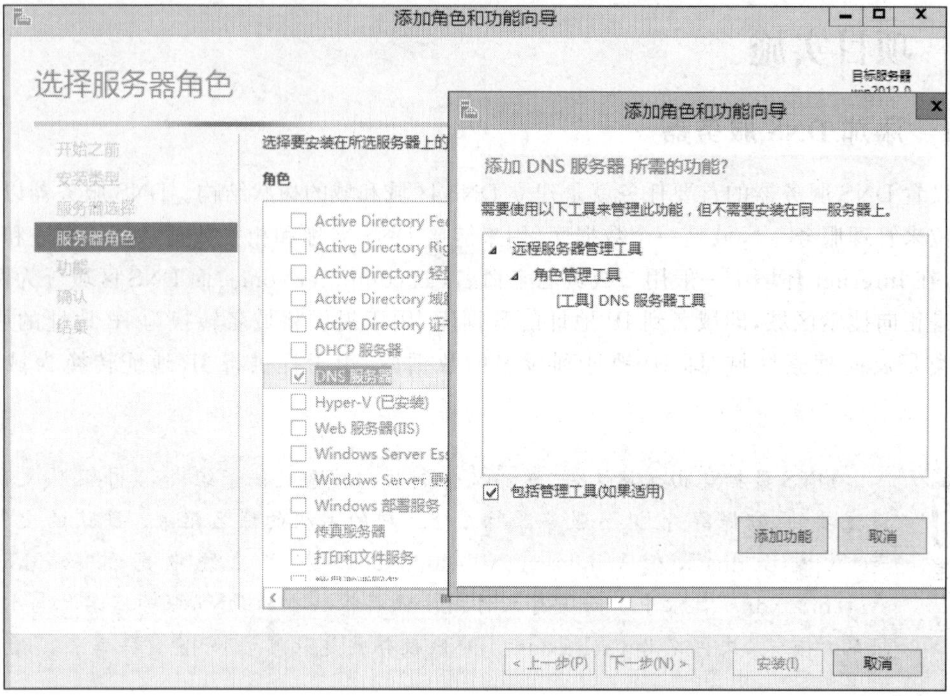

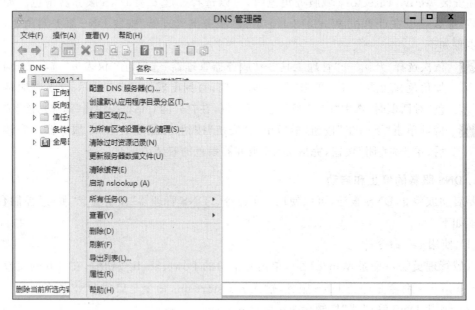

图 7-5　选择服务器角色

图 7-6　"DNS 管理器"控制台

务，选择"启动"或"停止"操作，即可启动或停止 DNS 服务。

7.3.2　部署主 DNS 服务器的 DNS 区域

在域控制器上安装完 DNS 服务器角色后，将存在一个与 Active Directory 域服务集成的区域 long.com,先将其删除,再完成以下任务。

1. 创建正向主要区域

在 DNS 服务器上创建正向主要区域 long.com,具体操作步骤如下。

STEP 1 在 Win2012-1 计算机上选择“开始”→“管理工具”→DNS 选项,打开“DNS 管理器”控制台,展开 DNS 服务器目录树。右击“正向查找区域”选项,在弹出的快捷菜单中选择“新建区域”命令,如图 7-7 所示,显示“新建区域向导”对话框。

图 7-7 “DNS 管理器”控制台

STEP 2 单击“下一步”按钮,出现如图 7-8 所示的“区域类型”对话框,用来选择要创建的区域的类型,有“主要区域”“辅助区域”和“存根区域”3 种。若要创建新的区域,应当选中“主要区域”单选按钮。

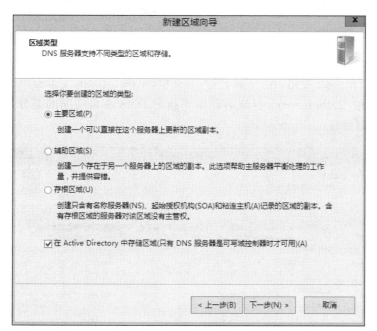

图 7-8 “区域类型”对话框

如果当前 DNS 服务器上安装了 Active Directory 服务，则"在 Active Directory 中存储区域"复选框将会自动被选中。

STEP 3 单击"下一步"按钮，选择在网络上如何复制 DNS 数据，本例选择"至此域中域控制器上运行的所有 DNS 服务器(D)：long.com"选项，如图 7-9 所示。

图 7-9 "Active Directory 区域传送作用域"对话框

STEP 4 单击"下一步"按钮，在"区域名称"对话框(见图 7-10)的文本框中设置要创建的区域名称，如 long.com。区域名称用于指定 DNS 命名空间的部分，由此实现 DNS 服务器管理。

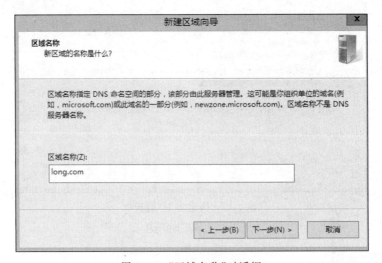

图 7-10 "区域名称"对话框

STEP 5　单击"下一步"按钮,选择"只允许安全的动态更新"选项。

STEP 6　单击"下一步"按钮,显示新建区域摘要。单击"完成"按钮,完成区域的创建。

　　　　由于是活动目录集成的区域,因此不需要指定区域文件;否则,需要指定区域文件 long.com.dns。

2. 创建反向主要区域

反向查找区域用于通过 IP 地址来查询 DNS 名称。创建的具体过程如下。

STEP 1　在 DNS 控制台中选择反向查找区域,右击,在弹出的快捷菜单中选择"新建区域"命令(见图 7-11),并在区域类型中选择"主要区域"(见图 7-8)。

图 7-11　新建反向查找区域

STEP 2　在"反向查找区域名称"窗口中选择"IPv4 反向查找区域"单选按钮,如图 7-12 所示。

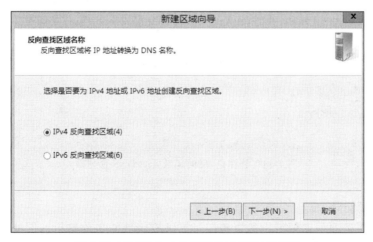

图 7-12　选择"IPv4 反向查找区域"单选按钮

STEP 3　在如图 7-13 所示的对话框中输入网络 ID 或者反向查找区域名称,本例中输入的是网络 ID,区域名称根据网络 ID 自动生成。例如,当输入网络 ID 为 192.168.10. 时,反向查找区域的名称自动变为 10.168.192.in-addr.arpa。

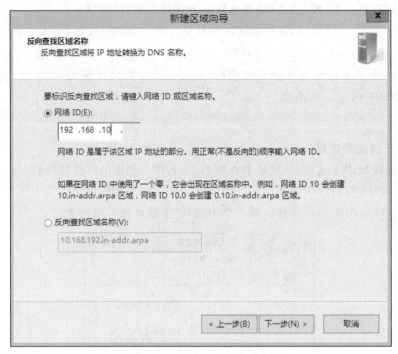

图 7-13 设置"网络 ID"和"反向查找区域名称"

STEP 4 单击"下一步"按钮,选择"只允许安全的动态更新"选项。

STEP 5 单击"下一步"按钮,显示新建区域摘要。单击"完成"按钮,完成区域的创建。图 7-14 所示为创建后的效果。

图 7-14 创建正、反向区域后的 DNS 管理器

3. 创建资源记录

DNS 服务器需要根据区域中的资源记录提供该区域的名称解析。因此,在区域创建完成后,应在区域中创建所需的资源记录。

(1)创建主机记录

创建 Win2012-2 对应的主机记录,其操作步骤如下。

STEP 1 以域管理员账户登录 Win2012-1,打开"DNS 管理器"控制台,在左侧控制台树中选择要创建资源记录的正向主要区域 long.com,然后在右侧控制台窗口空白处右击或右击要创建资源记录的正向主要区域,在弹出的菜单中选择相应功能项即可创建资源记录,如图 7-15 所示。

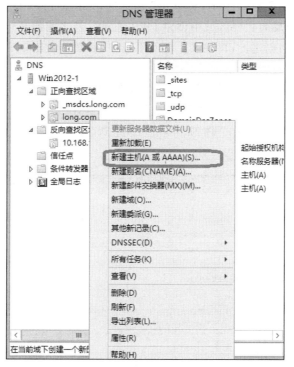

图 7-15　"新建主机"命令

STEP 2　选择"新建主机"命令,打开"新建主机"对话框,通过此对话框可以创建 A 记录,如图 7-16 所示。

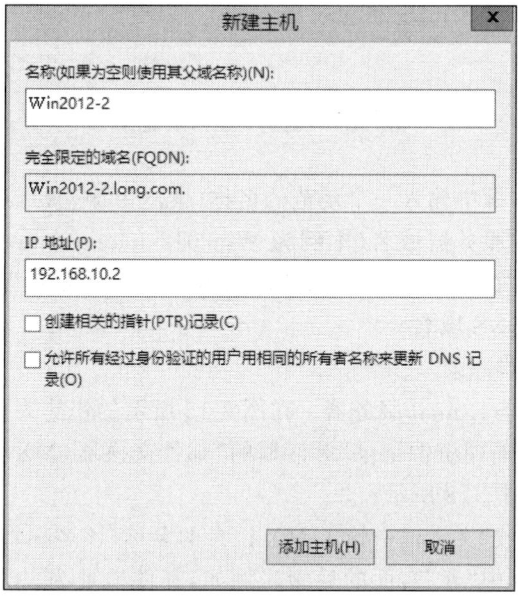

图 7-16　创建 A 记录

- 在"名称"文本框中输入 A 记录的名称,该名称即为主机名,本例为 Win2012-2。
- 在"IP 地址"文本框中输入该主机的 IP 地址,本例为 192.168.10.2。
- 若选中"创建相关的指针(PTR)记录"复选框,则在创建 A 记录的同时,可在已经存在的相对应的反向主要区域中创建 PTR 记录。若之前没有创建对应的反向主要区域,则不能成功创建 PTR 记录。本例不选中,后面单独建立 PTR 记录。

(2) 创建别名记录

Win2012-1 同时还是 Web 服务器,为其设置别名 www,其操作步骤如下。

STEP 1 在图 7-15 所示的窗口中选择"新建别名(CNAME)",打开"新建资源记录"对话框的"别名(CNAME)"选项卡,通过此选项卡可以创建 CNAME 记录,如图 7-17 所示。

图 7-17　创建 CNAME 记录

STEP 2 在"别名"文本框中输入一个规范的名称(本例为 www),单击"浏览"按钮,选中要起别名的目的服务器域名(本例为 Win2012-1.long.com)。或者直接输入目的服务器的名字。在"目标主机的完全合格的域名(FQDN)"文本框中输入需要定义别名的完整 DNS 域名。

(3) 创建邮件交换器记录

Win2012-1 同时还是 E-mail 服务器。在图 7-15 所示的快捷菜单中选择"新建邮件交换器(MX)"命令,将打开"新建资源记录"对话框的"邮件交换器(MX)"选项卡,通过此选项卡可以创建 MX 记录,如图 7-18 所示。

STEP 1 在"主机或子域"文本框中输入 MX 记录的名称,该名称将与所在区域的名称一起构成邮件地址中"@"右面的后缀。例如,邮件地址为 yy@long.com,则应将 MX 记录的名称设置为空(使用其中所属域的名称 long.com);如果邮件地址为 yy@

图 7-18　创建 MX 记录

mail.long.com，则应将输入 mail 为 MX 记录的名称。本例输入 mail。

STEP 2 在"邮件服务器的完全限定的域名（FQDN）"文本框中输入该邮件服务器的名称（此名称必须是已经创建的对应于邮件服务器的 A 记录）。本例为 Win2012-1.long.com。

STEP 3 在"邮件服务器优先级"文本框中设置当前 MX 记录的优先级；如果存在两个或更多的 MX 记录，则在解析时将首选优先级高的 MX 记录。

（4）创建指针记录

STEP 1 以域管理员账户登录 Win2012-1，打开"DNS 管理器"控制台。

STEP 2 在左侧控制台树中选择要创建资源记录的反向主要区域 10.168.192.in-addr.arpa，然后在右侧控制台窗口的空白处右击或右击要创建资源记录的反向主要区域，在弹出的菜单中选择"新建指针（PTR）"命令（见图 7-19），在打开的"新建资源记录"对话框的"指针（PTR）"选项卡中即可创建 PTR 记录（见图 7-20）。同理创建 192.168.10.1 的指针记录。

STEP 3 资源记录创建完成之后，在"DNS 管理器"控制台和区域数据库文件中都可以看到这些资源记录，如图 7-21 所示。

注　意

如果区域是和 Active Directory 域服务集成，那么资源记录将保存到活动目录中；如果不是和 Active Directory 域服务集成，那么资源记录将保存到区域文件中。默认 DNS 服务器的区域文件存储在"C:\windows\system32\dns"下。若不集成活动目录，则本例正向区域文件为 long.com.dns，反向区域文件为 10.168.192.in-addr.arpa.dns。这两个文件可以用记事本打开。

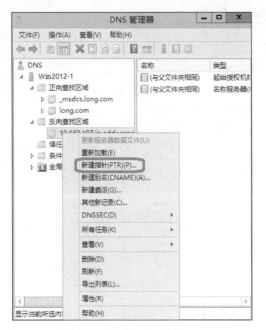

图 7-19　创建 PTR 记录（1）

图 7-20　创建 PTR 记录（2）

图 7-21　通过"DNS 管理器"控制台查看反向区域中的资源记录

7.3.3　配置 DNS 客户端并测试 DNS 服务器

1. 配置 DNS 客户端

可以通过手动方式配置 DNS 客户端，也可以通过 DHCP 自动配置 DNS 客户端（要求 DNS 客户端是 DHCP 客户端）。

STEP 1　以管理员账户登录 DNS 客户端计算机 Win2012-2，打开"Internet 协议版本 4（TCP/IPv4）属性"对话框，在"首选 DNS 服务器"编辑框中设置所部署的主 DNS 服务器 Win2012-1 的 IP 地址为"192.168.10.1"。最后单击"确定"按钮即可。

STEP 2　通过 DHCP 自动配置 DNS 客户端。

2. 测试 DNS 服务器

部署完主 DNS 服务器并启动 DNS 服务后，应该对 DNS 服务器进行测试，最常用的测试工具是 nslookup 和 ping 命令。

nslookup 是用来进行手动 DNS 查询的最常用工具,可以判断 DNS 服务器是否工作正常。如果有故障,可以判断可能的故障原因。它的一般命令用法为

```
nslookup [-option...] [host to find] [sever]
```

这个工具可以用于两种模式:非交互模式和交互模式。

(1) 非交互模式

非交互模式要从命令行输入完整的命令,例如:

```
C:\>nslookup www.long.com
```

(2) 交互模式

输入 nslookup 并按 Enter 键,不需要参数,就可以进入交互模式。在交互模式下,直接输入 FQDN 进行查询。

任何一种模式都可以将参数传递给 nslookup,但在域名服务器出现故障时更多地会使用交互模式。在交互模式下,可以在命令提示符下输入 help 或"?"来获得帮助信息。

下面在客户端 Win2012-2 的交互模式下测试上面部署的 DNS 服务器。

STEP 1　进入 PowerShell 或者在"运行"窗口中输入 CMD 命令,进入 nslookup 测试环境,见图 7-22(a)。

STEP 2　测试主机记录,见图 7-22(b)。

STEP 3　测试正向解析的别名记录,见图 7-22(c)。

STEP 4　测试 MX 记录,见图 7-22(d)。

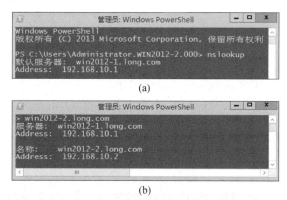

图 7-22　测试 DNS 服务器

(d)

(e)

图 7-22(续)

set type 表示设置查找的类型;set type=mx 表示查找邮件服务器记录;set type=cname 表示查找别名记录;set type=a 表示查找主机记录;set type=ptr 表示查找指针记录;set type=ns 表示查找区域。

STEP 5 测试指针记录,见图 7-22(e)。

STEP 6 查找区域信息,结束并退出 nslookup 环境,见图 7-22(f)。

可以利用"ping 域名或 IP 地址"简单测试 DNS 服务器与客户端的配置,读者不妨试一试。

3. 管理 DNS 客户端缓存

(1) 进入 PowerShell 或者在"运行"窗口中输入 CMD,进入命令提示符。

(2) 查看 DNS 客户端缓存。

```
C:\>ipconfig /displaydns
```

(3) 清空 DNS 客户端缓存。

```
C:\>ipconfig /flushdns
```

7.3.4　部署唯缓存 DNS 服务器

尽管所有的 DNS 服务器都会缓存其已解析的结果,但唯缓存 DNS 服务器是仅执行查询、缓存解析结果的 DNS 服务器,不存储任何区域数据库。唯缓存 DNS 服务器对于任何域来说都不是权威的,并且它所包含的信息限于解析查询时已缓存的内容。

当唯缓存 DNS 服务器初次启动时,并没有缓存任何信息,只有在响应客户端请求时才会缓存。如果 DNS 客户端位于远程网络且该远程网络与主 DNS 服务器(或辅助 DNS 服务器)所在的网络通过慢速广域网链路进行通信,则在远程网络中部署唯缓存 DNS 服务器是一种合理的解决方案。因此,一旦唯缓存 DNS 服务器(或辅助 DNS 服务器)建立了缓存,其与主 DNS 服务器的通信量便会减少。此外,由于唯缓存 DNS 服务器不需要执行区域传输,因此不会出现因区域传输而导致网络通信量的增大。

1. 部署唯缓存 DNS 服务器的需求和环境

本小节的所有实例按图 7-23 所示部署网络环境。在原有网络环境下增加主机名为 Win2012-3 的 DNS 转发器,其 IP 地址为 192.168.10.3,首选 DNS 服务器是 192.168.10.1,该计算机是域 long.com 的成员服务器。

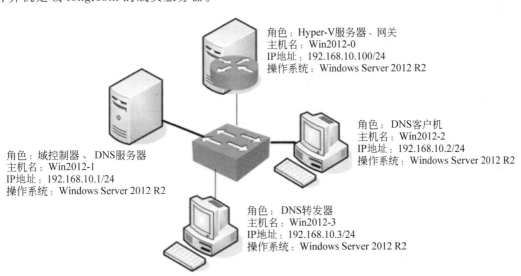

图 7-23　配置 DNS 转发器网络拓扑图

2. 配置 DNS 转发器

(1) 更改客户端 DNS 服务器 IP 地址指向

STEP 1　登录 DNS 客户端计算机 Win2012-2,将其首选 DNS 服务器指向 192.168.10.3,备用 DNS 服务器设置为空。

STEP 2　打开命令提示符,输入 ipconfig /flushdns 命令清空客户端计算机 Win2012-2 上的缓存。输入 ping Win2012-2.long.com 命令,发现不能解析,因为该记录存在于服务器 Win2012-1 上,不存在于服务器 192.168.10.3 上。

(2) 在唯缓存 DNS 服务器上安装 DNS 服务并配置 DNS 转发器

STEP 1　以具有管理员权限的用户账户登录将要部署唯缓存 DNS 服务器的计算机

Win2012-3。

STEP 2 安装 DNS 服务(不配置 DNS 服务器区域)。

STEP 3 打开"DNS 管理器"控制台,在左侧的控制台树中右击 DNS 服务器 Win2012-3,在弹出的菜单中选择"属性"命令。

STEP 4 在打开的 DNS 服务器的属性对话框中单击"转发器"标签,打开"转发器"选项卡,如图 7-24 所示。

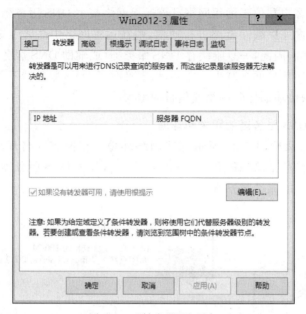

图 7-24 "转发器"选项卡

STEP 5 单击"编辑"按钮,打开"编辑转发器"对话框。在"转发服务器的 IP 地址"选项区域中添加需要转发到 DNS 服务器的地址为"192.168.10.1",该计算机能解析到相应服务器的 FQDN,如图 7-25 所示。最后单击"确定"按钮即可。

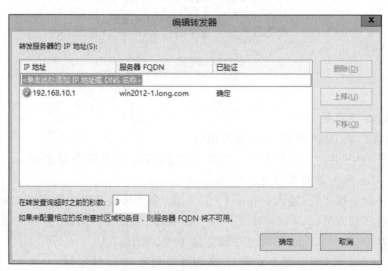

图 7-25 添加解析转达请求的 DNS 服务器的 IP 地址

STEP 6　采用同样的方法,根据需要配置其他区域的转发。

3. 测试唯缓存 DNS 服务器

在 Win2012-2 上打开命令提示符窗口,使用 nslookup 命令测试唯缓存 DNS 服务器,如图 7-26 所示。

图 7-26　在 Win2012-2 上测试唯缓存 DNS 服务器

7.3.5　部署子域和委派

1. 部署子域和委派的需求和环境

下面的所有实例按图 7-23 所示部署网络环境。在原有网络环境下增加主机名为 Win2012-3 的辅助 DNS 服务器,其 IP 地址是 192.168.10.3,首选 DNS 服务器是 192.168.10. 1,该计算机是域 long.com 的成员服务器。

2. 创建子域及其资源记录

当一个区域较大时,为了便于管理,可以把一个区域划分成若干个子域。例如,在 long. com 下可以按照部门划分出 sales、market 等子域。使用这种方式时,实际上是子域和原来的区域都共享原来的 DNS 服务器。

添加一个区域的子域时,在 Win2012-1 的 DNS 控制台中先选中一个区域,例如 long. com,然后右击,从快捷菜单中选择"新建域"命令,在出现的输入子域的窗口中输入 sales 并单击"确定"按钮,然后可以在该子域下创建资源记录。请读者动手试一试。

3. 区域委派

DNS 名称解析是通过分布式结构来管理和实现的,它允许将 DNS 命名空间根据层次结构分割成一个或多个区域,并将这些区域委派给不同的 DNS 服务器进行管理。例如,某区域的 DNS 服务器(以下称为"委派服务器")可以将其子域委派给另一台 DNS 服务器(以下称为"受委派服务器")全权管理,由受委派服务器维护该子域的数据库,并负责响应针对该子域的名称解析请求。而委派服务器则无须进行任何针对该子域的管理工作,也无须保存该子域的数据库,只需保留到达受委派服务器的指向,即当 DNS 客户端请求解析该子域的名称时,委派服务器将无法直接响应该请求,但其明确知道应由哪个 DNS 服务器(即受委派服务器)来响应该请求。

采用区域委派可有效地均衡负载。将子域的管理和解析任务分配到各个受委派服务器,可以大幅度降低父级或顶级域名服务器的负载,提高解析效率。同时,通过这种分布式结构,使得真正提供解析的受委派服务器更接近于客户端,从而减少了带宽资源的浪费。

部署区域委派需要在委派服务器和受委派服务器中都进行必要的配置。

在图 7-23 中,在委派的 DNS 服务器上创建委派区域 Beijing,然后在被委派的 DNS 服务器上创建主区域 Beijing.long.com，并且在该区域中创建资源记录。其具体步骤如下。

（1）配置委派服务器

本任务中委派服务器是 Win2012-1，需要将区域 long.com 中的 Beijing 域委派给 Win2012-3（IP 地址是 192.168.10.3）。

STEP 1 使用具有管理员权限的用户账户登录委派服务器 Win2012-1。

STEP 2 打开"DNS 管理器"控制台，在区域 long.com 下创建 Win2012-3 的主机记录，该主机记录是被委派 DNS 服务器的主机记录。（Win2012-3.long.com 对应 192.168.10.3。）

STEP 3 右击域 long.com，在弹出的菜单中选择"新建域"命令，打开"新建 DNS 域"对话框，新建 Beijing 子域，如图 7-27 所示。

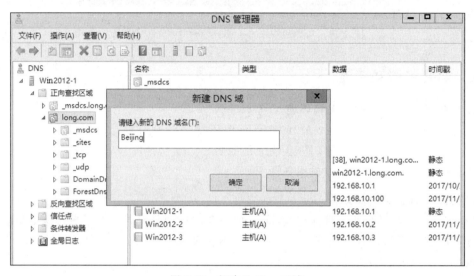

图 7-27　新建 Beijing 子域

STEP 4 右击域 long.com，在弹出的菜单中选择"新建委派"命令，打开"新建委派向导"界面。

STEP 5 单击"下一步"按钮，将打开"受委派域名"对话框，在此对话框中指定要委派给受委派服务器进行管理的域名 Beijing，如图 7-28 所示。

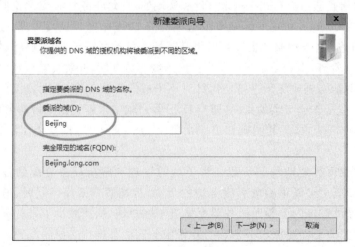

图 7-28　指定受委派域名

STEP 6 单击"下一步"按钮,将打开"名称服务器"对话框,在此对话框中指定受委派的服务器。单击"添加"按钮,将打开"新建名称服务器记录"对话框,在"服务器完全限定的域名(FQDN)"文本框中输入被委派计算机的主机记录的完全合格域名 Win2012-3.long.com,在"IP 地址"文本框中输入被委派 DNS 服务器的 IP 地址 192.168.10.3,然后单击"确定"按钮,如图 7-29 所示。

图 7-29　添加受委派服务器

STEP 7 单击"确定"按钮,将返回"名称服务器"对话框,从中可以看到受委派服务器,如图 7-30 所示。

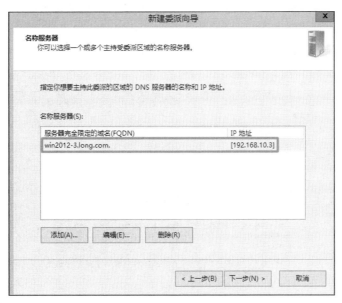

图 7-30　"名称服务器"对话框

STEP 8 单击"下一步"按钮,将打开"完成"对话框。单击"完成"按钮,将返回"DNS 管理器"控制台,从中可以看到已经添加的委派子域 Beijing。委派服务器配置完成,如图 7-31 所示(注意,一定不要在该域上建立 Beijing 子域)。

图 7-31　完成委派设置的界面

注 意　　受委派服务器必须在委派服务器中有一个对应的 A 记录，以便委派服务器指向受委派服务器。该 A 记录可以在新建委派之前创建，否则在新建委派时会自动创建。

（2）配置受委派服务器

STEP 1　使用具有管理员权限的用户账户登录受委派服务器 Win2012-3。

STEP 2　在受委派服务器上安装 DNS 服务。

STEP 3　在受委派服务器 Win2012-3 上创建正、反向主要区域 beijing.long.com（正向主要区域的名称必须与受委派区域的名称相同），如图 7-32 和图 7-33 所示。

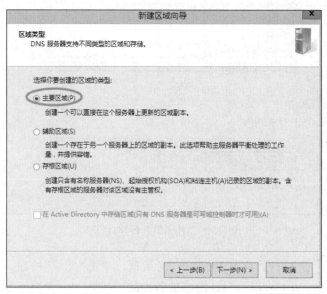

图 7-32　创建正、反向主要区域 beijing.long.com（1）

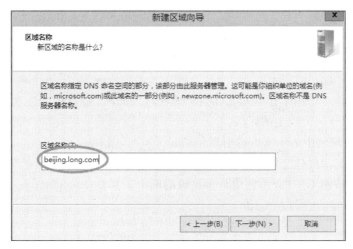

图 7-33　创建正、反向主要区域 beijing.long.com(2)

STEP 4　创建区域完成后,新建资源记录,比如建立主机 test.beijing.long.com,对应 IP 地址是 192.168.10.4,完成后如图 7-34 所示。

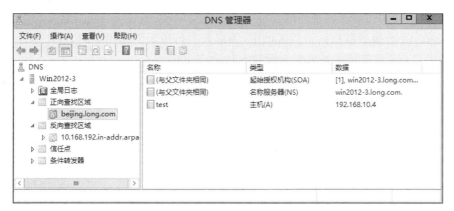

图 7-34　DNS 管理器设置完成后的界面

(3) 测试委派

STEP 1　使用具有管理员权限的用户账户登录客户端 Win2012-2,首选 DNS 服务器设为 192.168.10.1。

STEP 2　使用 nslookup 测试 test.beijing.long.com,如果成功,说明 192.168.10.1 服务器的委派成功,如图 7-35 所示。

图 7-35　测试委派成功

7.4 习题

一、填空题

1. _____是一个用于存储单个 DNS 域名的数据库,是域命名空间树状结构的一部分,它将域名空间分区为较小的区段。

2. DNS 顶级域名中表示官方政府单位的是_____。

3. _____表示邮件交换的资源记录。

4. 可以用来检测 DNS 资源创建是否正确的两个工具是_____、_____。

5. DNS 服务器的查询方式有_____、_____。

二、选择题

1. 某企业的网络工程师安装了一台基本的 DNS 服务器,用来提供域名解析。网络中的其他计算机都作为这台 DNS 服务器的客户机。他在服务器上创建了一个标准主要区域,在一台客户机上使用 nslookup 工具查询一个主机名称,DNS 服务器能够正确地将其 IP 地址解析出来。可是当使用 nslookup 工具查询该 IP 地址时,DNS 服务器却无法将其主机名称解析出来,那么应如何解决这个问题?(　　　)

    A. 在 DNS 服务器反向解析区域中,为这条主机记录创建相应的 PTR 指针记录

    B. 在 DNS 服务器区域属性上设置允许动态更新

    C. 在要查询的这台客户机上运行命令 ipconfig /registerdns

    D. 重新启动 DNS 服务器

2. 在 Windows Server 2012 R2 的 DNS 服务器上不可以新建的区域类型有(　　　)。

    A. 转发区域   B. 辅助区域   C. 存根区域   D. 主要区域

3. DNS 提供了一个(　　　)命名方案。

    A. 分级   B. 分层   C. 多级   D. 多层

4. DNS 顶级域名中表示商业组织的是(　　　)。

    A. COM   B. GOV   C. MIL   D. ORG

5. (　　　)表示别名的资源记录。

    A. MX   B. SOA   C. CNAME   D. PTR

三、简答题

1. DNS 的查询模式有哪几种?

2. DNS 的常见资源记录有哪些?

3. DNS 的管理与配置流程是什么?

4. DNS 服务器属性中的转发器的作用是什么?

5. 什么是 DNS 服务器的动态更新?

四、案例分析

某企业安装了自己的 DNS 服务器,为企业内部客户端计算机提供主机名称解析。然而企业内部的客户除了访问内部的网络资源外,还想访问 Internet 资源。作为企业的网络管理员,应该怎样配置 DNS 服务器?

7.5　实训项目　DNS 服务器的配置与管理

一、实训目的

- 掌握 DNS 的安装与配置。
- 掌握两个以上的 DNS 服务器的建立与管理。
- 掌握 DNS 正向查询和反向查询的功能及配置方法。
- 掌握各种 DNS 服务器的配置方法。
- 掌握 DNS 资源记录的规划和创建方法。

二、项目背景

本实训项目所依据的网络拓扑图分别如图 7-4 和图 7-23 所示。

三、项目要求

(1) 依据图 7-4 完成任务：添加 DNS 服务器,部署主 DNS 服务器,配置 DNS 客户端并测试主 DNS 服务器的配置。

(2) 依据图 7-23 完成任务：部署唯缓存 DNS 服务器,配置转发器,测试唯缓存 DNS 服务器。

四、做一做

根据本节的二维码视频进行项目的实训,检查学习效果。

项目 8
配置与管理 DHCP 服务器

项目背景

  某高校已经组建了学校的校园网,然而随着笔记本电脑的普及,教师移动办公以及学生移动学习的现象越来越多。当计算机从一个网络移动到另一个网络时,需要重新获知新网络的 IP 地址、网关等信息,并对计算机进行设置。这样,客户端就需要知道整个网络的部署情况,需要知道自己处于哪个网段、哪些 IP 地址是空闲的,以及默认网关是多少等信息,不仅用户觉得烦琐,同时也为网络管理员规划网络分配 IP 地址带来了困难。网络中的用户需要无论处于网络中什么位置,都不需要配制 IP 地址、默认网关等信息就能够上网。这就需要在网络中部署 DHCP 服务器。

  在完成该项目之前,首先应当对整个网络进行规划,确定网段的划分以及每个网段可能的主机数量等信息。

项目目标

- 了解 DHCP 服务器在网络中的作用。
- 理解 DHCP 服务器的工作过程。
- 掌握 DHCP 服务器的基本配置。
- 掌握 DHCP 客户端的配置和测试。
- 掌握常用 DHCP 选项的配置。
- 理解在网络中部署 DHCP 服务器的解决方案。
- 掌握常见 DHCP 服务器的维护。

8.1 相关知识

  手动设置每一台计算机的 IP 地址是管理员最不愿意做的一件事,于是出现了自动配置 IP 地址的方法,这就是 DHCP。DHCP(Dynamic Host Configuration Protocol,动态主机配置协议),可以自动为局域网中的每一台计算机分配 IP 地址,并完成每台计算机的 TCP/IP 配置,包括 IP 地址、子网掩码、网关及 DNS 服务器等。DHCP 服务器能够从预先设置的 IP 地址池中自动给主机分配 IP 地址,它不仅能够解决 IP 地址冲突的问题,还能及时回收 IP 地址以提高 IP 地址的利用率。

8.1.1　何时使用 DHCP 服务

网络中每一台主机的 IP 地址与相关配置可以采用以下两种方式获得：手动配置和自动获得（自动向 DHCP 服务器获取）。

在网络主机数目少的情况下，可以手动为网络中的主机分配静态的 IP 地址，但有时工作量很大，这就需要动态 IP 地址方案。在该方案中，每台计算机并不设定固定的 IP 地址，而是在计算机开机时才被分配一个 IP 地址，这台计算机被称为 DHCP 客户端（DHCP Client）。在网络中提供 DHCP 服务的计算机称为 DHCP 服务器。DHCP 服务器利用 DHCP（动态主机配置协议）为网络中的主机分配动态 IP 地址，并提供子网掩码、默认网关、路由器的 IP 地址以及一个 DNS 服务器的 IP 地址等。

动态 IP 地址方案可以减少管理员的工作量。只要 DHCP 服务器正常工作，IP 地址就不会发生冲突。要大批量更改计算机所在子网或其他 IP 参数，只要在 DHCP 服务器上进行即可，管理员不必设置每一台计算机。

需要动态分配 IP 地址的情况包括以下 3 种。

- 网络的规模较大，网络中需要分配 IP 地址的主机很多，特别是要在网络中增加和删除网络主机或者要重新配置网络时，使用手动分配工作量很大，而且常常会因为用户不遵守规则而出现错误，如导致 IP 地址的冲突等。
- 网络中的主机多，而 IP 地址不够用，这时也可以使用 DHCP 服务器来解决这一问题。例如，某个网络上有 200 台计算机，采用静态 IP 地址时，每台计算机都需要预留一个 IP 地址，即共需要 200 个 IP 地址。然而，这 200 台计算机并不同时开机，甚至可能只有 20 台计算机同时开机，这样就浪费了 180 个 IP 地址。这种情况对 ISP（Internet Service Provider，互联网服务供应商）来说是一个十分严重的问题。如果 ISP 有 10 万个用户，是否需要 10 万个 IP 地址？解决这个问题的方法就是使用 DHCP 服务。
- DHCP 服务使得移动客户可以在不同的子网中移动，并在他们连接到网络时自动获得网络中的 IP 地址。随着笔记本电脑的普及，移动办公已成为常态。当计算机从一个网络移动到另一个网络时，每次移动也需要改变 IP 地址，并且移动的计算机在每个网络中都需要占用一个 IP 地址。

利用拨号上网实际上就是从 ISP 那里动态获得了一个共有的 IP 地址。

8.1.2　DHCP 地址分配类型

DHCP 允许 3 种类型的地址分配。

- 自动分配方式：当 DHCP 客户端第一次成功地从 DHCP 服务器端租用到 IP 地址之后，就永远使用这个地址。
- 动态分配方式：当 DHCP 客户端第一次从 DHCP 服务器端租用到 IP 地址之后，并非永久地使用该地址，只要租约到期，客户端就得释放这个 IP 地址，以给其他工作站使用。当然，客户端可以比其他主机更优先地更新租约，或是租用其他 IP 地址。
- 手动分配方式：DHCP 客户端的 IP 地址是由网络管理员指定的，DHCP 服务器只是把指定的 IP 地址告诉客户端。

8.1.3　DHCP 服务的工作过程

1. DHCP 工作站第一次登录网络

当 DHCP 客户机启动登录网络时，通过以下步骤从 DHCP 服务器获得租约。

（1）DHCP 客户机在本地子网中先发送 DHCP Discover 报文。此报文以广播的形式发送，因为客户机现在不知道 DHCP 服务器的 IP 地址。

（2）在 DHCP 服务器收到 DHCP 客户机广播的 DHCP Discover 报文后，它向 DHCP 客户机发送 DHCP Offer 报文，其中包括一个可租用的 IP 地址。

如果没有 DHCP 服务器对客户机的请求做出反应，可能会发生以下两种情况。

（1）如果客户使用的是 Windows 2000 及后续版本的 Windows 操作系统，且自动设置 IP 地址的功能处于激活状态，那么客户端将自动从 Microsoft 保留 IP 地址段中选择一个自动私有地址（Automatic Private IP Address，APIPA）作为自己的 IP 地址。自动私有 IP 地址的范围是 169.254.0.1～169.254.255.254。使用自动私有 IP 地址可以确保在 DHCP 服务器不可用时，DHCP 客户端之间仍然可以利用私有 IP 地址进行通信。所以，即使在网络中没有 DHCP 服务器，计算机之间仍能通过网上邻居发现彼此。

（2）如果使用其他操作系统或自动设置 IP 地址的功能被禁止，则客户机无法获得 IP 地址，初始化失败。但客户机在后台每隔 5 分钟发送 4 次 DHCP Discover 报文，直到它收到 DHCP Offer 报文。

一旦客户机收到 DHCP Offer 报文，它发送 DHCP Request 报文到服务器，表示它将使用服务器所提供的 IP 地址。

DHCP 服务器在收到 DHCP Request 报文后，立即发送 DHCP YACK 确认报文，以确定此租约成立，且此报文还包含其他 DHCP 选项信息。

客户机收到确认信息后，利用其中的信息配置它的 TCP/IP 并加入网络中。上述过程如图 8-1 所示。

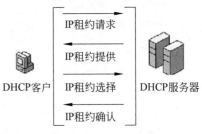

图 8-1　过程解析

2. DHCP 工作站第二次登录网络

DHCP 客户机获得 IP 地址后再次登录网络时，就不需要再发送 DHCP Discover 报文了，而是直接发送包含前一次所分配的 IP 地址的 DHCP Request 报文。DHCP 服务器收到 DHCP Request 报文后，会尝试让客户机继续使用原来的 IP 地址，并回答一个 DHCP YACK（确认信息）报文。

如果 DHCP 服务器无法分配给客户机原来的 IP 地址，则回答一个 DHCP NACK（不确认信息）报文。当客户机接收到 DHCP NACK 报文后，就必须重新发送 DHCP Discover 报文来请求新的 IP 地址。

3. DHCP 租约的更新

DHCP 服务器将 IP 地址分配给 DHCP 客户机后，有租用时间的限制，DHCP 客户机必须在该次租用过期前对它进行更新。客户机在 50% 租借时间过去以后，每隔一段时间就开始请求 DHCP 服务器更新当前租借。如果 DHCP 服务器应答，则租用延期。如果 DHCP

服务器始终没有应答,在有效租借期的 87.5% 时,客户机应该与任何一个其他 DHCP 服务器通信,并请求更新它的配置信息。如果客户机不能和所有的 DHCP 服务器取得联系,租借时间到期后,它必须放弃当前的 IP 地址,并重新发送一个 DHCP Discover 报文开始上述 IP 地址获得过程。

客户端可以主动向服务器发出 DHCP Release 报文,将当前的 IP 地址释放。

8.2　项目设计及分析

部署 DHCP 之前应该先进行规划,明确哪些 IP 地址用于自动分配给客户端(作用域中应包含的 IP 地址),哪些 IP 地址用于手工指定给特定的服务器。例如,在项目中,将 IP 地址 192.168.10.1~200/24 用于自动分配,将 IP 地址 192.168.10.100/24~192.168.10.120/24、192.168.10.10/24 排除,预留给需要手动指定 TCP/IP 参数的服务器,将 192.168.10.200/24 用作保留地址等。

根据图 8-2 所示的环境来部署 DHCP 服务。

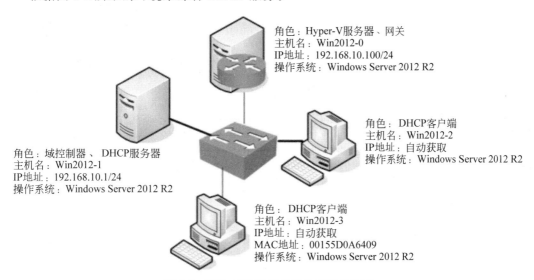

图 8-2　架设 DHCP 服务器的网络拓扑图

注　意　用于手动配置的 IP 地址一定要排除掉地址池之外的地址(见图 8-2 中的 192.168.10.100/24~192.168.10.120/24 和 192.168.10.10/24),否则会造成 IP 地址冲突。请读者思考原因。

8.3　项目实施

8.3.1　安装 DHCP 服务器角色

STEP 1　依次选择"开始"→"管理工具"→"服务器管理器"选项,在"仪表板"中选择"添加角色和功能",持续单击"下一步"按钮,直到出现图 8-3 所示的"选择服务器角色"

对话框时选中"DHCP 服务器"复选框，在打开的对话框中单击"添加功能"按钮。

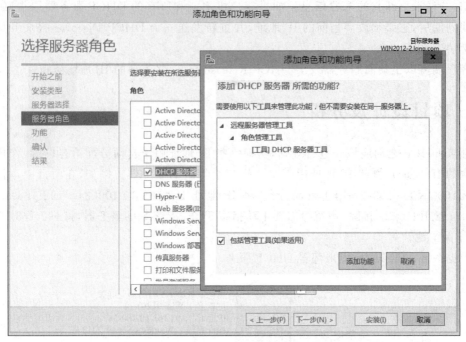

图 8-3　"选择服务器角色"对话框

STEP 2　持续单击"下一步"按钮，最后单击"安装"按钮，开始安装 DHCP 服务器。安装完成后，单击"关闭"按钮，完成 DHCP 服务器角色的安装。

STEP 3　单击"关闭"按钮关闭向导，DHCP 服务器安装完成。依次选择"开始"→"管理工具"→DHCP 选项，打开 DHCP 控制台，如图 8-4 所示，可以在此配置和管理 DHCP 服务器。

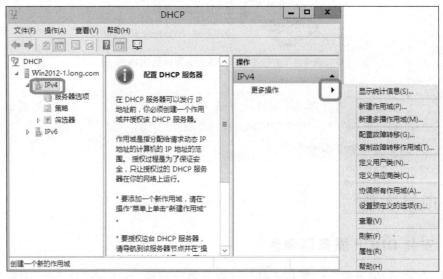

图 8-4　DHCP 控制台

8.3.2　授权 DHCP 服务器

Windows Server 2012 R2 为使用活动目录的网络提供了集成的安全性支持。针对 DHCP 服务器,它提供了授权的功能。通过这一功能可以对网络中配置正确的合法 DHCP 服务器进行授权,允许它们对客户端自动分配 IP 地址。同时,还能够检测未授权的非法 DHCP 服务器,以及防止这些服务器在网络中启动或运行,从而提高了网络的安全性。

1. 对域中的 DHCP 服务器进行授权

如果 DHCP 服务器是域的成员,并且在安装 DHCP 服务器过程中没有选择授权,那么在安装完成后就必须先进行授权,才能为客户端计算机提供 IP 地址,独立服务器不需要授权。其操作步骤如下。

在 DHCP 控制台中右击 DHCP 服务器 Win2012-1.long.com,选择快捷菜单中的"授权"命令,即可为 DHCP 服务器授权。重新打开 DHCP 控制台,如图 8-5 所示,显示 DHCP 服务器已授权:IPv4 前面由红色向下箭头变为了绿色对钩。

图 8-5　DHCP 服务器已授权

2. 为什么要授权 DHCP 服务器

由于 DHCP 服务器为客户端自动分配 IP 地址时均采用广播机制,而且客户端在发送 DHCP Request 消息进行 IP 租用选择时也只是简单地选择第一个收到的 DHCP Offer,这意味着在整个 IP 租用过程中网络中所有的 DHCP 服务器都是平等的。如果网络中的 DHCP 服务器都是正确配置的,则网络将能够正常运行。如果在网络中出现了错误配置的 DHCP 服务器,则可能会引发网络故障。例如,错误配置的 DHCP 服务器可能会为客户端分配不正确的 IP 地址,导致该客户端无法进行正常的网络通信。在图 8-6 所示的网络环境中,配置正确的 DHCP 服务器 dhcp1 可以为客户端提供的是符合网络规划的 IP 地址 192.168.2.10～200/24,而配置错误的非法 DHCP 服务器 bad_dhcp 为客户端提供的却是不符合网络规划的 IP 地址 10.0.0.11～100/24。对于网络中的 DHCP 客户端 client1 来说,由于在自动获得 IP 地址的过程中两台 DHCP 服务器具有平等的被选择权,因此 client1 将有 50% 的可能性获得一个由 bad_dhcp 提供的 IP 地址,这意味着网络出现故障的可能性将高达 50%。

为了解决这一问题,Windows Server 2012 R2 引入了 DHCP 服务器的授权机制。通过授权机制,DHCP 服务器在服务于客户端之前需要验证是否已在 AD 中被授权。如果未经授权,将不能为客户端分配 IP 地址。这样就避免了由于网络中出现错误配置的 DHCP 服务

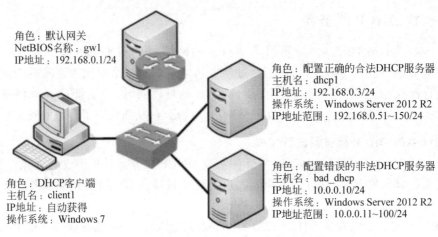

角色：默认网关
NetBIOS 名称：gw1
IP地址：192.168.0.1/24

角色：配置正确的合法DHCP服务器
主机名：dhcp1
IP地址：192.168.0.3/24
操作系统：Windows Server 2012 R2
IP地址范围：192.168.0.51~150/24

角色：DHCP客户端
主机名：client1
IP地址：自动获得
操作系统：Windows 7

角色：配置错误的非法DHCP服务器
主机名：bad_dhcp
IP地址：10.0.0.10/24
操作系统：Windows Server 2012 R2
IP地址范围：10.0.0.11~100/24

图 8-6　网络中出现非法的 DHCP 服务器

器而导致的大多数意外网络故障。

注意

①工作组环境中，DHCP 服务器肯定是独立的服务器，无须授权（也不能授权）即能向客户端提供 IP 地址。②域环境中，域控制器或域成员身份的 DHCP 服务器能够被授权为客户端提供 IP 地址。③域环境中，独立服务器身份的 DHCP 服务器不能被授权。若域中有被授权的 DHCP 服务器，则该服务器不能为客户端提供 IP 地址；若域中没有被授权的 DHCP 服务器，则该服务器可以为客户端提供 IP 地址。

8.3.3　创建 DHCP 作用域

在 Windows Server 2012 R2 中，作用域可以在安装 DHCP 服务器的过程中创建，也可以在安装完成后在 DHCP 控制台中创建。一台 DHCP 服务器可以创建多个不同的作用域。如果在安装时没有建立作用域，也可以单独建立 DHCP 作用域。其具体操作步骤如下。

STEP 1　在 Win2012-1 上打开 DHCP 控制台，展开服务器名，选择 IPv4，右击并选择快捷菜单中的"新建作用域"命令，打开"新建作用域向导"窗口。

STEP 2　单击"下一步"按钮，显示"作用域名"对话框，在"名称"文本框中输入新作用域的名称，用来与其他作用域相区分。

STEP 3　单击"下一步"按钮，显示如图 8-7 所示的"IP 地址范围"对话框。在"起始 IP 地址"和"结束 IP 地址"框中输入欲分配的 IP 地址范围。

STEP 4　单击"下一步"按钮，显示如图 8-8 所示的"添加排除和延迟"对话框，设置客户端的排除地址。在"起始 IP 地址"和"结束 IP 地址"文本框中输入欲排除的 IP 地址或 IP 地址段，单击"添加"按钮，添加到"排除的地址范围"列表框中。

STEP 5　单击"下一步"按钮，显示"租用期限"对话框，设置客户端租用 IP 地址的时间。

STEP 6　单击"下一步"按钮，显示"配置 DHCP 选项"对话框，提示是否配置 DHCP 选项，选择默认的"是，我想现在配置这些选项"单选按钮。

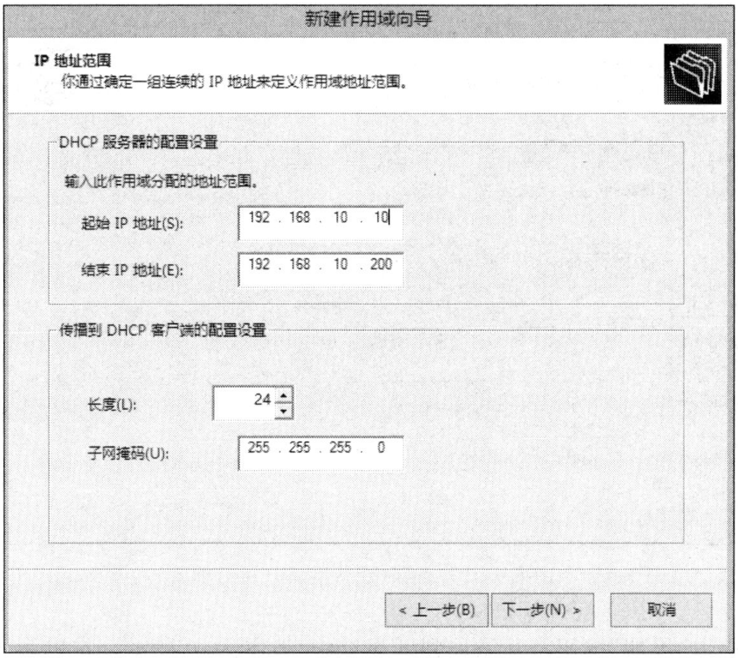

图 8-7　"IP 地址范围"对话框

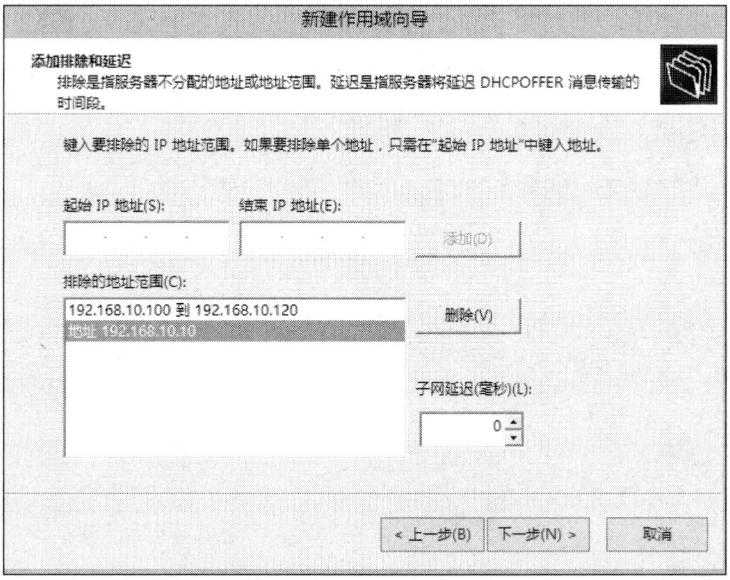

图 8-8　"添加排除和延迟"对话框

STEP 7　单击"下一步"按钮,显示如图 8-9 所示的"路由器(默认网关)"对话框,在"IP 地址"文本框中输入要分配的网关,单击"添加"按钮将其添加到列表框中。本例为 192.168.10.100。

STEP 8　单击"下一步"按钮,显示"域名称和 DNS 服务器"对话框。在"父域"文本框中输入进行 DNS 解析时使用的父域,在"IP 地址"文本框中输入 DNS 服务器的 IP 地

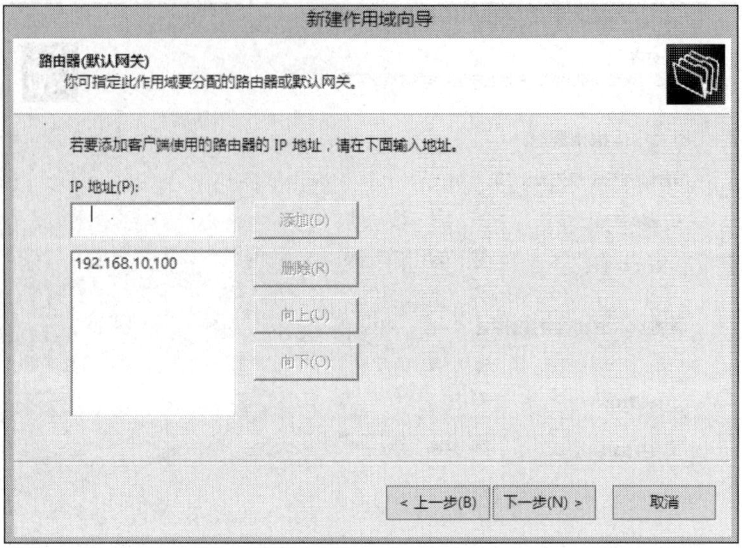

图 8-9 "路由器（默认网关）"对话框

址，单击"添加"按钮将其添加到列表框中，如图 8-10 所示。本例为 192.168.10.1。

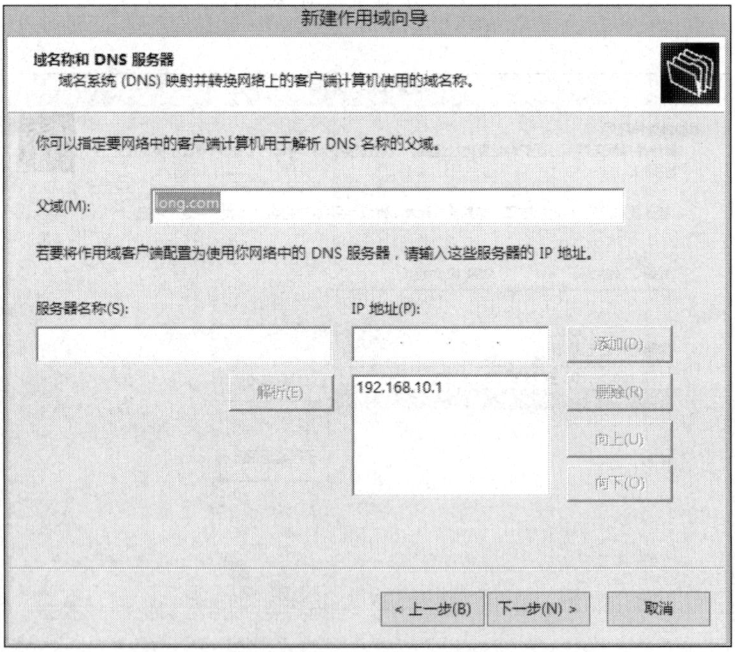

图 8-10 "域名称和 DNS 服务器"对话框

STEP 9 单击"下一步"按钮，显示"WINS 服务器"对话框，设置 WINS 服务器。如果网络中没有配置 WINS 服务器，则不必设置。

STEP 10 单击"下一步"按钮，显示"激活作用域"对话框，询问是否要激活作用域。建议使用默认的"是，我想现在激活此作用域"。

STEP 11 单击"下一步"按钮，显示"正在完成新建作用域向导"对话框。

STEP 12 单击"完成"按钮,作用域创建完成并自动激活。

8.3.4 保留特定的 IP 地址

如果用户想保留特定的 IP 地址给指定的客户机,以便 DHCP 客户机在每次启动时都获得相同的 IP 地址,就需要将该 IP 地址与客户机的 MAC 地址绑定。其设置步骤如下。

STEP 1 打开 DHCP 控制台,在左窗格中选择作用域中的"保留"项。

STEP 2 执行"操作"→"添加"命令,打开"[192.168.10.200]保留 1 属性"对话框,如图 8-11 所示。

图 8-11 "[192.168.10.200]保留 1 属性"对话框

STEP 3 在"IP 地址"文本框中输入要保留的 IP 地址,本例为 192.168.10.200。

STEP 4 在"MAC 地址"文本框中输入 IP 地址要保留的网卡。

STEP 5 在"保留名称"文本框中输入客户名称。注意此名称只是一般的说明文字,并不是用户账号的名称,但此处不能为空白。

STEP 6 如果有需要,可以在"描述"文本框内输入一些描述此客户的说明性文字。

添加完成后,用户可利用作用域中的"地址租约"选项进行查看。大部分情况下,客户机使用的仍然是以前的 IP 地址。也可用以下方法进行更新。

- ipconfig /release:释放现有 IP。
- ipconfig /renew:更新 IP。

STEP 7 在 MAC 地址为 00155D0A6409 的计算机 Win2012-3 上进行测试,结果如图 8-12 所示。

```
选定 管理员: Windows PowerShell
PS C:\Users\Administrator> ipconfig /release

Windows IP 配置

以太网适配器 以太网:

   连接特定的 DNS 后缀 . . . . . . . :
   默认网关. . . . . . . . . . . . :
PS C:\Users\Administrator> ipconfig /renew

Windows IP 配置

以太网适配器 以太网:

   连接特定的 DNS 后缀 . . . . . . . : long.com
   IPv4 地址 . . . . . . . . . . . : 192.168.10.200
   子网掩码 . . . . . . . . . . . : 255.255.255.0
   默认网关. . . . . . . . . . . . : 192.168.10.100

隧道适配器 isatap.long.com:

   媒体状态 . . . . . . . . . . . : 媒体已断开
   连接特定的 DNS 后缀 . . . . . . . : long.com
PS C:\Users\Administrator>
```

图 8-12 保留地址的测试结果

> 如果在设置保留地址时,网络上有多台 DHCP 服务器存在,用户需要在其他服务器中将此保留地址排除,以便客户机可以获得正确的保留地址。

8.3.5 配置 DHCP 服务器

DHCP 服务器除了可以为 DHCP 客户机提供 IP 地址外,还可以设置 DHCP 客户机启动时的工作环境,如可以设置客户机登录的域名称、DNS 服务器、WINS 服务器、路由器、默认网关等。在客户机启动或更新租约时,DHCP 服务器可以自动设置客户机启动后的 TCP/IP 环境。

DHCP 服务器提供了许多选项,如默认网关、域名、DNS、WINS、路由器等。选项包括 4 种类型。

- 默认服务器选项:这些选项的设置影响 DHCP 控制台中该服务器下所有作用域中的客户和类选项。
- 作用域选项:这些选项的设置只影响该作用域下的地址租约。
- 类选项:这些选项的设置只影响被指定使用该 DHCP 类 ID 的客户机。
- 保留客户选项:这些选项的设置只影响指定的保留客户。

如果在服务器选项与作用域选项中设置了不同的选项,则作用域的选项起作用,即在应用时,作用域选项将覆盖服务器选项。同理,类选项会覆盖作用域选项、保留客户选项覆盖以上 3 种选项,它们的优先级为:保留客户选项>类选项>作用域选项>默认服务器选项。

为了进一步了解选项设置,以在作用域中添加 DNS 选项为例,说明 DHCP 的选项设置。

STEP 1 打开 DHCP 控制台,在左窗格中展开服务器,选择"作用域选项",执行"操作"→"配置选项"命令。

STEP 2 打开"作用域选项"对话框,如图 8-13 所示。在"常规"选项卡的"可用选项"列表中选择"006 DNS 服务器"复选框,输入 IP 地址,单击"确定"按钮结束。

图 8-13 设置作用域选项

8.3.6 配置超级作用域

超级作用域是运行 Windows Server 2012 R2 的 DHCP 服务器的一种管理功能。当 DHCP 服务器上有多个作用域时，就可以组成超级作用域作为单个实体来管理。超级作用域常用于多网配置。多网是指在同一物理网段上使用两个或多个 DHCP 服务器以管理分离的逻辑 IP 网络。在多网配置中，可以使用 DHCP 超级作用域来组合多个作用域，为网络中的客户机提供来自多个作用域的租约。其网络拓扑图如图 8-14 所示。

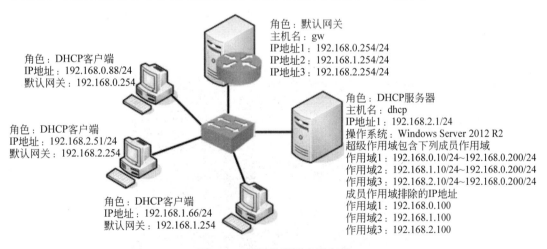

图 8-14 超级作用域应用实例

超级作用域的设置方法如下。

（1）在 DHCP 控制台中右击 DHCP 服务器下的 IPv4，在弹出的快捷菜单中选择"新建超级作用域"命令，打开"新建超级作用域向导"对话框。在"选择作用域"对话框中可选择要加入超级作用域管理的作用域。

（2）超级作用域创建完成以后会显示在 DHCP 控制台中，还可以将其他作用域也添加到该超级作用域中。

超级作用域可以解决多网结构中的某些 DHCP 部署问题。比较典型的情况就是，当前活动作用域的可用地址池几乎已耗尽，而又要向网络添加更多的计算机，这时可使用另一个 IP 网络地址范围以扩展同一物理网段的地址空间。

> 超级作用域只是一个简单的容器，删除超级作用域时并不会删除其中的子作用域。

8.3.7 配置 DHCP 客户端并进行测试

1. 配置 DHCP 客户端

目前常用的操作系统均可作为 DHCP 客户端，下面仅以 Windows 平台为客户端进行配置。在 Windows 平台中配置 DHCP 客户端非常简单。

（1）在客户端 Win2012-2 上打开"Internet 协议版本 4（TCP/IPv4）属性"对话框。

（2）选中"自动获得 IP 地址"和"自动获得 DNS 服务器地址"两项即可。

> 由于 DHCP 客户机是在开机的时候自动获得 IP 地址的，因此并不能保证每次获得的 IP 地址是相同的。

2. 测试 DHCP 客户端

在 DHCP 客户端上打开命令提示符窗口，通过 ipconfig /all 和 ping 命令对 DHCP 客户端进行测试，如图 8-15 所示。

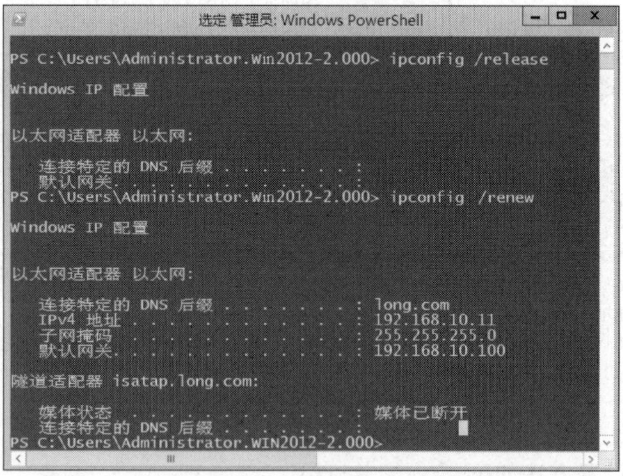

图 8-15　测试 DHCP 客户端

3. 手动释放 DHCP 客户端 IP 地址租约

在 DHCP 客户端上打开命令提示符窗口,使用 ipconfig /release 命令手动释放 DHCP 客户端 IP 地址租约。请读者试着做一下。

4. 手动更新 DHCP 客户端 IP 地址租约

在 DHCP 客户端上打开命令提示符窗口,使用 ipconfig /renew 命令手动更新 DHCP 客户端 IP 地址租约。请读者试着做一下。

5. 在 DHCP 服务器上验证租约

使用具有管理员权限的用户账户登录 DHCP 服务器,打开 DHCP 管理控制台。在左侧的控制台树中双击 DHCP 服务器,在展开的树中双击作用域,然后单击"地址租用"选项,将能够看到从当前 DHCP 服务器的当前作用域中租用 IP 地址的租约,如图 8-16 所示。

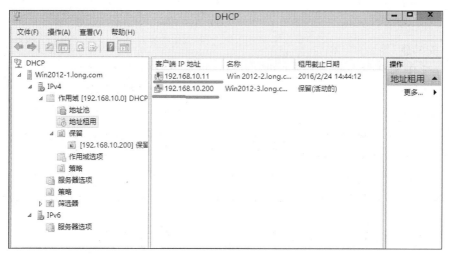

图 8-16　IP 地址租约

8.4　习题

一、填空题

1. DHCP 工作过程包括_____、_____、_____、_____ 4 种报文。

2. 如果 Windows 的 DHCP 客户端无法获得 IP 地址,将自动从 Microsoft 公司保留地址段_____中选择一个作为自己的地址。

3. 在 Windows Server 2012 R2 的 DHCP 服务器中,根据不同的应用范围划分的不同级别的 DHCP 选项包括_____、_____、_____、_____。

4. 在 Windows Server 2012 R2 环境下,使用_____命令可以查看 IP 地址配置,释放 IP 地址使用_____命令,续订 IP 地址使用_____命令。

二、选择题

1. 在一个局域网中利用 DHCP 服务器为网络中的所有主机提供动态 IP 地址分配,DHCP 服务器的 IP 地址为 192.168.2.1/24,在服务器上创建一个作用域 192.168.2.11/24～192.

168.2.200/24 并激活。在 DHCP 服务器选项中设置 003 为 192.168.2.254,在作用域选项中设置 003 为 192.168.2.253,则网络中租用到 IP 地址 192.168.2.20 的 DHCP 客户端所获得的默认网关地址应为(　　)。

    A. 192.168.2.1   B. 192.168.2.254   C. 192.168.2.253   D. 192.168.2.20

2. DHCP 选项的设置中,不可以设置的是(　　)。

    A. DNS 服务器   B. DNS 域名   C. WINS 服务器   D. 计算机名

3. 使用 Windows Server 2012 R2 的 DHCP 服务时,当客户机租约使用时间超过租约的 50% 时,客户机会向服务器发送(　　)数据包,以更新现有的地址租约。

    A. DHCPDiscover   B. DHCPOffer

    C. DHCPRequest   D. DHCPIACk

4. 下列用来显示网络适配器的 DHCP 类别信息的是(　　)。

    A. ipconfig /all   B. ipconfig /release

    C. ipconfig /renew   D. ipconfig /showclassid

三、简答题

1. 动态 IP 地址方案有什么优点和缺点? 简述 DHCP 服务器的工作过程。

2. 如何配置 DHCP 作用域选项? 如何备份与还原 DHCP 数据库?

四、案例分析

1. 某企业用户反映,他的一台计算机从人事部搬到财务部后就不能连接到 Internet 了。这是什么原因? 应该怎么处理?

2. 学校因为计算机数量的增加,需要在 DHCP 服务器上添加一个新的作用域。可用户反映客户端计算机并不能从服务器获得新的作用域中的 IP 地址。可能是什么原因? 如何处理?

8.5　实训项目　DHCP 服务器的配置与管理

一、实训目的

- 掌握 DHCP 服务器的配置方法。
- 掌握 DHCP 的用户类别的配置。
- 掌握测试 DHCP 服务器的方法。

二、项目背景

本实训项目根据图 8-2 所示的环境来部署 DHCP 服务器。

三、项目要求

(1) 将 DHCP 服务器的 IP 地址池设为 192.168.2.10/20～192.168.2.200/24。

(2) 将 IP 地址 192.168.2.104/24 预留给需要手动指定 TCP/IP 参数的服务器。

(3) 将 192.168.2.100 用作保留地址。

(4) 增加一台客户端 Win2012-3,要使 Win2012-2 客户端与 Win2012-3 客户端自动获取的路由器和 DNS 服务器地址不同。

四、做一做

根据本节的二维码视频进行项目的实训,检查学习效果。

项目 9
配置与管理 Web 服务器

项目背景

目前,大部分公司都有自己的网站,用来实现信息发布、资料查询、数据处理、网络办公、远程教育和视频点播等功能,还可以用来实现电子邮件服务。搭建网站要靠 Web 服务来实现,而在中小型网络中使用最多的系统是 Windows Server 系统,因此微软公司的 IIS 系统提供的 Web 服务也成为使用最为广泛的服务。

项目目标

- 学会 IIS 的安装与配置。
- 学会 Web 网站的配置与管理。
- 学会创建 Web 网站和虚拟主机。
- 学会 Web 网站的目录管理。
- 学会实现安全的 Web 网站。

9.1 相关知识

IIS 提供了基本服务,包括发布信息、传输文件、支持用户通信和更新这些服务所依赖的数据存储。

1. 万维网发布服务

通过将客户端 HTTP 请求连接到在 IIS 中运行的网站上,万维网发布服务向 IIS 最终用户提供 Web 发布。WWW 服务管理 IIS 的核心组件,这些组件处理 HTTP 请求并配置和管理 Web 应用程序。

2. 文件传输协议服务

通过文件传输协议(FTP)服务,IIS 提供对管理和处理文件的完全支持。该服务使用传输控制协议(TCP),这就确保了文件传输的完成和数据传输的准确。该版本的 FTP 支持在站点级别上隔离用户,以帮助管理员保护其 Internet 站点的安全并使之商业化。

3. 简单邮件传输协议服务

通过使用简单邮件传输协议(SMTP)服务,IIS 能够发送和接收电子邮件。例如,为确认用户提交表格成功,可以对服务器进行编程以自动发送邮件来响应事件。也可以使用

SMTP 服务以接收来自网站客户反馈的消息。SMTP 不支持完整的电子邮件服务。要提供完整的电子邮件服务,可使用 Microsoft Exchange Server。

4.网络新闻传输协议服务

可以使用网络新闻传输协议(NNTP)服务主控单个计算机上的 NNTP 本地讨论组。因为该功能完全符合 NNTP 协议,所以用户可以使用任何新闻阅读客户端程序加入新闻组进行讨论。

5.管理服务

服务器这项功能管理 IIS 配置数据库,并为 WWW 服务、FTP 服务、SMTP 服务和 NNTP 服务更新 Microsoft Windows 操作系统注册表。配置数据库用来保存 IIS 的各种配置参数。IIS 管理服务对其他应用程序公开配置数据库,这些应用程序包括 IIS 核心组件、在 IIS 上建立的应用程序以及独立于 IIS 的第三方应用程序(如管理或监视工具)。

9.2 项目设计及分析

在架设 Web 服务器之前,读者需要了解本任务实例部署的需求和实验环境。

1.部署需求

在部署 Web 服务前需满足以下要求。

- 设置 Web 服务器的 TCP/IP 属性,手动指定 IP 地址、子网掩码、默认网关和 DNS 服务器 IP 地址等。
- 部署域环境,域名为 long.com。

2.部署环境

本项目所有实例被部署在一个域环境下,域名为 long.com。其中 Web 服务器主机名为 Win2012-1,其本身也是域控制器和 DNS 服务器,IP 地址为 192.168.10.1。Web 客户机主机名为 Win2012-2,其本身是域成员服务器,IP 地址为 192.168.10.2。网络拓扑图如图 9-1 所示。

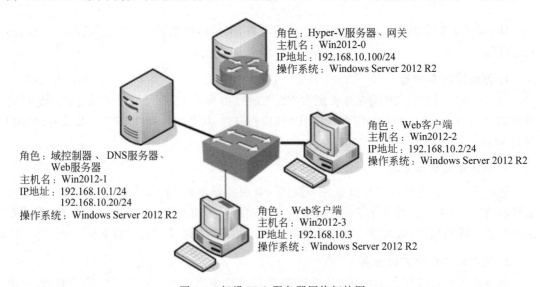

图 9-1 架设 Web 服务器网络拓扑图

9.3　项目实施

9.3.1　安装 Web 服务器(IIS)角色

在计算机 Win2012-1 上通过"服务器管理器"安装 Web 服务器(IIS)角色,具体操作步骤如下。

STEP 1　依次选择"开始"→"管理工具"→"服务器管理器"选项,在"仪表板"中选择"添加角色和功能",持续单击"下一步"按钮,直到出现图 9-2 所示的"选择服务器角色"对话框时选中"Web 服务器"复选框,在打开的对话框中单击"添加功能"按钮。

图 9-2　选择服务器角色

STEP 2　持续单击"下一步"按钮,直到出现如图 9-3 所示的"选择角色服务"对话框。全部选中"安全性"下面的选项,同时选中"FTP 服务器"(界面上未能显示出来)。

提示　如果在前面安装某些角色时安装了部分功能和 Web 角色,界面将稍有不同,这时应注意选中"FTP 服务器"和"安全性"中的"IP 地址和域限制"。

STEP 3　最后单击"安装"按钮,开始安装 Web 服务器。安装完成后,显示"安装结果"窗口,单击"关闭"按钮结束安装。

提示　在此将"FTP 服务器"复选框选中,那么在安装 Web 服务器的同时,也安装了 FTP 服务器。建议"角色服务"列表框中的各选项全部进行安装,特别是身份验证方式。如果安装不全,后面做网站安全时会有部分功能不能使用。

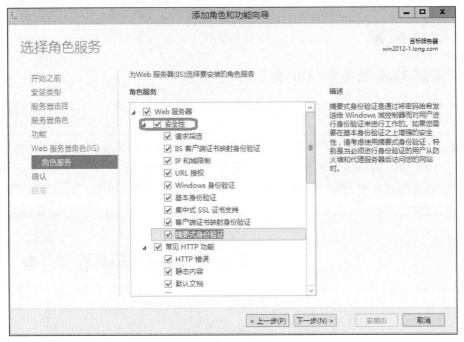

图 9-3　"选择角色服务"对话框

安装完 IIS 以后，还应对该 Web 服务器进行测试，以检测网站是否正确安装并运行。在局域网中的一台计算机（本例为 Win2012-2）上，通过浏览器打开以下 3 种地址格式进行测试。

- DNS 域名地址（延续前面的 DNS 设置）：http://Win2012-1.long.com/。
- IP 地址：http://192.168.10.1/。
- 计算机名：http://Win2012-1/。

如果 IIS 安装成功，则会在 IE 浏览器中显示如图 9-4 所示的网页。如果没有显示出该网页，检查 IIS 是否出现问题或重新启动 IIS 服务，也可以删除 IIS 重新安装。

图 9-4　IIS 安装成功

9.3.2　创建 Web 网站

在 Web 服务器上创建一个新 Web 网站,使用户在客户端计算机上能通过 IP 地址和域名进行访问。

1. 创建使用 IP 地址访问的 Web 网站

创建使用 IP 地址访问的 Web 网站的具体步骤如下。

(1) 停止默认网站(Default Web Site)

以域管理员账户登录 Web 服务器上,依次选择"开始"→"管理工具"→"Internet Information Services(IIS)管理器"选项来打开控制台,在控制台树中依次展开服务器和"网站"节点。右击 Default Web Site,在弹出的菜单中选择"管理网站"→"停止"命令,即可停止正在运行的默认网站,如图 9-5 所示。停止后默认网站的状态显示为"已停止"。

图 9-5　停止默认网站(Default Web Site)

(2) 准备 Web 网站内容

在 C 盘上创建文件夹"C:\web"作为网站的主目录,并在其文件夹内存放网页 index.htm 作为网站的首页,网站首页可以用记事本或 Dreamweaver 软件编写。

(3) 创建 Web 网站

STEP 1　在"Internet 信息服务(IIS)管理器"控制台树中展开服务器节点,右击"网站",在弹出的菜单中选择"添加网站"命令,打开"添加网站"对话框。在该对话框中可以指定网站名称、应用程序池、网站内容目录、传递身份验证、网站类型、IP 地址、端口号、主机名以及是否启动网站。在此设置网站名称为 Test Web,物理路径为"C:\web",类型为 http,IP 地址为 192.168.10.1,默认端口号为 80,如图 9-6 所示。单击"确定"按钮,完成 Web 网站的创建。

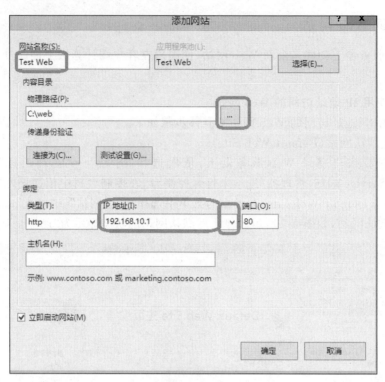

图 9-6　"添加网站"对话框

返回"Internet 信息服务（IIS）管理器"控制台，可以看到刚才所创建的网站已经启动，如图 9-7 所示。

图 9-7　"Internet 信息服务（IIS）管理器"控制台

STEP 3 用户在客户端计算机 Win2012-2 上打开浏览器，输入 http://192.168.10.1，就可

以访问刚才建立的网站了。

提示

在图 9-7 中双击右侧视图中的"默认文档",打开如图 9-8 所示的"默认文档"窗口,可以对默认文档进行添加、删除及更改顺序的操作。

图 9-8　设置默认文档

所谓默认文档,是指在 Web 浏览器中输入 Web 网站的 IP 地址或域名即显示出来的 Web 页面,也就是通常所说的主页(HomePage)。IIS 8.0 默认文档的文件名有 5 种,分别为 Default.htm、Default.asp、index.htm、index.html 和 iisstart.htm。这也是一般网站中最常用的主页名。如果 Web 网站无法找到这 5 个文件中的任何一个,那么将在 Web 浏览器上显示"该页无法显示"的提示。默认文档既可以是一个,也可以是多个。当设置多个默认文档时,IIS 将按照排列的前后顺序依次调用这些文档。当第一个文档存在时,将直接把它显示在用户的浏览器上,而不再调用后面的文档;当第一个文档不存在时,则将第二个文件显示给用户,以此类推。

提示

由于本例首页文件名为 index.htm,所以在客户端直接输入 IP 地址即可浏览网站。如果网站首页的文件名不在列出的 5 个默认文档中,该如何处理? 请读者试着做一下。

2. 创建使用域名访问的 Web 网站

创建使用域名 www.long.com 访问的 Web 网站,具体操作步骤如下。

STEP 1　在 Win2012-1 上打开"DNS 管理器"控制台,依次展开"服务器"和"正向查找区域"节点,单击区域 long.com。

STEP 2　创建别名记录。右击区域 long.com,在弹出的菜单中选择"新建别名"命令,出现"新建资源记录"对话框。在"别名"文本框中输入 www,在"目标主机的完全合格的域名(FQDN)"文本框中输入 Win2012-1.long.com。

STEP 3　单击"确定"按钮,别名创建完毕。

STEP 4　用户在客户端计算机 Win2012-2 上打开浏览器,输入 http://www.long.com,就可以访问刚才建立的网站了。

　　保证客户端计算机 Win2012-2 的 DNS 服务器的地址是 192.168.10.1。

9.3.3　管理 Web 网站的目录

在 Web 网站中,Web 内容文件都会保存在一个或多个目录树下,包括 HTML 内容文件、Web 应用程序和数据库等,甚至有的会保存在多个计算机上的多个目录中。因此,为了使其他目录中的内容和信息也能够通过 Web 网站发布,可通过创建虚拟目录来实现。当然,也可以在物理目录下直接创建目录来管理内容。

1. 虚拟目录与物理目录

在 Internet 上浏览网页时,经常会看到一个网站下面有许多子目录,这就是虚拟目录。虚拟目录只是一个文件夹,并不一定包含于主目录内,但在浏览 Web 站点的用户看来,就像位于主目录中一样。

对于任何一个网站,都需要使用目录来保存文件,即可以将所有的网页及相关文件都存放到网站的主目录之下,也就是在主目录之下建立文件夹,然后将文件放到这些子文件夹内,这些文件夹也称为物理目录。也可以将文件保存到其他物理文件夹内,如本地计算机或其他计算机内,然后通过虚拟目录映射到这个文件夹,每个虚拟目录都有一个别名。虚拟目录的好处是在不需要改变别名的情况下,可以随时改变其对应的文件夹。

在 Web 网站中,默认发布主目录中的内容。但如果要发布其他物理目录中的内容,就需要创建虚拟目录。虚拟目录也就是网站的子目录,每个网站都可能会有多个子目录,不同的子目录内容不同,在磁盘中会用不同的文件夹来存放不同的文件。例如,使用 BBS 文件夹存放论坛程序,用 image 文件夹存放网站图片等。

2. 创建虚拟目录

在 www.long.com 对应的网站上创建一个名为 BBS 的虚拟目录,其路径为本地磁盘中的"C:\MY_BBS"文件夹,该文件夹下有个文档 index.htm。具体创建过程如下。

STEP 1　以域管理员身份登录 Win2012-1。在 IIS 管理器中展开左侧的"网站"目录树,选择要创建虚拟目录的 Web 网站,右击,在弹出的快捷菜单中选择"添加虚拟目录"选项,显示虚拟目录创建向导,利用该向导便可为该虚拟网站创建不同的虚拟目录。

STEP 2　在"添加虚拟目录"对话框的"别名"文本框中设置该虚拟目录的别名,本例为 bbs,用户用该别名来连接虚拟目录。该别名必须唯一,不能与其他网站或虚拟目录重名。在"物理路径"文本框中输入该虚拟目录的文件夹路径,或单击"浏览"按钮进行选择,本例为 C:\MY_BBS,如图 9-9 所示。这里既可以使用本地计算机上的路径,也可以使用网络中的文件夹路径。

图 9-9　"添加虚拟目录"对话框

STEP 3　用户在客户端计算机 Win2012-2 上打开浏览器,输入 http://www.long.com/bbs,就可以访问 C:\MY_BBS 里的默认网站了。

9.3.4　管理 Web 网站的安全

Web 网站安全的重要性是由 Web 应用的广泛性和 Web 在网络信息系统中的重要地位决定的。尤其是当 Web 网站中的信息非常敏感,只允许特殊用户才能浏览时,数据的加密传输和用户的授权就成为网络安全的重要组成部分。

1. Web 网站身份验证简介

身份验证是验证客户端访问 Web 网站身份的行为。一般情况下,客户端必须提供某些证据(一般称为凭据)以证明其身份。

通常,凭据包括用户名和密码。Internet 信息服务(IIS)和 ASP.NET 都提供以下几种身份验证方案。

- 匿名身份验证。允许网络中的任意用户进行访问,不需要使用用户名和密码登录。
- ASP.NET 模拟。如果要在非默认安全上下文中运行 ASP.NET 应用程序,可使用 ASP.NET 模拟身份验证。如果对某个 ASP.NET 应用程序启用了模拟,那么该应用程序可以运行在以下两种不同的上下文中:作为通过 IIS 身份验证的用户或作为用户设置的任意账户。例如,如果要使用的是匿名身份验证,并选择作为已通过身份验证的用户运行 ASP.NET 应用程序,那么该应用程序将在为匿名用户设置的账户(通常为 IUSR)下运行。同样,如果选择在任意账户下运行应用程序,则它将运行在为该账户设置的任意安全上下文中。
- 基本身份验证。需要用户输入用户名和密码,然后以明文方式通过网络将这些信息传送到服务器,经过验证后方可允许用户访问。

- Forms 身份验证。使用客户端重定向来将未经过身份验证的用户重定向至一个 HTML 表单,用户可在该表单中输入凭据,通常是用户名和密码。确认凭据有效后,系统将用户重定向至它们最初请求的页面。
- Windows 身份验证。使用哈希技术标识用户,而不通过网络实际发送密码。
- 摘要式身份验证。与基本身份验证非常类似,所不同的是将密码作为"哈希"值发送。摘要式身份验证仅用于 Windows 域控制器的域。

使用这些方法可以确认任何请求访问网站的用户的身份,以及授予访问站点公共区域的权限,同时又可防止未经授权的用户访问专用文件和目录。

2. 禁止使用匿名账户访问 Web 网站

设置 Web 网站安全,使得所有用户不能匿名访问 Web 网站,而只能以 Windows 身份验证访问。其具体操作步骤如下。

(1)禁用匿名身份验证

STEP 1 以域管理员身份登录 Win2012-1。在 IIS 管理器中展开左侧的"网站"目录树,单击网站 Test Web,在"功能视图"界面中找到"身份验证"并双击打开,可以看到 Test Web 网站默认启用"匿名身份验证",也就是说,任何人都能访问 Test Web 网站,如图 9-10 所示。

图 9-10 "身份验证"窗口

STEP 2 选择"匿名身份验证",然后单击"操作"界面中的"禁用"按钮,即可禁用 Test Web 网站的匿名访问。

(2)启用 Windows 身份验证

在图 9-10 所示的"身份验证"窗口中选择"Windows 身份验证",然后单击"操作"界面中的"启用"按钮,即可启用该身份验证方法。

(3)在客户端计算机 Win2012-2 上测试

用户在客户端计算机 Win2012-2 上打开浏览器,输入 http://www.long.com/来访问网站,弹出如图 9-11 所示的"Windows 安全"对话框,输入能被 Web 网站进行身份验证的用户账户和密码,在此输入 yangyun 账户和密码进行访问,然后单击"确定"按钮即可访问 Web 网站。(打开 Web 网站的目录属性,单击"安全"选项卡,设置特定用户,比如 yangyun 有读取、列文件目录和运行权限。)

提示　本例中的用户 yangyun 应该设置适当的 NTFS 权限。为方便后面的网站设置工作,将网站访问改为匿名后继续进行。

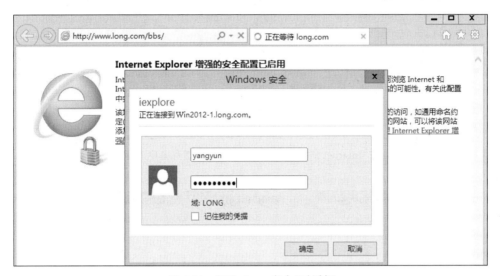

图 9-11　"Windows 安全"对话框

3. 限制访问 Web 网站的客户端数量

设置"限制连接数"限制访问 Web 网站的用户数量为 1,具体操作步骤如下。

(1) 设置 Web 网站限制连接数

STEP 1　以域管理员账户登录 Web 服务器,打开"Internet 信息服务(IIS)管理器"控制台,依次展开服务器和"网站"节点,单击网站 Test Web,然后在"操作"界面中单击"配置"区域中的"限制"链接,如图 9-12 所示。

STEP 2　在打开的"编辑网站限制"对话框中选择"限制连接数"复选框,并设置要限制的连接数为 1,最后单击"确定"按钮,即可完成限制连接数的设置,如图 9-13 所示。

(2) 在 Web 客户端计算机上测试限制连接数

STEP 1　在客户端计算机 Win2012-2 上打开浏览器,输入 http://www.long.com/来访问网站,访问正常。

STEP 2　打开虚拟机 Win2012-3,该计算机 IP 地址为 192.168.10.3/24,DNS 服务器为 192.168.10.1。

STEP 3　在客户端计算机 Win2012-3 上打开浏览器,输入 http://www.long.com/来访问网站,显示图 9-14 所示的页面,表示超过网站限制连接数。(关闭 Win2012-2 上的浏览器后,刷新该网站又会怎样? 读者不妨试一试。)

图 9-12　在"Internet 信息服务(IIS)管理器"控制台中单击"限制"链接

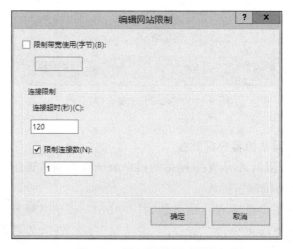

图 9-13　设置"限制连接数"

4. 使用"限制带宽使用"限制客户端访问 Web 网站

STEP 1　参照前面的内容,在图 9-13 所示的对话框中选择"限制带宽使用(字节)"复选框,
并设置要限制的带宽数为 1024。最后,单击"确定"按钮即可完成限制带宽使用的
设置。

STEP 2　在 Win2012-2 上打开 IE 浏览器,输入 http://www.long.com,发现网速非常慢,
这是因为设置了带宽限制的原因。

5. 使用"IPv4 地址限制"限制客户端计算机访问 Web 网站

使用用户验证的方式,每次访问该 Web 站点都需要输入用户名和密码,对于授权用户
而言比较麻烦。由于 IIS 会检查每个来访者的 IP 地址,因此可以通过限制 IP 地址的访问,

图 9-14　访问 Web 网站时超过连接数

防止或允许某些特定的计算机、计算机组、域甚至整个网络访问 Web 站点。

使用"IPv4 地址限制"限制 IP 地址范围为 192.168.10.0/24 的客户端计算机访问 Web 网站,具体操作步骤如下。

STEP 1　以域管理员账户登录到 Web 服务器 Win2012-1 上,打开"Internet 信息服务(IIS)管理器"控制台,依次展开"服务器"和"网站"节点,然后在"Web 主页"界面中找到"IP 地址和域限制",如图 9-15 所示。

图 9-15　"IP 地址和域限制"选项

STEP 2　双击"IP 地址和域限制",打开"IP 地址和域限制"设置界面,单击"操作"窗格中的"添加拒绝条目"选项,如图 9-16 所示。

STEP 3　在打开的"添加拒绝限制规则"对话框中单击"特定 IP 地址"单选按钮,并设置要拒绝的 IP 地址范围为 192.168.10.0/24,如图 9-17 所示。最后单击"确定"按钮,完成 IP 地址的限制。

STEP 4　在 Win2012-2 和 Win2012-3 上打开 IE 浏览器,输入 http://www.long.com,这时客户机不能访问,显示错误号为"403-禁止访问:访问被拒绝",说明客户端计算机

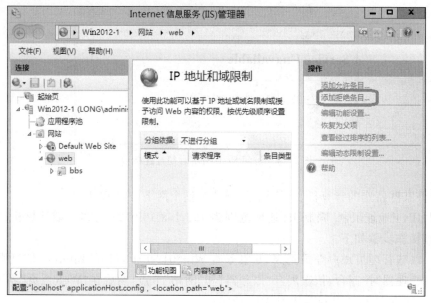

图 9-16　"IP 地址和域限制"设置界面

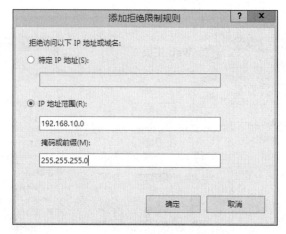

图 9-17　添加拒绝限制规则

的 IP 地址在被拒绝访问 Web 网站的范围内,如图 9-18 所示。

图 9-18　访问被拒绝

9.3.5　架设多个 Web 网站

Web 服务的实现采用客户/服务器模型,信息提供者称为服务器,信息的需要者或获取者称为客户。作为服务器的计算机中安装有 Web 服务器端程序(如 Netscape iPlanet Web Server、Microsoft Internet Information Server 等),并且保存有大量的公用信息,随时等待用户的访问。作为客户的计算机中则安装了 Web 客户端程序,即 Web 浏览器,可通过局域网络或 Internet 从 Web 服务器中浏览或获取信息。

使用 IIS 8.0 可以很方便地架设 Web 网站。虽然在安装 IIS 时系统已经建立了一个现成的默认 Web 网站,直接将网站内容放到其主目录或虚拟目录中即可直接浏览,但最好还是要重新设置,以保证网站的安全。如果需要,还可在一台服务器上建立多个虚拟主机,以实现多个 Web 网站。这样可以节约硬件资源,节省空间,降低能源成本。

使用 IIS 8.0 的虚拟主机技术,通过分配 TCP 端口、IP 地址和主机头名可以在一台服务器上建立多个虚拟 Web 网站。每个网站都具有唯一的由端口号、IP 地址和主机头名三部分组成的网站标识,用来接收来自客户端的请求。不同的 Web 网站可以提供不同的 Web 服务,而且每一个虚拟主机和一台独立的主机完全一样。这种方式适用于企业或组织需要创建多个网站的情况,可以节省成本。

不过,这种虚拟技术将一个物理主机分割成多个逻辑上的虚拟主机使用,虽然能够节省经费,对于访问量较小的网站来说比较经济实惠,但由于这些虚拟主机共享这台服务器的硬件资源和带宽,在访问量较大时就容易出现资源不够用的情况。

架设多个 Web 网站可以通过以下 3 种方式。

- 使用不同 IP 地址架设多个 Web 网站。
- 使用不同端口号架设多个 Web 网站。
- 使用不同主机头架设多个 Web 网站。

在创建一个 Web 网站时,要根据企业本身现有的条件,如投资的多少、IP 地址的多少、网站性能的要求等,选择不同的虚拟主机技术。

1. 使用不同端口号架设多个 Web 网站

如今 IP 地址资源越来越紧张,有时需要在 Web 服务器上架设多个网站,但计算机却只有一个 IP 地址,这时该怎么办呢? 此时,利用这一个 IP 地址,使用不同的端口号也可以达到架设多个网站的目的。

其实,用户访问所有的网站都需要使用相应的 TCP 端口。不过,Web 服务器默认的 TCP 端口为 80,在用户访问时不需要输入。但如果网站的 TCP 端口不为 80,在输入网址时就必须添加端口号,而且用户在上网时也会经常遇到必须使用端口号才能访问网站的情况。利用 Web 服务的这个特点可以架设多个网站,每个网站均使用不同的端口号。这种方式创建的网站,其域名或 IP 地址部分完全相同,仅端口号不同。只是用户在使用网址访问时必须添加相应的端口号。

在同一台 Web 服务器上使用同一个 IP 地址、两个不同的端口号(80、8080)创建两个网站,具体操作步骤如下。

(1) 新建第 2 个 Web 网站

STEP 1　以域管理员账户登录到 Web 服务器 Win2012-1 上。

STEP 2 在"Internet 信息服务（IIS）管理器"控制台中创建第 2 个 Web 网站，网站名称为 web2，内容目录物理路径为 C:\web2，IP 地址为 192.168.10.1，端口号是 8080，如图 9-19 所示。

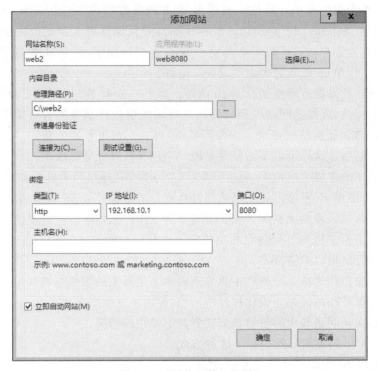

图 9-19 "添加网站"对话框

（2）在客户端上访问两个网站

在 Win2012-2 上打开 IE 浏览器，分别输入 http://192.168.10.1 和 http://192.168.10.1:8080，这时会发现打开了两个不同的网站。

如果在访问 web2 网站时出现不能访问的情况，请检查防火墙，最好将全部防火墙（包括域的防火墙）关闭。后面类似问题不再说明。

2. 使用不同的主机头名架设多个 Web 网站

使用 www.long.com 访问第 1 个 Web 网站，使用 www1.long.com 访问第 2 个 Web 网站，具体操作步骤如下。

（1）在区域 long.com 上创建别名记录

STEP 1 以域管理员账户登录到 Web 服务器 Win2012-1 上。

STEP 2 打开"DNS 管理器"控制台，依次展开"服务器"和"正向查找区域"节点，单击区域 long.com。

STEP 3 创建别名记录。右击区域 long.com，在弹出的菜单中选择"新建别名"命令，出现 "新建资源记录"对话框。在"别名"文本框中输入 www1，在"目标主机的完全合格的域名（FQDN）"文本框中输入 Win2012-1.long.com。

STEP 4　单击"确定"按钮,别名创建完毕,如图 9-20 所示。

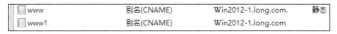

| www | 别名(CNAME) | Win2012-1.long.com. | 静态 |
| www1 | 别名(CNAME) | Win2012-1.long.com | |

图 9-20　DNS 配置结果

（2）设置 Web 网站的主机名

STEP 1　以域管理员账户登录 Web 服务器,打开第 1 个 Web 网站的"编辑网站绑定"对话框,选中 192.168.10.1 地址行,单击"编辑"按钮,在"主机名"文本框中输入 www.long.com,端口为 80,IP 地址为 192.168.10.1,如图 9-21 所示。最后单击"确定"按钮即可。

图 9-21　设置第 1 个 Web 网站的主机名

STEP 2　打开第 2 个 Web 网站的"编辑网站绑定"对话框,选中 192.168.10.1 地址行,单击"编辑"按钮,在"主机名"文本框中输入 www1.long.com,端口改为 80,IP 地址为 192.168.10.1,如图 9-22 所示。最后单击"确定"按钮即可。

图 9-22　设置第 2 个 Web 网站的主机名

（3）在客户端上访问两个网站

在 Win2012-2 上,保证 DNS 首要地址是 192.168.10.1。打开 IE 浏览器,分别输入 http://www.long.com 和 http://www1. long.com,这时会发现打开了两个不同的网站。

3. 使用不同的 IP 地址架设多个 Web 网站

如果要在一台 Web 服务器上创建多个网站,为了使每个网站域名都能对应于独立的 IP 地址,一般都使用多个 IP 地址来实现。这种方案称为 IP 虚拟主机技术,也是比较传统的解决方案。当然，为了使用户在浏览器中可以使用不同的域名来访问不同的 Web 网站，必须将主机名及其对应的 IP 地址添加到域名解析系统（DNS）中。如果使用此方法在 Internet 上维护多个网站，也需要通过 InterNIC 注册域名。

要使用多个 IP 地址架设多个网站，首先需要在一台服务器上绑定多个 IP 地址。而 Windows 2008 及 Windows Server 2012 R2 系统均支持一台服务器上安装多块网卡，一块网卡可以绑定多个 IP 地址。再将这些 IP 地址分配给不同的虚拟网站，就可以达到一台服务器利用多个 IP 地址来架设多个 Web 网站的目的。例如，要在一台服务器上创建两个网站 Linux.long.com 和 Windows.long.com，所对应的 IP 地址分别为 192.168.10.1 和 192.168.10.20，需要在服务器网卡中添加这两个地址。其具体操作步骤如下。

（1）在 Win2012-1 上再添加第 2 个 IP 地址

STEP 1 以域管理员账户登录 Web 服务器，右击桌面右下角任务托盘区域的网络连接图标，选择快捷菜单中的"打开网络和共享中心"命令，打开"网络和共享中心"窗口。

STEP 2 单击"本地连接"，打开"本地连接状态"对话框。

STEP 3 单击"属性"按钮，显示"本地连接属性"对话框。Windows Server 2012 R2 中包含 IPv6 和 IPv4 两个版本的 Internet 协议，并且默认都已启用。

STEP 4 在"此连接使用下列项目"选项框中选择"Internet 协议版本 4（TCP/IP）"，单击"属性"按钮，显示"Internet 协议版本 4（TCP/IPv4）属性"对话框。单击"高级"按钮，打开"高级 TCP/IP 设置"对话框。

STEP 5 单击"添加"按钮，出现 TCP/IP 对话框，在该对话框中输入 IP 地址 192.168.10.20，子网掩码为 255.255.255.0。单击"确定"按钮，完成设置，如图 9-23 所示。

图 9-23 "高级 TCP/IP 设置"对话框

（2）更改第 2 个网站的 IP 地址和端口号

以域管理员账户登录 Web 服务器,打开第 2 个 Web 网站的"编辑网站绑定"对话框,选中 192.168.10.1 地址行,单击"编辑"按钮,在"主机名"文本框中不输入内容(清空原有内容),端口为 80,IP 地址为 192.168.10.20,如图 9-24 所示。最后单击"确定"按钮即可。

图 9-24　"编辑网站绑定"对话框

（3）在客户端上进行测试

在 Win2012-2 上打开 IE 浏览器,分别输入 http://192.168.10.1 和 http://192.168.10.20,这时会发现打开了两个不同的网站。

9.4　习题

一、填空题

1. 微软 Windows Server 2012 R2 系列的 IIS(Internet Information Server,Internet 信息服务)在_____、_____或_____上提供了集成、可靠、可伸缩、安全和可管理的 Web 服务器功能,为动态网络应用程序创建了强大的通信平台的工具。

2. Web 中的目录分为两种类型:_____和_____。

二、简答题

1. 简述架设多个 Web 网站的方法。

2. IIS 8.0 提供的服务有哪些?

3. 什么是虚拟主机?

9.5　实训项目　Web 服务器的配置与管理

一、实训目的

掌握 Web 服务器的配置方法。

二、项目背景

本实训项目根据图 9-1 所示的环境来部署 Web 服务器。

三、项目要求

根据网络拓扑图(见图 9-1)完成以下任务。

（1）安装 Web 服务器。

（2）创建 Web 网站。

（3）管理 Web 网站目录。

（4）管理 Web 网站的安全。

（5）管理 Web 网站的日志。

（6）架设多个 Web 网站。

四、做一做

根据本节的二维码视频进行项目的实训，检查学习效果。

项目 10
配置与管理 FTP 服务器

项目背景

FTP(File Transfer Protocol)是一个用来在两台计算机之间传输文件的通信协议,这两台计算机中,一台是 FTP 服务器,一台是 FTP 客户端。FTP 客户端可以从 FTP 服务器下载文件,也可以将文件上传到 FTP 服务器。

项目目标

- FTP 概述。
- 安装 FTP 服务器。
- 创建虚拟目录。
- 创建虚拟机。
- 配置与使用客户端。
- 配置域环境下隔离 FTP 服务器。

10.1 相关知识

以 HTTP 为基础的 WWW 服务功能虽然强大,但对于文件传输来说却略显不足。一种专门用于文件传输的服务——FTP 服务应运而生。

FTP 服务指的是文件传输服务。FTP 的全称是 File Transfer Protocol,顾名思义,就是文件传输协议,具有更强的文件传输可靠性和更高的效率。

10.1.1 FTP 工作原理

FTP 大大简化了文件传输的复杂性,它能够使文件通过网络从一台主机传送到另一台计算机上却不受计算机和操作系统类型的限制。无论是 PC、服务器、大型机,还是 iOS、Linux、Windows 操作系统,只要双方都支持协议 FTP,就可以方便、可靠地进行文件的传送。

FTP 服务的具体工作过程如下,如图 10-1 所示。

(1) 客户端向服务器发出连接请求,同时客户端系统动态地打开一个大于 1024 的端口等候服务器连接(比如 1031 端口)。

(2) 若 FTP 服务器在端口 21 侦听到该请求,则会在客户端 1031 端口和服务器的 21 端

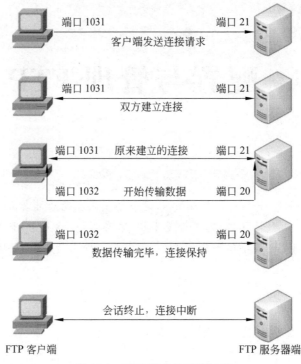

图 10-1　FTP 服务的工作过程

口之间建立起一个 FTP 会话连接。

(3) 当需要传输数据时,FTP 客户端再动态地打开一个大于 1024 的端口(比如 1032 端口)连接到服务器的 20 端口,并在这两个端口之间进行数据的传输。当数据传输完毕后,这两个端口会自动关闭。

(4) 当 FTP 客户端断开与 FTP 服务器的连接时,客户端上动态分配的端口将自动释放。

10.1.2　匿名用户

FTP 服务不同于 WWW,它首先要求登录到服务器上,然后再进行文件的传输,这对于很多公开提供软件下载的服务器来说十分不便,于是匿名用户访问就诞生了。通过使用一个共同的用户名 anonymous,密码不限的管理策略(一般使用用户的邮箱作为密码即可),让任何用户都可以很方便地从这些服务器上传或下载软件。

10.1.3　FTP 服务的传输模式

FTP 服务有两种工作模式:主动传输模式(Active FTP)和被动传输模式(Passive FTP)。

1. 主动传输模式

在主动传输模式下,FTP 客户端随机开启一个大于 1024 的端口 N(比如 1031)向服务器的 21 号端口发起连接,然后开放 $N+1$ 号端口(1032)进行监听,并向服务器发出 PORT

1032 命令。服务器接收到命令后,会用其本地的 FTP 数据端口(通常是 20)来连接客户端指定的端口 1032,进行数据传输,如图 10-2 所示。

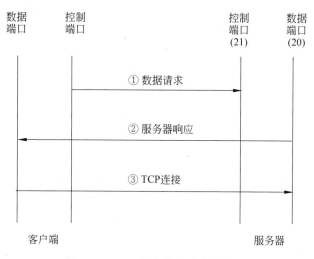

图 10-2　FTP 服务器主动传输模式

2. 被动传输模式

在被动传输模式下,FTP 客户端随机开启一个大于 1024 的端口 N(比如 1031)向服务器的 21 号端口发起连接,同时会开启 $N+1$ 号端口(1032),然后向服务器发送 PASV 命令,通知服务器自己处于被动模式。服务器收到命令后,会开放一个大于 1024 的端口 P(1521)进行监听,然后用 PORT P 命令通知客户端,自己的数据端口是 1521。客户端收到命令后,会通过 1032 号端口连接服务器的端口 1521,然后在两个端口之间进行数据传输,如图 10-3 所示。

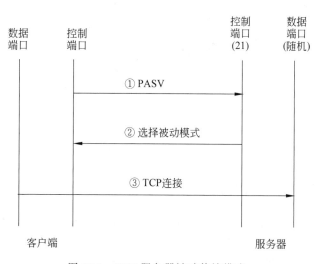

图 10-3　FTP 服务器被动传输模式

总之,主动传输模式的 FTP 是指服务器主动连接客户端的数据端口,被动传输模式的 FTP 是指服务器被动地等待客户端连接自己的数据端口。

被动传输模式的 FTP 通常用在处于防火墙之后的 FTP 客户访问外界 FTP 服务器的情况,因为在这种情况下,防火墙通常配置为不允许外界访问防火墙之后的主机,而只允许由防火墙之后的主机发起的连接请求通过。因此,在这种情况下不能使用主动传输模式的 FTP 传输,而使用被动传输模式的 FTP 可以很好地工作。

10.2 项目设计及分析

在架设 Web 服务器之前,读者需要了解本任务实例部署的需求和实验环境。

1. 部署需求

在部署 FTP 服务前需满足以下要求。
- 设置 FTP 服务器的 TCP/IP 属性,手工指定 IP 地址、子网掩码、默认网关和 DNS 服务器 IP 地址等。
- 部署域环境,域名为 long.com。

2. 部署环境

本项目所有实例被部署在一个域环境下,域名为 long.com。其中 FTP 服务器主机名为 Win2012-1,其本身也是域控制器和 DNS 服务器,IP 地址为 192.168.10.1。FTP 客户机主机名为 Win2012-2,其本身是域成员服务器,IP 地址为 192.168.10.2。网络拓扑图如图 10-4 所示。

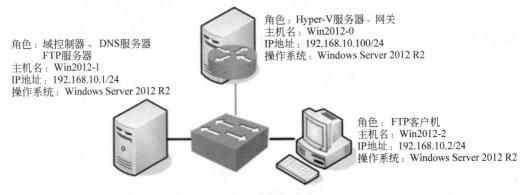

图 10-4 架设 FTP 服务器网络拓扑图

10.3 项目实施

10.3.1 安装 FTP 发布服务角色服务

在计算机 Win2012-1 上通过"服务器管理器"安装 Web 服务器(IIS)角色,具体步骤如下。(如果已经安装了 FTP 服务器,则略过此小节内容。)

STEP 1 单击"服务器管理器"窗口中的"仪表板",单击"添加角色"链接,启动"添加角色向导"。

STEP 2 单击"下一步"按钮,显示"选择服务角色"对话框,其中显示了当前系统所有可以安装的网络服务。在"角色"列表框中选中"Web 服务器(IIS)"复选项。

单击"下一步"按钮,直到显示"选择角色服务"对话框,选中"FTP 服务器"复选框即可,而"FTP 服务器"包含"FTP 服务"和"FTP 扩展"两个选项,如图 10-5 所示。后面的安装过程此处不再赘述。

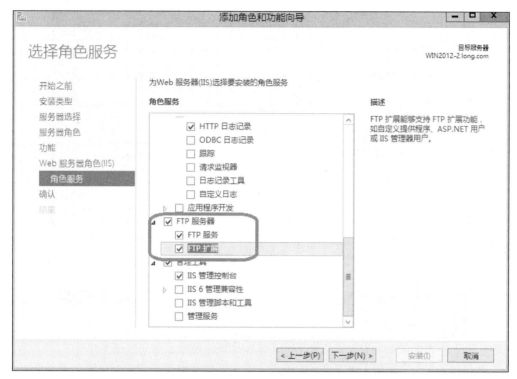

图 10-5 "选择角色服务"对话框

10.3.2 创建和访问 FTP 站点

在 FTP 服务器上创建一个新网站 ftp,使用户在客户端计算机上能通过 IP 地址和域名进行访问。

1. 创建使用 IP 地址访问的 FTP 站点

创建使用 IP 地址访问的 FTP 站点的具体步骤如下。

(1) 准备 FTP 主目录

在 C 盘上创建文件夹 C:\ftp 作为 FTP 主目录,并在其文件夹同时存放一个文件 file1.txt,供用户在客户端计算机上下载和上传测试。

(2) 创建 FTP 站点

STEP 1 在"Internet 信息服务(IIS)管理器"控制台中右击服务器 Win2012-1,在弹出的菜单中选择"添加 FTP 站点"命令,如图 10-6 所示,打开"添加 FTP 站点"对话框。

STEP 2 在"FTP 站点名称"文本框中输入 ftp test,物理路径为 C:\ftp,如图 10-7 所示。

STEP 3 单击"下一步"按钮,打开如图 10-8 所示的"绑定和 SSL 设置"对话框,在"IP 地址"文本框中输入 192.168.10.1,端口为 21,在 SSL 选项下面选中"无"单选按钮。

图 10-6 "添加 FTP 站点"命令

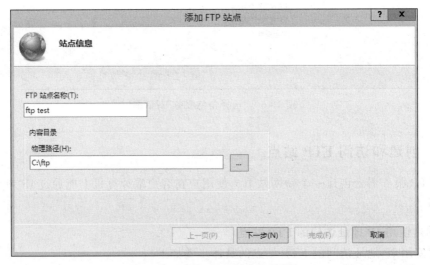

图 10-7 "添加 FTP 站点"对话框

STEP 4 单击"下一步"按钮,打开如图 10-9 所示的"身份验证和授权信息"对话框。输入相应信息。本例允许匿名访问,也允许特定用户访问。

访问 FTP 服务器主目录的最终权限由此处的权限与用户对 FTP 主目录的 NTFS 权限共同作用,哪一个严格则选取哪一个。

(3)测试 FTP 站点

用户在客户端计算机 Win2012-2 上打开浏览器或资源管理器,输入 ftp://192.168.10.1 就

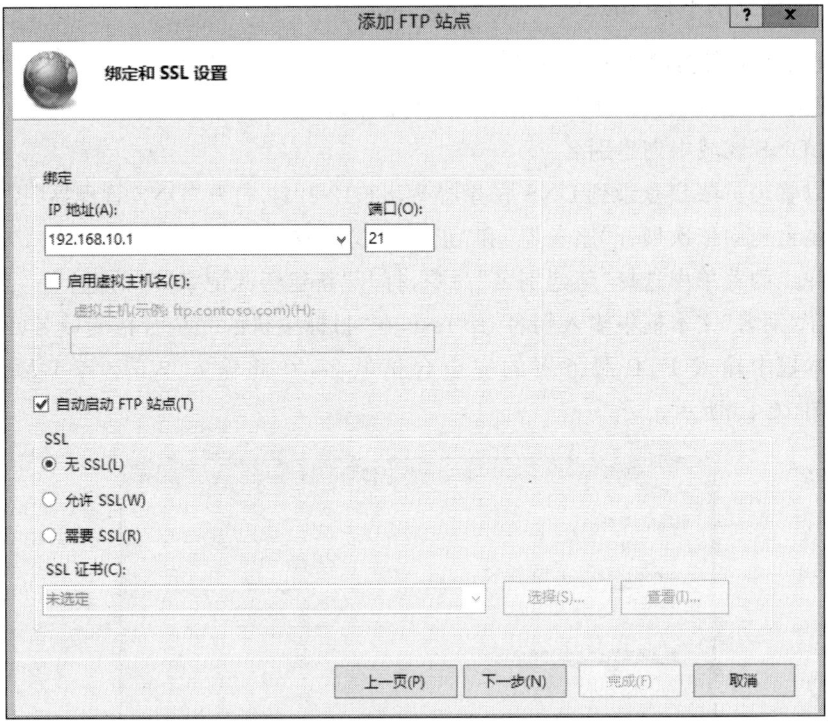

图 10-8　“绑定和 SSL 设置”对话框

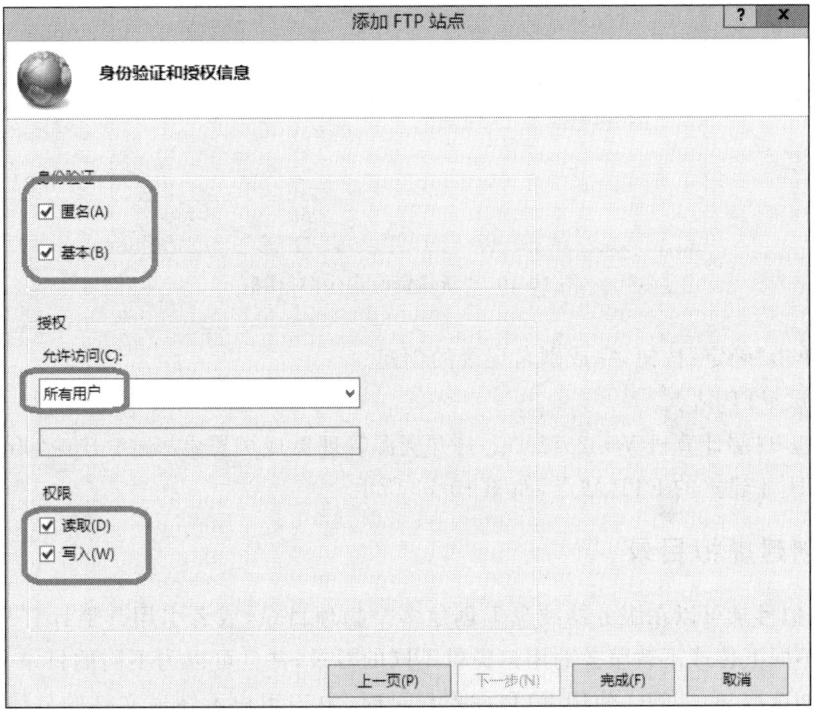

图 10-9　“身份验证和授权信息”对话框

可以访问刚才建立的 FTP 站点。

2. 创建使用域名访问的 FTP 站点

创建使用 IP 地址访问的 FTP 站点的具体步骤如下。

(1) 在 DNS 区域中创建别名

STEP 1 以管理员账户登录到 DNS 服务器 Win2012-1 上,打开"DNS 管理器"控制台,在控制台树中依次展开"服务器"和"正向查找区域"节点,然后右击区域 long.com,在弹出的菜单中选择"新建别名"命令,打开"新建资源记录"对话框。

STEP 2 在"别名"文本框中输入别名 ftp test,在"目标主机的完全合格的域名(FQDN)"文本框中输入 FTP 服务器的完全合格域名,在此输入 Win2012-1.long.com,如图 10-10 所示。

图 10-10 "新建资源记录"对话框

STEP 3 单击"确定"按钮,完成别名记录的创建。

(2) 测试 FTP 站点

用户在客户端计算机 Win2012-2 上打开资源管理器或浏览器,输入 ftp://ftp.long.com 就可以访问刚才建立的 FTP 站点,如图 10-11 所示。

10.3.3 创建虚拟目录

使用虚拟目录可以在服务器硬盘上创建多个物理目录,或者引用其他计算机上的主目录,从而为不同上传或下载服务的用户提供不同的目录,并且可以为不同的目录分别设置不同的权限,如读取、写入等。使用 FTP 虚拟目录时,由于用户不知道文件的具体储存位置,文件存储会更加安全。

在 FTP 站点上创建虚拟目录 xunimulu 的具体步骤如下。

图 10-11　使用完全合格域名(FQDN)访问 FTP 站点

（1）准备虚拟目录内容

以管理员账户登录到 DNS 服务器 Win2012-1 上，创建文件夹 C:\xuni，作为 FTP 虚拟目录的主目录，在该文件夹下存入一个文件 test.txt 供用户在客户端计算机上下载。

（2）创建虚拟目录

STEP 1 在"Internet 信息服务(IIS)管理器"控制台树中，依次展开 FTP 服务器和 FTP 站点，右击刚才创建的站点 ftp test，在弹出的菜单中选择"添加虚拟目录"命令，打开"添加虚拟目录"对话框。

STEP 2 在"别名"处输入 xunimulu，在"物理路径"处输入 C:\xuni，如图 10-12 所示。

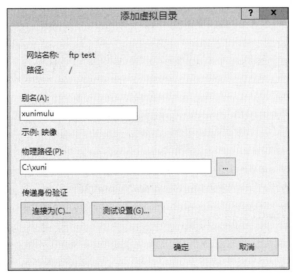

图 10-12　"添加虚拟目录"对话框

（3）测试 FTP 站点的虚拟目录

用户在客户端计算机 Win2012-2 上打开文件资源管理器和浏览器，输入 ftp://ftp.long.com/xunimulu 或者 ftp://192.168.10.1/xunimulu，就可以访问刚才建立的 FTP 站点的虚拟目录。

提示

在各种服务器的配置中,要时刻注意账户的 NTFS 权限,避免由于 NTFS 权限设置不当而无法完成相关配置。同时注意防火墙的影响。

10.3.4 安全设置 FTP 服务器

FTP 服务的配置和 Web 服务相比要简单得多,主要是站点的安全性设置,包括指定不同的授权用户,如允许不同权限的用户访问,允许来自不同 IP 地址的用户访问,或限制不同 IP 地址的不同用户的访问等。再就是和 Web 站点一样,FTP 服务器也要设置 FTP 站点的主目录和性能等。

1. 设置 IP 地址和端口

STEP 1　在"Internet 信息服务(IIS)管理器"控制台树中,依次展开 FTP 服务器,选择 FTP 站点 ftp test,然后单击操作列的"绑定"按钮,弹出"网站绑定"对话框,如图 10-13 所示。

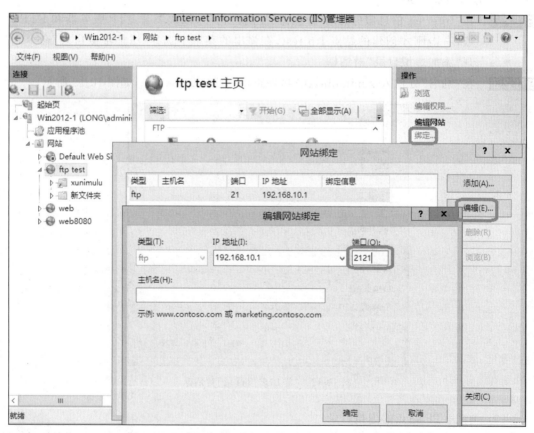

图 10-13　绑定网站

STEP 2　选择 ftp 条目后,单击"编辑"按钮,完成 IP 地址和端口号的更改,比如改为 2121。

STEP 3　测试 FTP 站点。用户在客户端计算机 Win2012-2 上打开浏览器或资源管理器,输入 ftp://192.168.10.1:2121 就可以访问刚才建立的 FTP 站点。

STEP 4 　为了继续完成后面的实训,测试完毕后,请再将端口号改为默认值,即 21。

2. 其他配置

在"Internet 信息服务(IIS)管理器"控制台树中依次展开 FTP 服务器,选择 FTP 站点 ftp test。可以分别进行"FTP IP 地址和域限制""FTP SSL 设置""FTP 当前会话""FTP 防火墙支持""FTP 目录浏览""FTP 请求筛选""FTP 日志""FTP 身份验证""FTP 授权规则""FTP 消息""FTP 用户隔离"等内容的设置或浏览,如图 10-14 所示。

图 10-14　"ftp test 主页"界面

在"操作"列,可以进行"浏览""编辑权限""绑定""基本设置""查看应用程序""查看虚拟目录""重新启动""启动""停止"和"高级设置"等操作。

10.3.5　创建虚拟主机

1. 虚拟主机简介

一个 FTP 站点由一个 IP 地址和一个端口号唯一标识,改变其中任意一项均标识不同的 FTP 站点。但是在 FTP 服务器上,通过"Internet 信息服务(IIS)管理器"控制台只能创建一个 FTP 站点。在实际应用环境中,有时需要在一台服务器上创建两个不同的 FTP 站点,这就涉及虚拟主机的问题。

在一台服务器上创建的两个 FTP 站点,默认只能启动其中一个站点,用户可以通过更改 IP 地址或是端口号两种方法来解决这个问题。

可以使用多个 IP 地址和多个端口来创建多个 FTP 站点。尽管使用多个 IP 地址来创建多个站点是常见并且推荐的操作,但由于在默认情况下,当使用 FTP 协议时,客户端会调用端口 21,这种情况会变得非常复杂。因此,如果要使用多个端口来创建多个 FTP 站点,需要将新端口号通知用户,以便其 FTP 客户能够找到并连接到该端口。

2. 使用相同 IP 地址、不同端口号创建两个 FTP 站点

在同一台服务器上使用相同的 IP 地址、不同的端口号(21、2121)同时创建两个 FTP 站点,具体步骤如下。

STEP 1 以域管理员账户登录到 FTP 服务器 Win2012-1 上,创建 C:\ftp2 文件夹作为第二个 FTP 站点的主目录,并在其文件夹内放入一些文件。

STEP 2 创建第二个 FTP 站点,在设置端口号时一定要设为 2121。

STEP 3 测试 FTP 站点。用户在客户端计算机 Win2012-2 上打开资源管理器或浏览器,输入 ftp://192.168.10.1:2121 就可以访问刚才建立的第二个 FTP 站点。

3. 使用两个不同的 IP 地址创建两个 FTP 站点

在同一台服务器上用相同的端口号、不同的 IP 地址(192.168.10.1、192.168.10.20)同时创建两个 FTP 站点,具体步骤如下。

(1) 设置 FTP 服务器网卡两个 IP 地址

前面已在 Win2012-1 上设置了两个 IP 地址:192.168.10.1 和 192.168.10.20,在此不再赘述。

(2) 更改第二个 FTP 站点的 IP 地址和端口号

STEP 1 在"Internet 信息服务(IIS)管理器"控制台树中依次展开 FTP 服务器,选择 FTP 站点 ftp test,然后单击"操作"列的"绑定"按钮,弹出"编辑网站绑定"对话框。

STEP 2 选择 ftp 类型后,单击"编辑"按钮,将 IP 地址改为 192.168.10.20,端口号改为 21,如图 10-15 所示。

图 10-15 "编辑网站绑定"对话框

STEP 3 单击"确定"按钮完成更改。

(3) 测试 FTP 的第二个站点

用户在客户端计算机 Win2012-2 上打开浏览器,输入 ftp://192.168.10.20 就可以访问刚才建立的第二个 FTP 站点。

10.3.6 配置与使用客户端

任何一种服务器的搭建,其目的都是为了在实际工作中应用。FTP 服务也一样,搭建

FTP 服务器的目的就是方便用户上传和下载文件。当 FTP 服务器建立成功并提供 FTP 服务后,用户就可以访问了。一般主要使用两种方式访问 FTP 站点:一种是利用标准的 Web 浏览器;另一种是利用专门的 FTP 客户端软件,以实现 FTP 站点的浏览、下载和上传文件。

1. FTP 站点的访问

根据 FTP 服务器所赋予的权限,用户可以浏览、上传或下载文件,但使用不同的访问方式,其操作方法也不相同。

(1) Web 浏览器或资源管理器的访问

Web 浏览器除了可以访问 Web 网站外,还可以用来登录 FTP 服务器。

匿名访问时的格式为

`ftp://FTP 服务器地址`

非匿名访问 FTP 服务器的格式为

`ftp://用户名:密码@FTP 服务器地址`

登录 FTP 站点以后,就可以像访问本地文件夹一样使用。如果要下载文件,可以先复制一个文件,然后粘贴到本地文件夹中即可;若要上传文件,可以先从本地文件夹中复制一个文件,然后在 FTP 站点文件夹中粘贴,即可自动上传到 FTP 服务器。如果具有"写入"权限,还可以重命名、新建或删除文件或文件夹。

(2) FTP 软件访问

大多数访问 FTP 站点的用户都会使用 FTP 软件,因为 FTP 软件不仅方便,而且和 Web 浏览器相比,它的功能更加强大。比较常用的 FTP 客户端软件有 CuteFTP、FlashFXP、LeapFTP 等。

2. 虚拟目录的访问

当利用 FTP 客户端软件连接至 FTP 站点时,所列出的文件夹中并不会显示虚拟目录。因此如果想显示,必须切换到虚拟目录。

如果使用 Web 浏览器方式访问 FTP 服务器,可在"地址"栏中输入地址时,直接在后面添加虚拟目录的名称。格式为

`ftp://FTP 服务器地址/虚拟目录名称`

这样就可以直接连接到 FTP 服务器的虚拟目录中。

如果使用 FlashFXP 等 FTP 软件连接 FTP 站点,可以在建立连接时,在"远程路径"文本框中输入虚拟目录的名称;如果已经连接到了 FTP 站点,要切换到 FTP 虚拟目录,可以在文件列表框中右击,在弹出的快捷菜单中选择"更改文件夹"命令,在"文件夹名称"文本框中输入要切换到的虚拟目录名称。

10.3.7　实现 AD 环境下多用户隔离 FTP

1. 任务需求

未名公司已经搭建好域环境,业务组因业务需求,需要在服务器上存储相关业务数据,但是业务组希望各用户目录相互隔离(仅允许访问自己目录而无法访问他人目录),每一个

业务员允许使用的 FTP 空间大小为 100MB。为此,公司决定通过 AD 中的 FTP 隔离来实现此应用。

通过建立基于域的隔离用户 FTP 站点和磁盘配额技术可以实现本任务。

2. 创建业务部 OU 及用户

STEP 1 首先在 DC1 中新建一个名为 sales 的 OU,在 sales 中新建用户,用户名分别为 sales_master、salesuser1、salesuser2,用户密码为 P@ssw0rd,如图 10-16 所示。

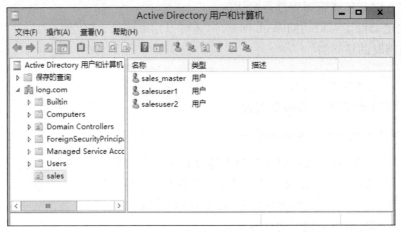

图 10-16　创建 OU 及用户

STEP 2 委派 sales_master 用户对 sales 中 OU 里有"读取所有用户信息"的权限(sales_master 为 FTP 的服务账号),如图 10-17 所示。

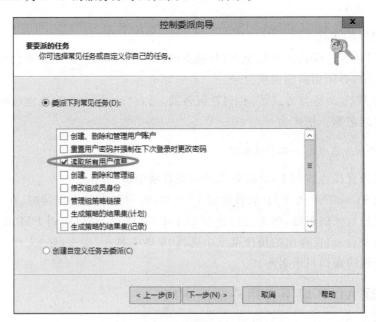

图 10-17　委派权限

3. FTP 服务器配置

STEP 1　仍使用 long\administrator 登录 FTP 服务器 Win2012-1(该服务器集域控制器、DNS 服务器和 FTP 服务器于一身,真实环境中可能需要单独的 FTP 服务器)。

STEP 2　在"服务器管理器"窗口中打开"添加角色向导",打开"选择角色服务"对话框,在"角色服务"列表框中选中"FTP 服务器"复选框,如图 10-18 所示。

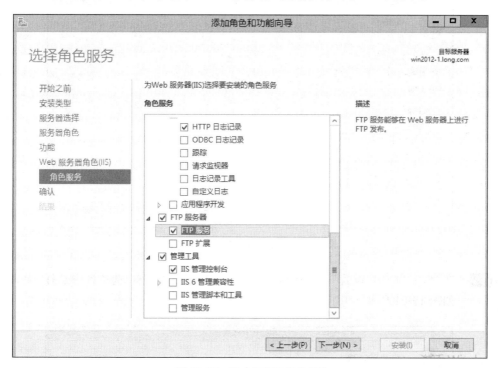

图 10-18　选中"FTP 服务器"

STEP 3　在 C 盘(或其他任意盘)上建立主目录 FTP_sales,在 FTP_sales 中分别建立用户名所对应的文件夹 salesuser1、salesuser2,如图 10-19 所示。为了测试方便,应事先在两个文件夹中新建一些文件或文件夹。

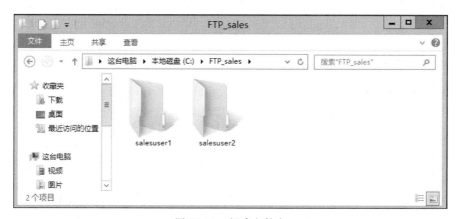

图 10-19　新建文件夹

STEP 4 在"服务器管理器"窗口中选择"工具"→"Internet Information Server（IIS）管理器"命令，在打开的窗口中右击"网站"，在弹出的快捷菜单中选择"添加 FTP 站点"命令，弹出"添加 FTP 站点"对话框，然后输入"FTP 站点名称"和设置"物理路径"，如图 10-20 所示。

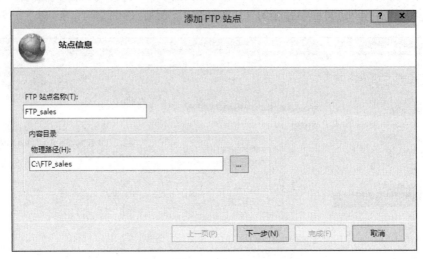

图 10-20 "添加 FTP 站点"对话框

STEP 5 在"绑定和 SSL 设置"界面中设置绑定的 IP 地址，在 SSL 选项区中选择"无 SSL"，如图 10-21 所示。

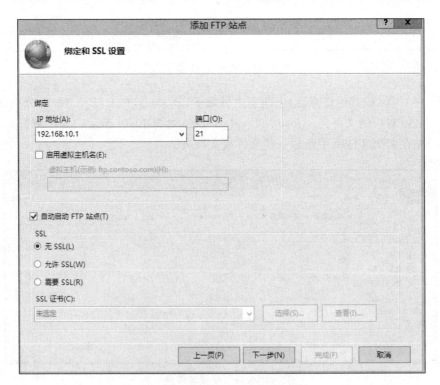

图 10-21 "绑定和 SSL 设置"对话框

STEP 6　在"身份验证和授权信息"界面的"身份验证"选项区中选中"匿名"和"基本"复选框，在"允许访问"下拉列表框中选择"所有用户"，选中"权限"选项区中的"读取"和"写入"复选框，如图 10-22 所示。

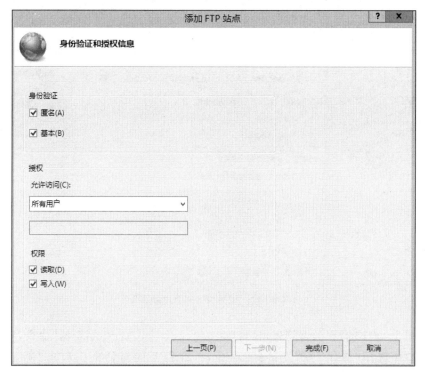

图 10-22　"身份验证和授权信息"对话框

STEP 7　在"IIS 管理器"的"FTP_sales 主页"中选择"FTP 用户隔离"，如图 10-23 所示。

图 10-23　选择"FTP 用户隔离"

STEP 8 在"FTP 用户隔离"界面中选择"在 Active Directory 中配置的 FTP 主目录"，单击
"设置"按钮，添加刚刚委派的用户，再单击"应用"图标，如图 10-24 所示。

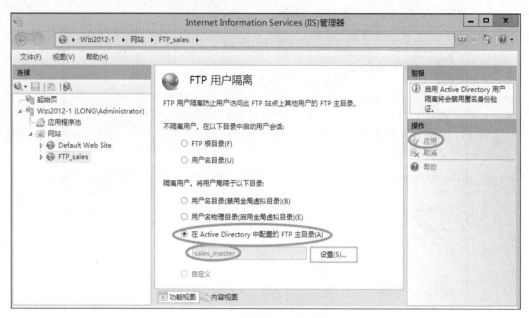

图 10-24　配置"FTP 用户隔离"

STEP 9 单击 DC1 的"服务器管理器"窗口中的"工具"→"ADSI 编辑器"命令，在打开的窗
口中选择"操作"→"连接到"命令，再在打开的对话框中单击"确定"按钮，如
图 10-25 所示。

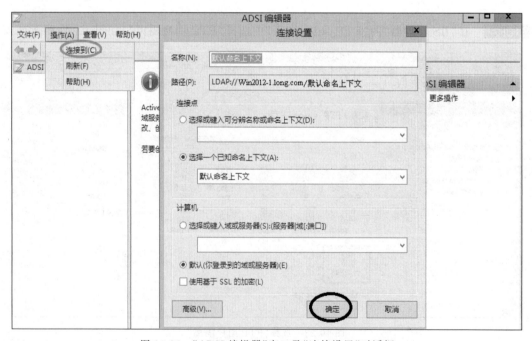

图 10-25　"ADSI 编辑器"窗口及"连接设置"对话框

STEP 10 展开左子树,右击 sales 的 OU 里的 salesuser1 用户,在弹出的快捷菜单中选择"属性"命令,在弹出的对话框中找到 msIIS-FTPDir,该选项设置用户对应的目录,修改为 salesuser1;修改 msIIS-FTPRoot 为 C:\FTP_sales,该选项设置用户对应的路径,如图 10-26 所示。

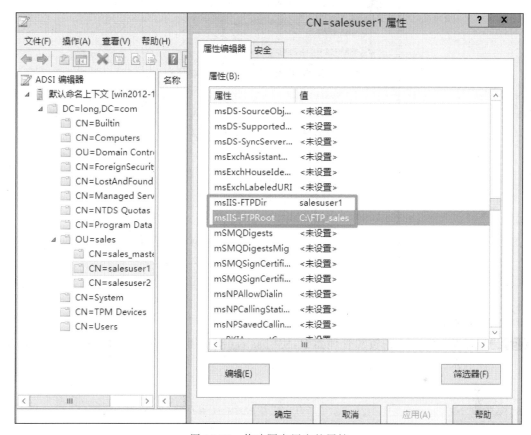

图 10-26 修改隔离用户的属性

> **注意**
>
> msIIS-FTPRoot 对应于用户的 FTP 根目录,msIIS-FTPDir 对应于用户的 FTP 主目录。用户的 FTP 主目录必须是 FTP 根目录的子目录。

STEP 11 使用同样的方式对 salesuser2 用户进行配置。

4. 配置磁盘配额

在 DC1 上打开 C 盘并右击,在弹出的快捷菜单中选择"属性"命令,在弹出的"属性"对话框中选择"配额"选项卡,选择"启用配额管理"和"拒绝将磁盘空间给超过配额限制的用户"复选框,并将"将磁盘空间限制为"设置成 100MB,将"将警告等级设为"设置成 90MB。选中"用户超出配额时记录事件"和"用户超出警告时记录事件"复选框,然后进行确认,如图 10-27 所示。

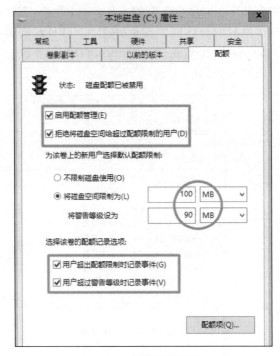

图 10-27 "配额"选项卡

5. 测试验证

STEP 1 在 Win2012-2 的资源管理器中,使用 salesuser1 用户登录 FTP 服务器,如图 10-28 所示。

图 10-28 在客户端访问 FTP 服务器

注意

必须使用 long\salesuser1 或 salesuser1@long.com 登录。为了不受防火墙的影响,建议暂时关闭所有防火墙。

STEP 2　在 Win2012-2 上使用 salesuser1 用户访问 FTP,并成功上传文件,如图 10-29 所示。

图 10-29　登录成功并可上传文件(1)

STEP 3　使用 salesuser2 用户访问 FTP 并成功上传文件,如图 10-30 所示。

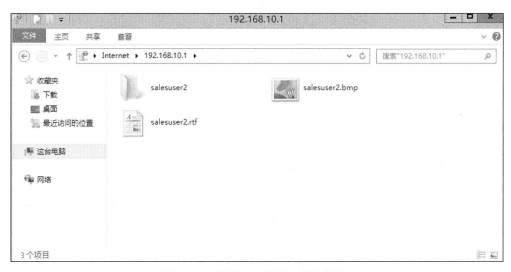

图 10-30　登录成功并可上传文件(2)

STEP 4　当 salesuser1 用户上传文件超过 100MB 时,会提示上传失败,如图 10-31 所示,将大于 100MB 的 Administrator 文件夹上传到 FTP 服务器时上传失败。

STEP 5　在 DC1 上打开 C 盘并右击,在弹出的快捷菜单中选择"属性"命令,在弹出的"属性"对话框中选择"配额"选项卡,单击"配额项"按钮可以查看用户使用的空间,如图 10-32 所示。

图 10-31　提示上传出错

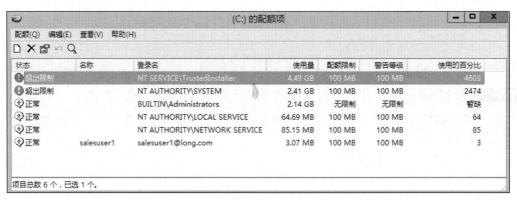

图 10-32　查看配额项

10.4　习题

一、填空题

1. FTP 服务指的是_____服务，FTP 的英文全称是_____。

2. FTP 服务通过使用一个共同的用户名_____，密码不限的管理策略，让任何用户都可以很方便地从这些服务器上下载软件。

3. FTP 服务有两种工作模式：_____和_____。

4. FTP 命令的格式为_____。

5. 打开 FTP 服务器_____的命令是_____，浏览其下目录列表的命令是_____。如果匿名登录，在 User（ftp.long.com：（none））处输入匿名账户_____，在 Password 处输入_____或直接按 Enter 键，即可登录 FTP 站点。

6. 比较著名的 FTP 客户端软件有_____、_____、_____等。

7. FTP 身份验证方法有两种：_____和_____。

二、选择题

1. 虚拟主机技术不能通过( )架设网站。

    A. 计算机名　　　　B. TCP 端口　　　　C. IP 地址　　　　D. 主机头名

2. 虚拟目录不具备的特点是( )。

    A. 便于扩展　　　　B. 增删灵活　　　　C. 易于配置　　　　D. 动态分配空间

3. FTP 服务使用的端口是( )。

    A. 21　　　　　　　B. 23　　　　　　　C. 25　　　　　　　D. 53

4. 从 Internet 上获得软件最常采用的是( )。

    A. WWW　　　　　B. Telnet　　　　　C. FTP　　　　　　D. DNS

三、判断题

1. 若 Web 网站中的信息非常敏感，为防止中途被人截获，就可以采用 SSL 加密方式。

                                                  ( )

2. IIS 提供了基本服务，包括发布信息、传输文件、支持用户通信和更新这些服务所依赖的数据存储。 ( )

3. 虚拟目录是一个文件夹，一定包含于主目录内。 ( )

4. FTP 的全称是 File Transfer Protocol，是用于传输文件的协议。 ( )

5. 当使用"用户隔离"模式时，所有用户的主目录都在单一 FTP 主目录下，每个用户均被限制在自己的主目录中，且用户名必须与相应的主目录相匹配，不允许用户浏览除自己主目录之外的其他内容。 ( )

四、简答题

1. 请解释非域的用户隔离和域用户隔离的主要区别是什么。

2. 能否使用不存在的域用户进行多用户配置？

3. 请解释磁盘配额的作用是什么。

10.5 实训项目 FTP 服务器的配置与管理

一、实训目的

- 掌握 FTP 服务器的配置方法。
- 掌握 AD 隔离用户 FTP 服务器的配置方法。

二、项目背景

本实训项目根据图 10-4 所示的环境来部署 FTP 服务器。

三、项目要求

根据网络拓扑图(见图 10-4)，完成以下任务。

(1) 安装 FTP 发布服务角色服务。

(2) 创建和访问 FTP 站点。

(3) 创建虚拟目录。

（4）安全设置 FTP 服务器。

（5）创建虚拟主机。

（6）配置与使用客户端。

（7）设置 AD 隔离用户 FTP 服务器。

四、做一做

根据本节的二维码视频进行项目的实训,检查学习效果。

项目 11
配置与管理证书服务器

项目背景

　　对于大型的计算机网络,数据的安全和管理的自动化历来都是人们追求的目标,特别是随着 Internet 的迅猛发展,在 Internet 上处理事务、交流信息和交易等方式越来越广泛,越来越多的重要数据要在网上传输,网络安全问题也更加被重视。尤其是在电子商务活动中,必须保证交易双方能够互相确认身份,安全地传输敏感信息,同时还要防止被人截获、篡改,或者假冒交易等。因此,如何保证重要数据不受到恶意的损坏成为网络管理最关键的问题之一。而通过部署 PKI(Public Key Infrastructure,公开密钥基础架构),利用 PKI 提供的密钥体系来实现数字证书签发、身份认证、数据加密和数字签名等功能,可以确保电子邮件、电子商务交易、文件传送等各类数据传输的安全性。

项目目标

- PKI 概述。
- SSL 网站证书。
- 证书的管理。

11.1　相关知识

11.1.1　PKI 概述

　　用户通过网络将数据发送给接收者时可以利用 PKI 提供的以下 3 种功能来确保数据传输的安全性。

- 将传输的数据加密。
- 接收者计算机会验证所收到的数据是否由发件人本人所发送来。
- 接收者计算机还会确认数据的完整性,也就是检查数据在传输过程中是否被篡改。

　　PKI 根据 Public Key Cryptography(公钥加密系统)来提供上述功能,而用户需要拥有以下的一组密钥来支持这些功能。

- 公钥:用户的公钥(Public Key)可以公开给其他用户。
- 私钥:用户的私钥(Private Key)是该用户私有的,且存储在用户的计算机内,只有他能够访问。

用户需要通过向证书颁发机构(Certification Authority,CA)申请证书的方法来拥有与使用这一组密钥。

1. 公钥加密法

数据被加密后,必须经过解密才能读取数据的内容。PKI 使用公钥加密(Public Key Encryption)机制来对数据进行加密与解密。发件人利用收件人的公钥将数据加密,而收件人利用自己的私钥将数据解密。例如,图 11-1 为用户 Bob 发送一封经过加密的电子邮件给用户 Alice 的流程。

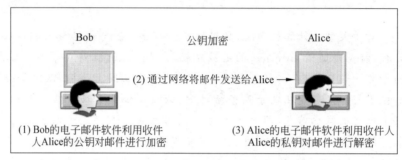

图 11-1　发送一封经过加密的电子邮件

图 11-1 中 Bob 必须先取得 Alice 的公钥,才可以利用此密钥来将电子邮件加密,而因为 Alice 的私钥只存储在她的计算机内,故只有她的计算机可以将此邮件解密,因此她可以正常读取此邮件。其他用户即使拦截这封邮件也无法读取邮件内容,因为他们没有 Alice 的私钥,无法将其解密。

 公钥加密体系使用公钥来加密、私钥来解密,此方法又称为非对称式加密。另一种加密法是单密钥加密(Secret Key Encryption),又称为对称式加密,其加密、解密都使用同一个密钥。

2. 公钥验证

发件人可以利用公钥验证(Public Key Authentication)来将待发送的数据进行"数字签名"(Digital Signature),而收件方计算机在收到数据后,便能够通过此数字签名来验证数据是否确实是由发件人所发出,同时还会检查数据在传输的过程中是否被篡改。

发件人是利用自己的私钥对数据进行签名的,而收件方计算机会利用发件人的公钥来验证此份数据。例如,图 11-2 为用户 Bob 发送一封经过数字签名的电子邮件给用户 Alice 的流程。

由于图 11-2 中的邮件是经过 Bob 的私钥签名,而公钥与私钥是一对,因此收件人 Alice 必须先取得发件人 Bob 的公钥后,才可以利用此密钥来验证这封邮件是否是由 Bob 本人所发送过来的,并检查这封邮件是否被篡改。

数字签名是如何产生的? 又是如何用来验证用户身份的呢? 其流程如下。

STEP 1 发件人的电子邮件经过消息哈希算法(Message Hash Algorithm)的运算处理后,产生一个消息摘要(Message Digest),它是一个数字指纹(Digital Fingerprint)。

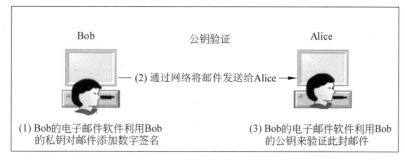

图 11-2　发送一封经过数字签名的电子邮件

STEP 2　发件人的电子邮件软件利用发件人的私钥将此消息摘要加密,所使用的加密方法为公钥加密算法(Public Key Encryption Algorithm),加密后的结果被称为数字签名(Digital Signature)。

STEP 3　发件人的电子邮件软件将原电子邮件与数字签名一并发送给收件人。

STEP 4　收件人的电子邮件软件会将收到的电子邮件与数字签名分开处理。

- 电子邮件重新经过消息哈希算法的运算处理后产生一个新的消息摘要。
- 数字签名经过公钥加密算法的解密处理后可得到发件人传来的原消息摘要。

STEP 5　新消息摘要与原消息摘要应该相同,否则表示这封电子邮件已被篡改或是冒用发件人身份发来的。

3. 网站安全连接

SSL(Secure Sockets Layer)是一个以 PKI 为基础的安全性通信协议。若要让网站拥有 SSL 安全连接功能,就需要为网站向证书颁发机构(CA)申请 SSL 证书(Web 服务器证书),证书内包含公钥、证书有效期限、发放此证书的 CA、CA 的数字签名等数据。

在网站拥有 SSL 证书之后,浏览器与网站之间就可以通过 SSL 安全连接来通信了,也就是将 URL 路径中的 http 改为 https,例如若网站为 www.long.com,则浏览器是利用 https://www.long.com/来连接网站的。

我们以图 11-3 来说明浏览器与网站之间如何建立 SSL 安全连接。建立 SSL 安全连接时,会建立一个双方都同意的会话密钥(Session Key),并利用此密钥来将双方所传送的数据加密、解密并确认数据是否被篡改。

STEP 1　客户端浏览器利用 https://long.com 来连接网站时,客户端会先发出 Client Hello 信息给 Web 服务器。

STEP 2　Web 服务器会响应 Server Hello 信息给客户端,此信息内包含网站的证书信息(内含公钥)。

STEP 3　客户端浏览器与网站双方开始协商 SSL 连接的安全等级,例如选择 40 位或 128 位加密密钥。位数越多,越难破解,数据越安全,但网站性能就越差。

STEP 4　浏览器根据双方同意的安全等级来建立会话密钥,利用网站的公钥将会话密钥加密,将加密过后的会话密钥发送给网站。

STEP 5　网站利用它自己的私钥来将会话密钥解密。

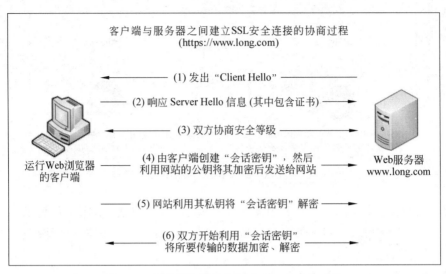

图 11-3　浏览器与网站之间建立 SSL 安全连接

STEP 6　浏览器与网站双方相互之间传送的所有数据都会利用这个会话密钥进行加密与解密。

11.1.2　证书颁发机构(CA)概述与根 CA 的安装

无论是电子邮件保护还是 SSL 网站安全连接,都需要申请证书才可以使用公钥与私钥来执行数据加密与身份验证的操作。证书就好像是汽车驾驶执照一样,必须拥有汽车驾驶执照(证书)才能开车(使用密钥)。而负责发放证书的机构被称为证书颁发机构(Certification Authority,CA)。

用户或网站的公钥与私钥是如何产生的呢? 在申请证书时,需要输入姓名、地址与电子邮件地址等数据,这些数据会被发送到一个称为 CSP(Cryptographic Service Provider)的程序,此程序已经被安装在申请者的计算机内或此计算机可以访问的设备内。

CSP 会自动建一对密钥:一个公钥与一个私钥。CSP 会将私钥存储到申请者计算机的注册表中,然后将证书申请数据与公钥一并发送给 CA。CA 检查这些数据无误后,会利用 CA 自己的私钥将要发放的证书进行签名,然后发放此证书。申请者收到证书后,将证书安装到他的计算机。

证书内包含了证书的颁发对象(用户或计算机)、证书有效期限、颁发此证书的 CA 与 CA 的数字签名(类似于汽车驾驶执照上的交通部盖章),还有申请者的姓名、地址、电子邮箱地址、公钥等数据。

　用户计算机若安装了读卡设备,用户可以利用智能卡来登录,不过也需要通过类似程序来申请证书,CSP 会将私钥存储到智能卡内。

1. CA 的信任

在 PKI 架构下,当用户利用某 CA 所发放的证书来发送一封经过签名的电子邮件时,收件人的计算机应该要信任由此 CA 所发放的证书,否则收件人的计算机会将此电子邮件视为有问题的邮件。

又例如客户端利用浏览器连接 SSL 网站时,客户端计算机也必须信任发放 SSL 证书给此网站的 CA,否则客户端浏览器会显示警告信息。

系统默认已经自动信任一些知名商业 CA,而 Windows 8 计算机可通过如下方法来查看其已经信任的 CA:打开 Internet Explorer,打开"Internet 选项"对话框的"内容"选项卡,单击"证书"按钮,如图 11-4 所示,在"受信任的根证书颁发机构"选项卡中进行证书的设置。

图 11-4　设置受信任的根证书颁发机构

可以向上述商业 CA 来申请证书,例如 VeriSign,但如果一家公司只是希望在各分公司、事业合作伙伴、供货商与客户之间能够安全地通过因特网传送数据,则可以不需要向上述商业 CA 申请证书,而可以利用 Windows Server 2012 R2 的 Active Directory 证书服务来自行配置 CA,然后利用此 CA 来发放证书给员工、客户与供货商等,并让他们的计算机来信任此 CA。

2. AD CS 的 CA 种类

若通过 Windows Server 2012 R2 的 Active Directory 证书服务来提供 CA 服务,则可以选择将此 CA 设置为以下角色之一。

- 企业根 CA:它需要 Active Directory 域,可以将企业根 CA 安装到域控制器或成员服务器。它发放证书的对象仅限域用户,当域用户来申请证书时,企业根 CA 会从 Active Directory 中得知该用户的账户信息并据以决定该用户是否有权利来申请所需证书。企业根 CA 主要应该用来发放证书给从属 CA,虽然企业根 CA 还是可以发放保护电子邮件安全、网站 SSL 安全连接等证书,不过应该将发放这些证书的工作交给从属 CA 来负责。

- 企业从属 CA:企业从属 CA 也需要 Active Directory 域。企业从属 CA 适合于用来发放保护电子邮件安全、网站 SSL 安全连接等证书。企业从属 CA 必须向其父 CA (例如企业根 CA)取得证书之后,才会正常工作。企业从属 CA 也可以发放证书给下一层的从属 CA。
- 独立根 CA:独立根 CA 类似于企业根 CA,但不需要 Active Directory 域,扮演独立根 CA 角色的计算机可以是独立服务器、成员服务器或域控制器。无论是否为域用户,都可以向独立根 CA 申请证书。
- 独立从属 CA:独立从属 CA 类似于企业从属 CA,但不需要 Active Directory 域,扮演独立从属 CA 角色的计算机可以是独立服务器、成员服务器或域控制器。无论是否为域用户,都可以向独立从属 CA 申请证书。

11.2 项目设计及分析

1. 项目设计

图 11-5 所示将实现网站的 SSL 连接访问。

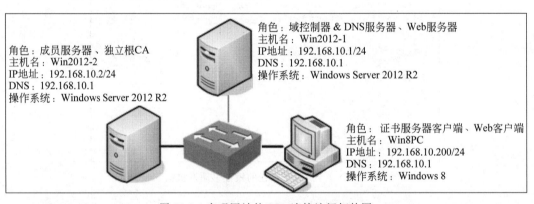

角色:成员服务器、独立根CA
主机名:Win2012-2
IP地址:192.168.10.2/24
DNS:192.168.10.1
操作系统:Windows Server 2012 R2

角色:域控制器 & DNS服务器、Web服务器
主机名:Win2012-1
IP地址:192.168.10.1/24
DNS:192.168.10.1
操作系统:Windows Server 2012 R2

角色:证书服务器客户端、Web客户端
主机名:Win8PC
IP地址:192.168.10.200/24
DNS:192.168.10.1
操作系统:Windows 8

图 11-5　实现网站的 SSL 连接访问拓扑图

在部署 CA 服务前需满足以下要求。

- Win2012-1:域控制器、DNS 服务器、Web 服务器,也可以部署企业 CA。IP 地址:192.168.10.1/24;DNS:192.168.10.1。
- Win2012-2:成员服务器(独立服务器也可以),部署独立根 CA。IP 地址:192.168.10.2/24;DNS:192.168.10.1。
- Win8PC:客户端(使用 Windows 8 操作系统)。IP 地址:192.168.10.200/24;DNS:192.168.10.1。Windows 8 计算机 Win8PC 信任独立根 CA。

Win2012-1、Win2012-2、Win8PC 可以是 Hyper-V 服务器的虚拟机,也可以是 VMWare 的虚拟机。

2. 项目分析

我们必须替网站申请 SSL 证书,网站才会具备 SSL 安全连接的能力。若网站要对

Internet 用户提供服务,请向商业 CA 来申请证书,例如 VeriSign;若网站只是对内部员工、企业合作伙伴提供服务,则可自行利用 Active Directory 证书服务(AD CS)来配置 CA,并向此 CA 申请证书即可。下面将利用 AD CS 来配置 CA,并通过以下步骤来演示 SSL 网站的配置。

(1) 在 Win2012-2 上安装独立根 CA:long-Win2012-2-CA。可以在 Win2012-1 上安装企业 CA:long-Win2012-1-CA。

(2) 在网站计算机上创建证书申请文件。

(3) 接着利用浏览器将证书申请文件发送给 CA,然后下载证书文件。

- 企业 CA:由于企业 CA 会自动发放证书,因此在将证书申请文件发送给 CA 后就可以直接下载证书文件。
- 独立根 CA:独立根 CA 默认并不会自动发放证书,因此必须等 CA 管理员手动发放证书后再利用浏览器来连接 CA 并下载证书文件。

(4) 将 SSL 证书安装到 IIS 计算机,并将其绑定到网站,该网站便拥有 SSL 安全连接的能力。

(5) 测试客户端浏览器与网站之间 SSL 的安全连接功能是否正常。

我们利用图 11-5 来练习 SSL 安全连接。

- 图中要启用 SSL 的网站为计算机 Win2012-1 的 Web 测试站点,其网址为 www.long.com,请先在此计算机安装好网页服务器(IIS)角色。
- Win2012-1 扮演 DNS 服务器,应安装好 DNS 服务器角色,并在其内建立正向查找区域 long.com、主机记录 www(IP 地址为 192.168.10.2)。
- 独立根 CA 安装在 Win2012-2 上,其名称为 long-Win2012-2-CA。
- 在 Win8PC 计算机上利用浏览器来连接 SSL 网站。CA2 与 Win8PC 计算机可直接使用已有的计算机,但需另外指定首选 DNS 服务器 IP 地址为 192.168.10.1。

11.3 项目实施

11.3.1 安装证书服务并架设独立根 CA

在 Win2012-2 上安装证书服务并架设独立根 CA。

1. 安装证书服务器

 请利用 Administrators 组成员的身份登录 Win2012-2,安装 CA2(若要安装企业根 CA,请利用域 Enterprise Admins 组成员的身份登录 Win2012-1)。

STEP 2 打开服务器管理器,单击仪表板处的"添加角色和功能"选项,持续单击"下一步"按钮,直到出现如图 11-6 所示的"选择服务器角色"界面时选中"Active Directory 证书服务"复选框,单击"安装"按钮。(如果没安装 Web 服务器,在此一并安装。)

STEP 3 持续单击"下一步"按钮,直到出现图 11-7 所示的界面。

STEP 4 持续单击"下一步"按钮,直到出现图 11-8 所示的界面,请确保选中"证书颁发机构"和"证书颁发机构 Web 注册"复选框,单击"安装"按钮,它会顺便安装 IIS 网站,以便让用户利用浏览器来申请证书。

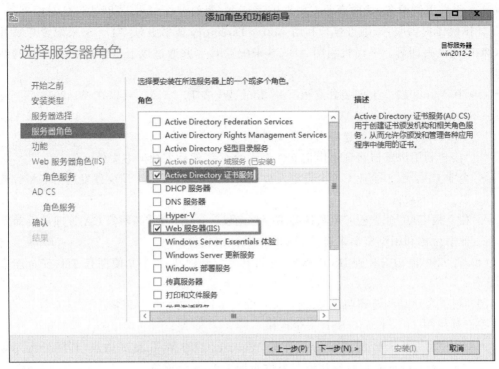

图 11-6　添加 AD CS 和 Web 服务器角色

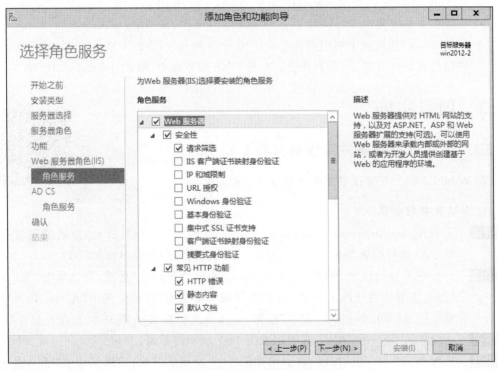

图 11-7　设置 Web 服务器角色

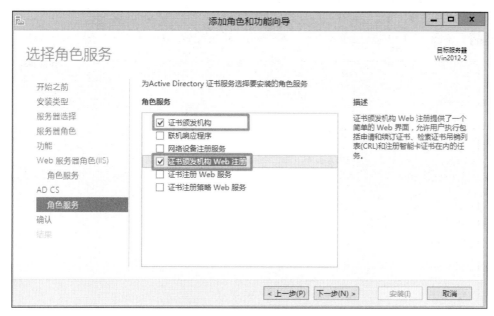

图 11-8   选中"证书颁发机构"和"证书颁发机构 Web 注册"复选框

STEP 5   持续单击"下一步"按钮,直到出现确认安装所选内容界面时,单击"安装"按钮。

STEP 6   如图 11-9 所示,单击完成安装界面中的配置目标服务器上的"Active Directory 证书服务"。

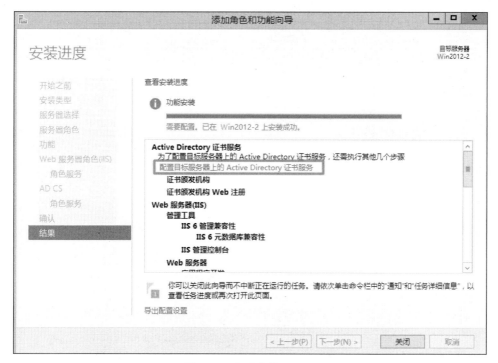

图 11-9   完成安装 AD CS

2. 架设独立根 CA

STEP 1 在图 11-10 中直接单击"下一步"按钮，开始配置 AD CS。

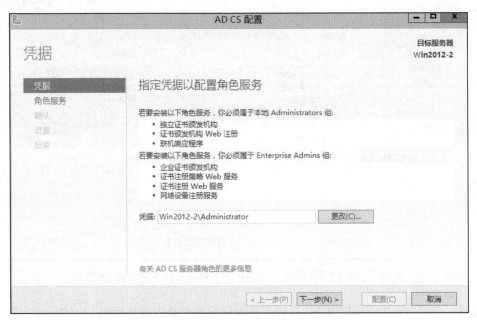

图 11-10 开始配置 AD CS

STEP 2 按图 11-11 所示选中"证书颁发机构"和"证书颁发机构 Web 注册"复选框后单击
"下一步"按钮。

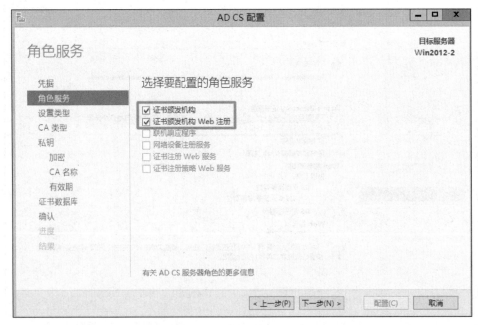

图 11-11 "角色服务"对话框

STEP 3　在图 11-12 中选择 CA 的类型后单击"下一步"按钮。

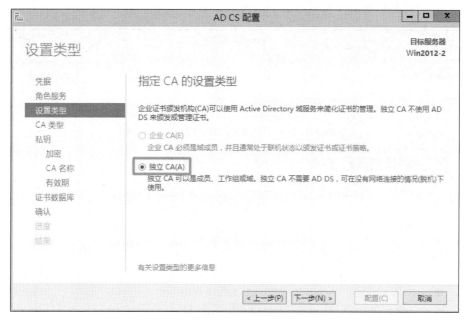

图 11-12　"设置类型"对话框

　若此计算机是独立服务器，或者不是利用域 Enterprise Admins 成员身份登录，就无法选择企业 CA。

STEP 4　在图 11-13 中选择根 CA 后单击"下一步"按钮。

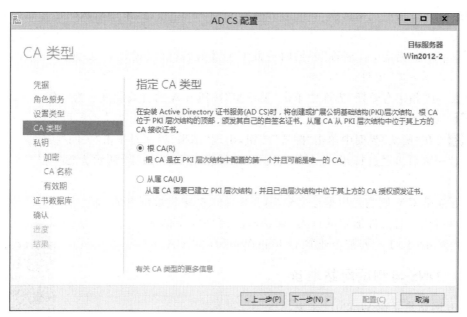

图 11-13　指定 CA 的类型

STEP 5 在图 11-14 中选择"创建新的私钥"后单击"下一步"按钮。此为 CA 的私钥,CA 必须拥有私钥后才可以给客户端发放证书。

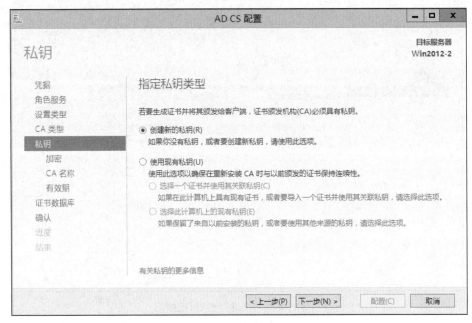

图 11-14　创建新的私钥

　注　意　　若重新安装 CA(之前已经在这台计算机安装过),则可以选择使用前一次安装时所创建的私钥。

STEP 6 出现"指定加密选项"界面时直接单击"下一步"按钮,采用默认的建立私钥的方法即可。

STEP 7 出现"指定 CA 名称"界面时为此 CA 设置名称(假设是 long-独立根 CA)后单击"下一步"按钮。

STEP 8 在"指定有效期"界面中单击"下一步"按钮,CA 的有效期默认为 5 年。

STEP 9 在"指定数据库位置"界面中单击"下一步"按钮来采用默认值即可。

STEP 10 在"确认"界面中单击"配置"按钮,出现"结果"界面时单击"关闭"按钮。

安装完成后可通过打开"证书颁发机构"来管理 CA,图 11-15 所示为独立根 CA 的管理界面。

若是企业 CA,则它是根据证书模板(见图 11-16)来发放证书的,右方的用户模板内同时提供了可以用来对文件加密的证书、保护电子邮件安全的证书与验证客户端身份的证书。(此处在 Win2012-1 上安装企业 CA:long-Win2012-1-CA。)

11.3.2　DNS 与测试网站准备

Web 网站建立在 Win2012-1 上。

STEP 1 在 Win2012-1 上配置 DNS,新建主机记录,如图 11-17 所示。

图 11-15　证书颁发机构（本地）

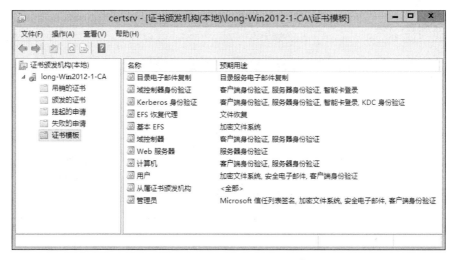

图 11-16　企业 CA 对应的证书模板

图 11-17　在 Win2012-1 上配置 DNS

Win2012-1(192.168.10.1)对应 www.long.com，Win2012-2(192.168.10.2)对应 www2.long.com。

STEP 2 在 Win2012-1 上配置 Web 服务器，停用网站 Default Web Site，重新建立测试网站，其网址为 www.long.com(192.168.10.1)，网站的主目录是 C:\Web，如图 11-18 所示。

图 11-18　启用网站 Default Web Site

STEP 3 为了测试 SSL 网站是否正常，如图 11-19 所示，我们将在网站主目录下(假设是 C:\Web)利用记事本创建文件名为 index.htm 的首页文件。建议先在资源管理器内单击"查看"菜单并选中"扩展名"，这样在建立文件时才不容易弄错扩展名，同时在图 11-19 中会看到文件 index.htm 的扩展名.htm。

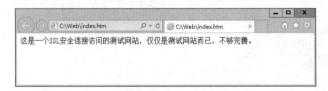

图 11-19　在主目录下创建文件 index.htm

11.3.3　让浏览器计算机 Win8PC 信任 CA

网站(Win2012-1)与运行浏览器的计算机 Win8PC 都应该信任发放 SSL 证书的 CA (Win2012-2)，否则浏览器在利用 https(SSL)连接网站时会显示警告信息。

若是企业 CA，而且网站与浏览器计算机都是域成员，则它们都会自动信任此企业 CA。然而已设置的 CA 为独立根 CA，且指定网站与 Win8PC 都没有加入域，故需要在这两台计算机上手动执行信任 CA 的操作。以下步骤是让图 11-5 中的 Windows 8 计算机 Win8PC 来信任图中的独立根 CA。

STEP 1　到 Win8PC 上打开 Internet Explorer,并输入 URL 路径 http://192.168.10.2/certsrv。其中 192.168.10.2 为图 11-5 中独立根 CA 的 IP 地址,此处也可改为 CA 的 DNS 主机名(http://www2.long.com/certsrv)或 NetBIOS 计算机名称。

STEP 2　在图 11-20 中单击"下载 CA 证书、证书链或 CRL"。

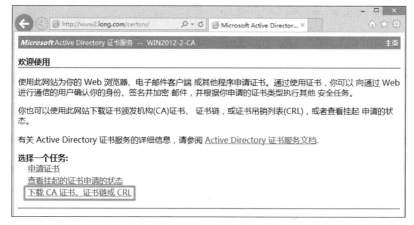

图 11-20　下载 CA 证书

 注意　　若客户端为 Windows Server 2012 R2 计算机,应先将其 IE 增强的安全配置关闭,否则系统会阻挡其连接 CA 网站。方法是:打开服务器管理器,单击本地服务器,单击 IE 增强的安全配置右方的配置值,选择"管理员"选项区的"关闭"选项,如图 11-21 所示。

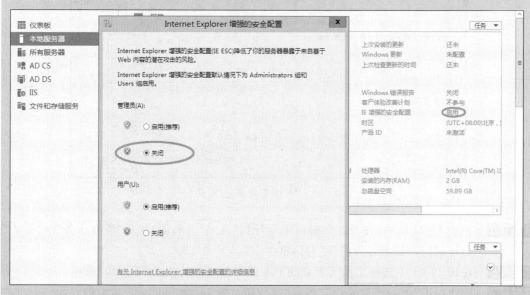

图 11-21　关闭 IE 增强的安全配置

STEP 3 在图 11-22 中单击"下载 CA 证书链"(或单击"下载 CA 证书"),然后单击"保存"按钮右侧的向下箭头,选择"另存为"命令,将证书下载到本地 C:\cert 目录,默认的文件名为 certnew.p7b。

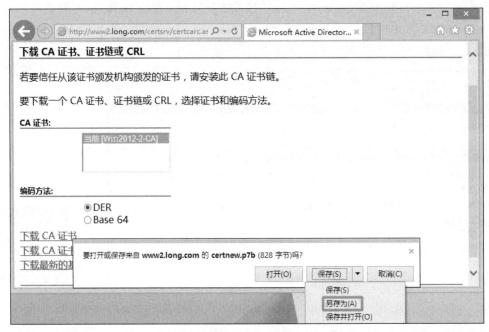

图 11-22　保存证书文件到本地

STEP 4 在"运行"对话框中输入 mmc 后按 Enter 键,再打开"证书管理单元"对话框,选择"计算机账户"后依次进行确认,如图 11-23 所示。

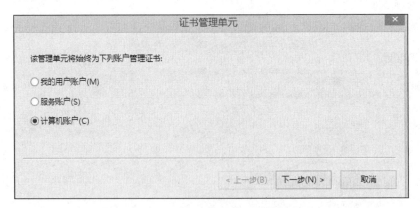

图 11-23　"证书管理单元"对话框

STEP 5 如图 11-24 所示,在控制台窗口中展开到"证书"并右击,选择"所有任务"→"导入"命令,打开"证书导入向导"对话框。

STEP 6 在图 11-25 中选择之前所下载的 CA 证书链文件后单击"下一步"按钮。

STEP 7 依次单击"下一步""完成""确定"等按钮。图 11-26 所示为完成后的界面。

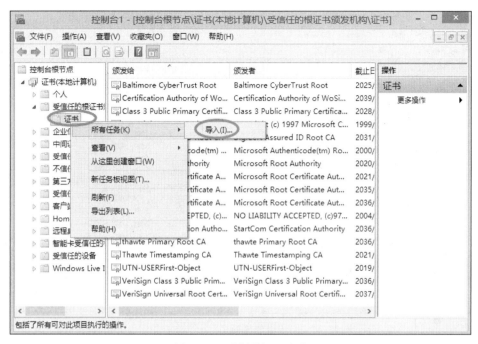

图 11-24 选择"导入"命令

图 11-25 要导入的文件

11.3.4 在 Web 服务器配置证书服务

下面到扮演网站 www.long.com 角色的 Web 计算机 Win2012-1 上执行以下步骤。

1. 在网站上创建证书申请文件

STEP 1   依次选择"开始"→"管理工具"→"Internet 信息服务(IIS)管理器"。

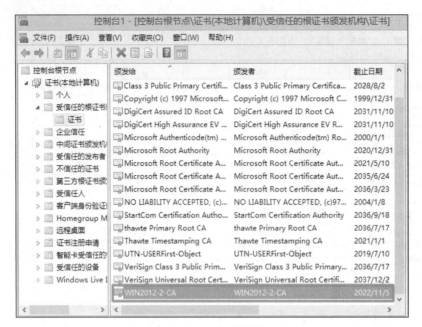

图 11-26　完成后的界面

STEP 2　如图 11-27 所示，在右键菜单中选择"创建证书申请"命令。

图 11-27　"创建证书申请"命令

STEP 3　在图 11-28 中输入网站的相关数据后单击"下一步"按钮。

图 11-28　"可分辨名称属性"对话框

　　　　因为在通用名称处输入的网址被定义为 www.long.com，故客户端需使用此网址来连接到 SSL 网站。

STEP 4　在图 11-29 中直接单击"下一步"按钮即可。图中的位长是用来定义网站公钥的位长，位长值越大，安全性越高，但效率越低。

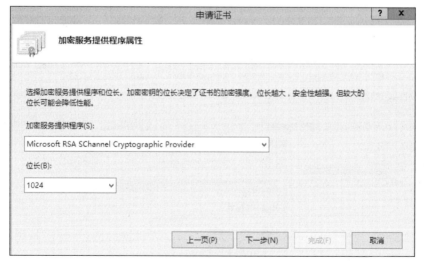

图 11-29　"加密服务提供程序属性"对话框

STEP 5　在图 11-30 中指定证书申请文件的文件名与存储位置后单击"完成"按钮。

2. 申请证书与下载证书

继续在扮演网站角色的计算机 Win2012-1 上执行以下操作（以下是针对独立根 CA，但

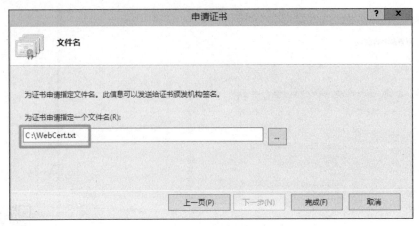

图 11-30 "文件名"对话框

会附带说明企业 CA 的操作)。

STEP 1 先将 IE 增强的安全配置关闭,否则系统会阻挡其连接到 CA 网站。打开服务器管理器,单击本地服务器,单击"IE 增强的安全配置"右方的配置值,然后进行关闭。

STEP 2 打开 Internet Explorer,并输入 URL 路径:http://192.168.10.2/certsrv,其中 192.168.10.2 为图 11-5 中独立根 CA 的 IP 地址,此处也可改为 CA 的 DNS 主机名或 NetBIOS 计算机名称。

STEP 3 在图 11-31 中选择申请证书、高级证书申请。

图 11-31 申请高级证书

若是向企业 CA 申请证书,系统会要求输入用户账户与密码,此时请输入域系统管理员的账户(例如 long\administrator)与密码。

STEP 4　依照图 11-32 进行选择。

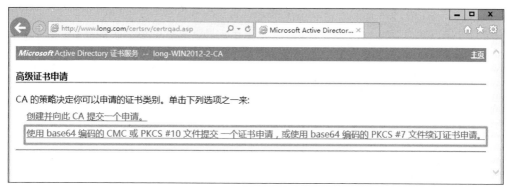

图 11-32　高级证书申请

STEP 5　在开始下一个步骤之前,先利用记事本打开前面的证书申请文件 C:\WebCert. txt,然后复制整个文件的内容,如图 11-33 所示。

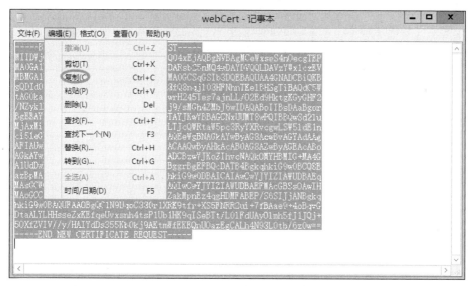

图 11-33　复制整个证书申请文件

STEP 6　将复制的内容粘贴到图 11-34 界面中的"Base-64 编码的证书申请"处,完成后单击"提交"按钮。

　　若是企业 CA,则应将复制下来的内容粘贴到图 11-35 中的"Base-64 编码的证书申请"处,在"证书模板"处选择"Web 服务器",单击"提交"按钮,然后直接跳到 STEP 10。

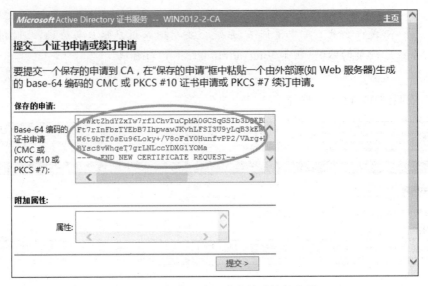

图 11-34　提交一个证书申请或续订申请

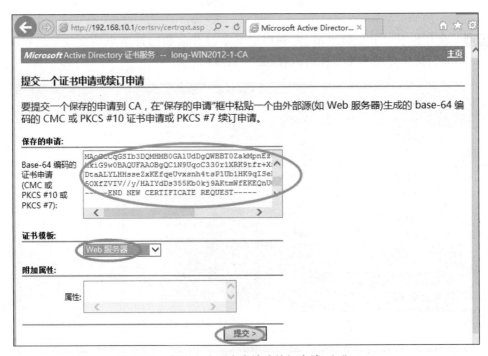

图 11-35　提交一个证书申请或续订申请(企业 CA)

STEP 7　因为独立根 CA 默认并不会自动颁发证书,故应依照图 11-36 的要求,等 CA 系统管理员发放此证书后,再链接 CA 与下载证书。该证书 ID 为 2。

STEP 8　到 CA 计算机(Win2012-2)上依次选择"开始"→"管理工具"→"证书颁发机构"→"挂起的申请"选项,选中图 11-37 中的证书请求并右击,再在快捷菜单中选择"所有任务"→"颁发"命令。颁发完成后,该证书由"挂起的申请"移到"颁发的证书"。

图 11-36　等待 CA 系统管理员发放此证书

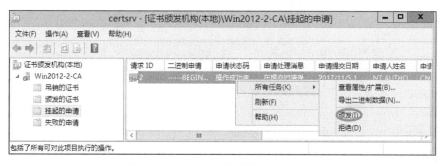

图 11-37　CA 系统管理员发放此证书

STEP 9　回到网站计算机(Win2012-2)上,打开网页浏览器,链接到 CA 网页(例如 http://192.168.10.2/certsrv),再进行选择,如图 11-38 所示。

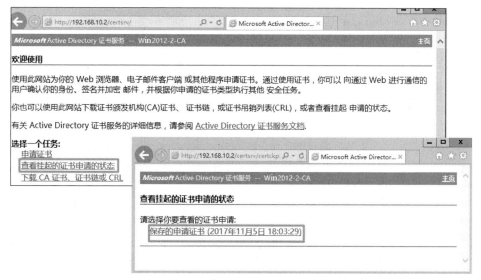

图 11-38　查看挂起的证书申请的状态

STEP 10　在图 11-39 中选择"下载证书",单击"保存"按钮,将证书保存到本地,默认的文件名为 certnew.cer。

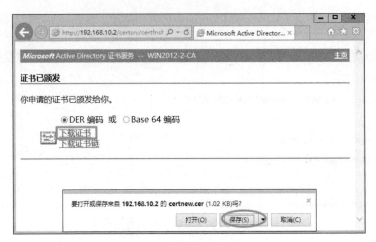

图 11-39　下载证书并保存在本地

 　　　该证书默认保存在用户的 downloads 文件夹下，比如 C：\ users \ administrator\downloads\certnew.cer。如果使用"另存为"命令，则可以更改此默认文件夹。

3. 安装证书

通过以下步骤将从 CA 下载的证书安装到 IIS 计算机(Win2012-1)上。

STEP 1　　如图 11-40 所示，依次选择 Win2012-1→"服务器证书"选项，完成证书的申请。

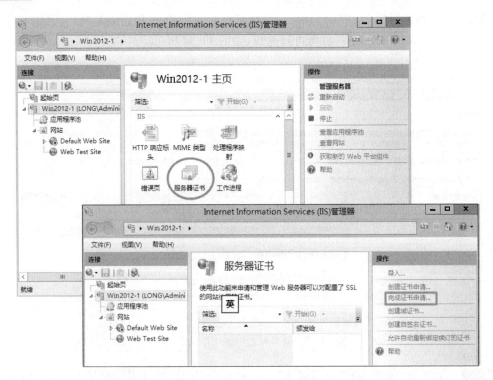

图 11-40　完成证书的申请

STEP 2　在图 11-41 中选择前面所下载的证书文件，为其设置一个易记的名称（例如 Web Test Site Certificate）。再将证书存储到个人证书存储区，单击"确定"按钮。

图 11-41　"指定证书颁发机构响应"对话框

STEP 3　图 11-42 所示为完成后的界面。

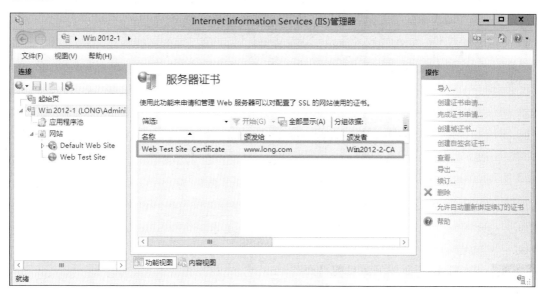

图 11-42　完成后的界面

4. 绑定 https 通信协议

STEP 1　接下来需要将 https 通信协议绑定到 Web 站点。如图 11-43 所示，单击窗口右方的"绑定"选项。

图 11-43　Web Test Site 主页的设置

STEP 2　如图 11-44 所示，单击"添加"按钮，在"添加网站绑定"对话框的"类型"处选择 https，在"SSL 证书"处选择 Web Test Site Certificate，然后单击"确定"按钮，再单击"关闭"按钮。

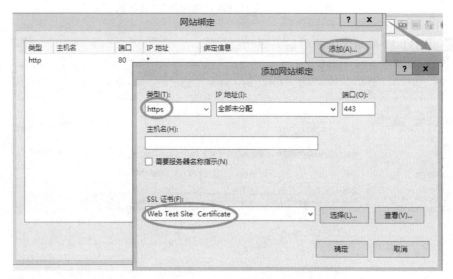

图 11-44　添加网站绑定

STEP 3　图 11-45 所示为完成后的界面。

11.3.5　建立网站的测试网页

STEP 1　下面利用本项目拓扑图中的 Win8PC 计算机来尝试与 SSL 网站建立 SSL 安全连接。开启 Internet Explorer，然后利用一般链接方式(http://192.168.10.1)连接到网站，此时应该会看到如图 11-46 所示的界面。

图 11-45   完成后的界面

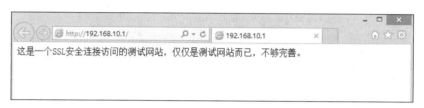

图 11-46   测试网站能否正常运行

STEP 2   利用 SSL 安全连接方式(https://192.168.10.1)来连接网站。此时会看到图 11-47 所示的警告界面,表示这台 Win8PC 计算机并未信任发放 SSL 证书的 CA,此时仍然可以单击下方的"继续浏览此网站(不推荐)"选项来打开网页或先执行信任的操作后再打开网站。

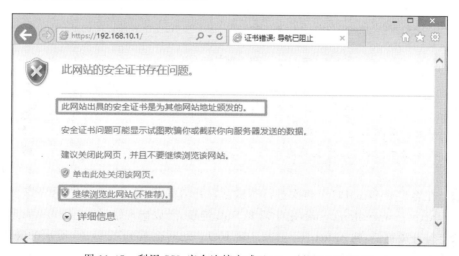

图 11-47   利用 SSL 安全连接方式(https://192.168.10.1)

如果确定所有的设置都正确，但是在这台 Win8PC 计算机的浏览器界面却没有出现应该有的结果时，请将 Internet 临时文件删除后重新尝试。按住 Alt 键，单击"工具"菜单，打开"Internet 选项"对话框，单击"浏览历史记录"处的删除按钮，确认"Internet 临时文件"已选中后，单击"删除"按钮。或是按 Ctrl＋F5 组合键，要求不读取临时文件，而直接连接网站。

STEP 3 系统默认并未强制客户端需要利用 HTTPS 的 SSL 方式来连接网站时，可以通过 HTTP 方式来连接。若要强制，可以针对整个网站、单一文件夹或单一文件来设置。以整个网站为例，其设置方法为：单击网站 Web Test Site，在"SSL 设置"界面中选中"要求 SSL"选项后单击"应用"按钮，如图 11-48 所示。

图 11-48　整个网站的 SSL 设置

如果 SSL 设置仅针对某个文件夹，那么就选中要设置的文件夹而不是整个网站。若要针对单一文件设置，则先单击文件所在的文件夹，单击"内容视图"，再单击右方的"切换至功能视图"，通过"SSL 设置"进行设置。

STEP 4 在客户端 Win8PC 上再次进行测试。打开浏览器，输入 http://192.168.10.1 或者 http://www.long.com，由于需要 SSL 链接，所以出现错误，如图 11-49 所示。

STEP 5 打开浏览器，输入 https://192.168.10.1。此时会看到图 11-49 所示的警告界面。表示这台 Win8PC 计算机并未信任发放 SSL 证书的 CA，此时仍然可以继续浏览

图 11-49　非 SSL 连接被禁止访问

此网站，如图 11-50 所示。在打开网站的同时，也出现"证书"错误信息"不匹配的地址"。因为在前面我们设置的通用名称是 www.long.com，而不是 192.168.10.1。

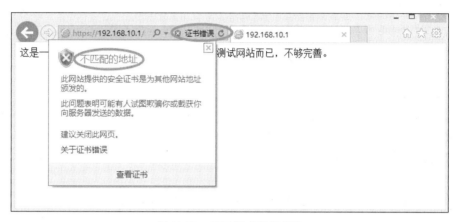

图 11-50　显示证书错误信息

STEP 6　在浏览器地址栏输入 https://www.long.com，网页可以正常运行，如图 11-51 所示。

图 11-51　成功访问 SSL 网站

11.4　习题

一、填空题

1. 数字签名通常利用公钥加密方法实现，其中发送者签名使用的密钥为发送者的_____。

2. 身份验证机构的_____可以确保证书信息的真实性，用户的_____可以保证数字信息传输的完整性，用户的_____可以保证数字信息的不可否认性。

3. 认证中心颁发的数字证书均遵循_____标准。

4. PKI的中文名称是_____,英文全称是_____。

5. _____专门负责数字证书的发放和管理,以保证数字证书的真实可靠,也称_____。

6. Windows Server 2012 R2支持两类认证中心:_____和_____,每类CA中都包含根CA和从属CA。

7. 申请独立CA证书时,只能通过_____方式。

8. 独立CA在收到申请信息后,不能自动核准与发放证书,需要_____证书,然后客户端才能安装证书。

9. 并不是所有被吊销的证书都可以解除吊销,只有在吊销时选择的"理由码"为_____的证书才可以解除吊销。

二、简答题

1. 对称密钥和非对称密钥的特点各是什么?

2. 什么是电子证书?

3. 证书的用途是什么?

4. 企业根CA和独立根CA有什么不同?

5. 安装Windows Server 2008认证服务的核心步骤是什么?

6. 证书与IIS结合实现Web站点的安全性的核心步骤是什么?

7. 简述证书的颁发过程和吊销过程。

11.5　项目实训　实现网站的SSL连接访问

一、实训目的

- 掌握企业CA的安装与证书申请。
- 掌握数字证书的管理方法及技巧。

二、项目背景

本实训项目需要计算机两台,DNS域为long.com。一台安装Windows Server 2012 R2企业版,用作CA服务器、DNS服务器和Web服务器,IP地址为192.168.10.2/24,DNS为192.168.10.2,计算机名为Win2012-2。一台安装Windows 8作为客户端进行测试,IP地址为192.168.10.200,DNS为192.168.10.2,计算机名为Win8PC;或者一台计算机安装多个虚拟机。

另外,需要Windows Server 2012 R2安装光盘或其镜像,以及Windows 8安装光盘或其镜像文件。

三、项目要求

在默认情况下,IIS使用HTTP协议以明文形式传输数据,没有采取任何加密措施,用户的重要数据很容易被窃取。如何才能保护局域网中的这些重要数据呢? 可以利用CA证书并使用SSL增强IIS服务器的通信安全。

SSL网站不同于一般的Web站点,它使用的是HTTPS协议,而不是普通的HTTP协议,因此,它的 URL(统一资源定位器)格式为"https：//网站域名"。具体实现方法如下。

1)在 Win2012-2 网络中安装证书服务

安装独立根 CA,设置证书的有效期限为 5 年,指定证书数据库和证书数据库日志采用默认位置。

2)在 Win2012-2 中利用 IIS 创建 Web 站点

利用 IIS 创建一个 Web 站点。具体方法详见"项目 9　配置与管理 Web 服务器"相关内容,在此不再赘述。注意创建 www.long.com(192.168.10.2)的主机记录。

3)让浏览器计算机 Win8PC 信任 CA

参见相关参考资料。

4)服务端(Web 站点)安装证书

(1)在网站上创建证书申请文件,设置参数如下。

① 此网站使用的方法是"新建证书",并且立即请求证书。

② 新证书的名称是 smile,加密密钥的位长是 512。

③ 单位信息：组织名 jn(济南)和部门名称 xinxi(信息)。

④ 站点的公用名称：www.long.com。

⑤ 证书的地理信息：中国,山东省,济南市。

(2)安装证书。

(3)绑定 HTTPS 通信协议。

5)进行安全通信(即验证实验结果)

(1)利用普通的 HTTP 协议进行浏览,会得到错误信息"该网页必须通过安全频道查看"。

(2)利用 HTTPS 协议进行浏览,系统将通过 IE 浏览器提示客户 Web 站点的安全证书问题,单击"确定"按钮,可以浏览该站点。

提 示　客户端向 Web 站点提供自己从 CA 申请的证书此后客户端(IE 浏览器)和 Web 站点之间的通信就被加密了。

项目背景

远程桌面连接就是在远程连接另外一台计算机。当某台计算机开启了远程桌面连接功能后,就可以在网络的另一端控制这台计算机了,通过远程桌面功能可以实时地操作这台计算机:在远程计算机上安装软件,运行程序,所有的一切都像是直接在该计算机上操作一样。系统管理员可以通过远程桌面连接来管理远程计算机与网络,而一般用户也可以通过它来使用远程计算机。

项目目标

- 远程桌面连接概述。
- 常规远程桌面连接。
- 远程桌面连接的高级设置。
- 远程桌面 Web 连接。

12.1　相关知识

Windows Server 2012 R2 通过对远程桌面协议(Remote Desktop Protocol)的支持与远程桌面连接(Remote Desktop Connection)的技术,让用户坐在一台计算机前,就可以连接到位于不同地点的其他远程计算机。举例来说(见图 12-1),当你要离开公司时,可以让办公室计算机中的程序继续运行(不要关机),回家后利用家中计算机通过 Internet 连接办公室计

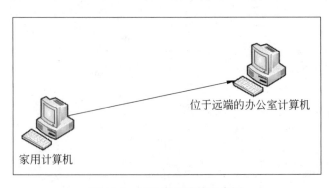

图 12-1　远程桌面连接示意图

算机,此时将接管办公室计算机的工作环境,也就是办公室计算机的桌面会显示在家用计算机的屏幕上,然后就可以继续办公室计算机上的工作,例如运行办公室计算机内的应用程序、使用网络资源等,就好像坐在这台办公室计算机前一样。

对系统管理员来说,可以利用远程桌面连接来连接远程计算机,然后通过此计算机来管理远程网络。除此之外,Windows Server 2012 R2 还支持远程桌面 Web 访问(Remote Desktop Web Access),它让用户可以通过浏览器与远程桌面 Web 连接(Remote Desktop Web Connection)连接远程计算机。

12.2 项目设计及分析

我们通过如图 12-2 所示的环境练习远程桌面连接。先将这两台计算机准备好,并设置好 TCP/IPv4 的值(采用 TCP/IPv4)。(远程计算机是非域控制器。)

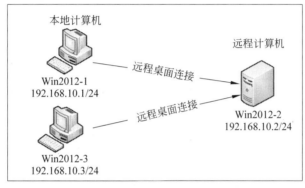

图 12-2 远程桌面连接网络拓扑

12.3 项目实施

12.3.1 设置远程计算机

必须在远程计算机上启用远程桌面,并且赋予用户远程桌面连接的权限,用户才可以利用远程桌面进行连接。

1. 启用远程桌面

STEP 1 到远程计算机 Win2012-2 上依次选择"开始"→"控制面板"→"系统和安全"→"系统"选项,单击左侧的"高级系统设置"选项,通过如图 12-3 所示"远程"选项卡下的"远程桌面"选项区中选项进行设置。

- 不允许远程连接到此计算机:禁止通过远程桌面进行连接,这是默认值。
- 允许远程连接到此计算机:如果同时选中仅允许运行使用网络级别身份验证的远程桌面的计算机连接(建议),则用户的远程桌面连接必须支持网络级别验证(Network Level Authentication,NLA)才可以连接。网络级别验证比较安全,可以避免黑客或恶意软件的攻击。Windows Vista(含)以后版本的远程桌面连接都是使用网络级别验证。

图 12-3　允许远程连接到此计算机

STEP 2 在单击如图 12-3 所示第二个选项后，系统会弹出图 12-4 所示的对话框，提醒你系统会自动在 Windows 防火墙内例外开放远程桌面协议，请直接单击"确定"按钮。

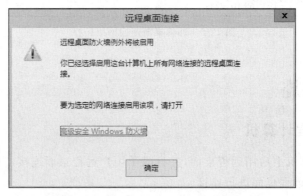

图 12-4　提醒远程桌面防火墙例外被启用

　　　一定要确定开放了远程桌面协议，除非你关闭了所有防火墙。可以通过"开始"→"控制面板"→"系统和安全"→"Windows 防火墙"选项，以及"允许应用或功能通过 Windows 防火墙"等功能来查看远程桌面已开放，如图 12-5 所示。注意"专用"和"公用"选项都要选中。

2. 在 Win2012-2 上赋予用户通过远程桌面连接的权限

STEP 1 在 Win2012-2 上要让用户可以利用远程桌面连接连接远程计算机，该用户必须在

图 12-5　开放了远程桌面连接

远程计算机上拥有允许通过远程桌面服务登录的权限,而非域控制器的计算机默认已经开放此权限给 Administrators 与 Remote Desktop Users 组,可以通过以下方法来查看此设置:依次选择"开始"→"管理工具"→"本地安全策略"→"本地策略"→"用户权限分配"选项,如图 12-6 所示。

图 12-6　允许通过远程桌面服务登录的用户组

注　意

如果是域控制器,此权限默认仅开放给 Administrators 组。

STEP 2　如果要增加其他用户也能利用远程桌面连接连接此远程计算机,只要在此远程计算机上通过上述界面赋予该用户允许通过远程桌面服务登录权限即可。

STEP 3　还可以利用将用户加入远程计算机的 Remote Desktop Users 组的方式,让用户拥有此权限，其方法有以下两种。

- 直接利用本地用户和组将用户加入 Remote Desktop Users 组。
- 单击如图 12-3 所示对话框右下方的"选择用户"按钮，通过如图 12-7 所示的"添加"按钮来选择用户，该用户账户会被加入到 Remote Desktop Users 组。该实例中可在 Win2012-2 上利用"计算机管理"增加两个用户：Rose 和 Mike，并且添加到 Remote Desktop Users 组。

图 12-7　添加远程桌面用户

由于域控制器默认并没有赋予 Remote Desktop Users 组允许通过远程桌面服务登录权限，因此如果将用户加入域 Remote Desktop Users 组，则还需要再将权限赋予此组，用户才可以远程连接域控制器。

STEP 4　如果要将此权限赋予 Remote Desktop Users（与 Administrators 组），请到域控制器选择"开始"→"管理工具"→"组策略管理"选项，展开到组织单位 Domain Controllers，选中 Default Domain Controllers Policy 并右击，选择"编辑"命令，再依次选择"计算机配置"→"策略"→"Windows 设置"→"安全设置"→"本地策略"→"用户权限分配"选项，将右侧允许通过远程桌面服务登录权限赋予 Remote Desktop Users 与 Administrators 组。

注意　虽然在本地安全策略内已经将此权限赋予 Administrators 组，但是一旦通过域组策略设置后，原来在本地安全策略内的设置就无效了，因此此处仍然需要将权限赋予 Administrators 组。

12.3.2　在本地计算机利用远程桌面连接远程计算机

Windows XP（含）以上的操作系统都包含远程桌面连接，其执行的方法如下。

- Windows Server 2012 R2、Windows 8：打开"开始"菜单，单击 Windows 附件下的"远程桌面连接"选项。
- Windows Server 2008 R2、Windows 7、Windows Vista：依次选择

"开始"→"所有程序"→"附件"→"远程桌面连接"选项。

- Windows Server 2003 R2、Windows XP：依次选择"开始"→"所有程序"→"附件"→"通信"→"远程桌面连接"选项。

1. 连接远程计算机

本例的本地计算机是 Windows Server 2012 R2，其连接远程计算机的操作步骤如下。

STEP 1　在本地计算机 Win2012-1 上，选择"开始"菜单，再单击 Windows 附件下的"远程桌面连接"。

STEP 2　如图 12-8 所示，输入远程计算机的 IP 地址（或 DNS 主机名、计算机名）后单击"连接"按钮。

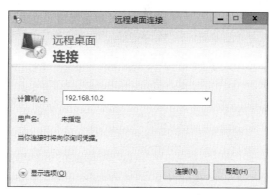

图 12-8　"远程桌面连接"对话框

STEP 3　如图 12-9 所示，输入远程计算机内具备远程桌面连接权限的用户账户（例如 Administrator）与密码。

STEP 4　如果出现如图 12-10 所示的界面，暂时不必理会，直接单击"是"按钮。

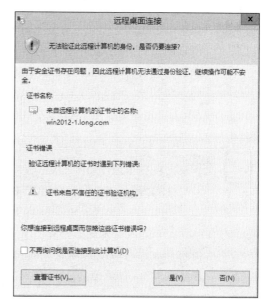

图 12-9　Windows 安全　　　　　　　　　　图 12-10　远程桌面连接验证

STEP 5 图 12-11 所示为完成连接后的界面，此全屏界面显示的是远程 Windows Server 2012 R2 计算机的桌面，由图中最上方中间的小区块可知你所连接的远程计算机的 IP 地址为 192.168.10.2。

图 12-11 远程桌面连接成功

注意   如果此用户账户（本范例是 Administrator）已经通过其他的远程桌面连接连上这台远程计算机（包含在远程计算机上本地登录），则这个用户的工作环境会被本次的连接接管，同时也会被退回到按 Ctrl＋Alt＋Del 组合键登录的窗口。

STEP 6 如果单击如图 12-11 所示最上方中间小区块的缩小窗口符号，就会看到如图 12-12 所示的窗口界面，图中背景为本地计算机的 Windows Server 2012 R2 桌面，中间窗口为远程计算机的 Windows Server 2012 R2 桌面。如果要在全屏幕与窗口界面之间切换，可以按 Ctrl＋Alt＋Pause 组合键。如果要针对远程计算机来使用 Alt＋Tab 等组合键，默认必须在全屏模式下。

注意   （1）远程桌面连接使用的连接端口号码为 3389。如果要更改，请到远程计算机上执行 REGEDIT.EXE 程序，然后更改以下路径的数值。

HKEY＿LOCAL＿MACHINE \ System \ CurrentControlSet \ Control \ Terminal Server\WinStations\RDP-Tcp\PortNumber

（2）完成后重新启动远程计算机，另外还要在远程计算机的 Windows 防火墙内开放此新的连接端口。客户端计算机在连接远程计算机时，必须添加新的连接端口号（假设为 3340），例如"192.168.10.1:3340"。

2. 注销或中断连接

如果要结束与远程计算机的连接，可以采用以下两种方法。

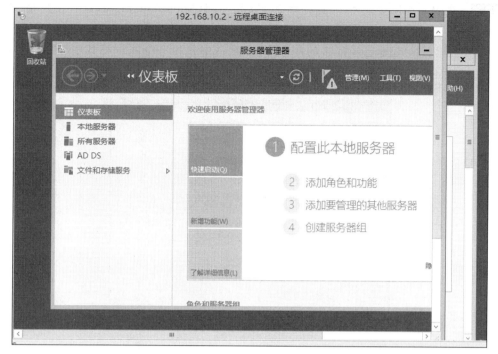

图 12-12　远程桌面连接

（1）注销：注销后，在远程计算机上执行的程序会被结束。注销方法为按 Ctrl＋Alt＋End 组合键（最后是 End 键而不是 Del 键），然后单击"注销"按钮。

（2）中断：中断连接并不会结束正在远程计算机内运行的程序，它们仍然会在远程计算机内继续运行，而且桌面环境也会被保留，下一次即使是从另一台计算机重新连接远程计算机，还是能够继续拥有之前的环境。只要单击远程桌面窗口上方的×符号，就可以中断与远程计算机之间的连接。

3. 最大连接数测试

一台 Windows Server 2012 R2 计算机最多仅允许两个用户连接（包含本地登录者），而 Windows 8 等客户端计算机则仅支持一个用户连接。

一个用户账户仅能够有一个连接（包含本地登录者），如果此用户（本例是 Administrator）已经通过其他远程桌面连接连上远程计算机（包含在远程计算机上本地登录），则这个用户的工作环境会被本次的连接来接管，同时也会被退出到初始界面。

　　　　如果 Windows Server 2012 R2 支持更多连接数，安装远程桌面服务角色并取得合法授权数量。

下面就对最大连接数进行测试。

STEP 1　以 Administrator 账户登录 Win2012-2，前面已经添加本地用户 Rose 和 Mike，并且隶属于 Remote Desk Users 组。

STEP 2　在 Win2012-1 上使用"远程桌面连接"连接计算机 Win2012-2，远程用户是 Rose。

STEP 3 在 Win2012-3 上使用"远程桌面连接"连接计算机 Win2012-2,远程用户是 Mike。由于计算机 Win2012-2 的连入连接数量已经被其他用户账户占用,则系统会(见图 12-13)显示已经连接的用户名,必须从中选择一个账户将其中断后才可以连接,不过需要经过该用户同意后才可以将其中断。

图 12-13 选择要中断连接的用户

STEP 4 单击"Win2012-2\rose"将该连接中断。

STEP 5 在 Win2012-1 上显示如图 12-14 所示的界面,该用户(Rose)单击"确定"按钮后,Win2012-3 上的 Mike 用户的远程桌面连接就可以连接了。

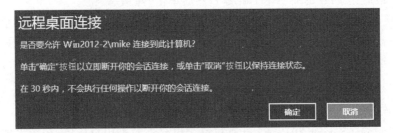

图 12-14 询问要中断连接的用户

12.3.3 远程桌面连接的高级设置

远程桌面连接的用户在单击如图 12-15 所示的"显示选项"按钮后,就可以通过如图 12-16 所示界面进一步设置远程桌面连接(以下利用 Windows Server 2012 R2 的界面进行说明)。

1. 常规设置

在如图 12-16 所示的对话框中,可以事先设置好要连接的远程计算机、用户名等数据,也可以将这些连接设置存盘(扩展名为.RDP),以后只要单击此 RDP 文件,就可以自动利用此账户来连接远程计算机。

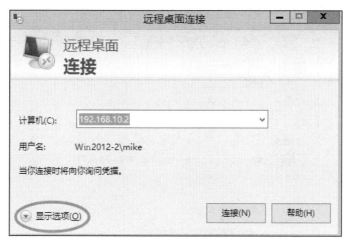

图 12-15　"远程桌面连接"对话框

图 12-16　"远程桌面连接"对话框中的"常规"选项卡

2. 显示设置

单击如图 12-16 所示的"显示"标签后,显示图 12-17 所示的"显示"选项卡,即可调整远程桌面窗口的显示分辨率、颜色质量等。图中最下方的"全屏显示时显示连接栏"选项中所指的连接栏就是远程桌面窗口最上方中间的小区块(见图 12-11)。

图 12-17 "远程桌面连接"对话框中的"显示"选项卡

3. 本地资源

STEP 1 单击"本地资源"标签,显示如图 12-18 所示的"本地资源"选项卡,在此可以设置如下选项。

- 远程音频:确定是否要将远程计算机播放的音频送到本地计算机来播放或者留在远程计算机播放,还是都不要播放。还可以设置是否要录制远程音频。
- 键盘:当用户按组合键时,如按 Alt+Tab 组合键,则确定要操控本地计算机还是远程计算机,或者仅在全屏显示时才用来操控远程计算机。
- 本地设备和资源:可以将本地设备显示在远程桌面的窗口内,以便在此窗口内访问本地设备与资源,例如将远程计算机内的文件通过本地打印机进行打印。

STEP 2 单击图 12-18 所示的"详细信息"按钮,则显示如图 12-19 所示的对话框。在此可设置访问本地计算机的驱动器、即插即用设备(如 U 盘)等。

STEP 3 例如,图 12-20 中的本地计算机为 Win2012-3,其磁盘 C、D 都出现在远程桌面的窗口内,因此可以在此窗口内同时访问远程计算机与本地计算机内的文件资源,例如相互复制文件。

4. 程序

通过图 12-21 所示的"程序"选项卡来设置用户登录完成后,则自动运行指定的程序,需要设置程序所在的路径与程序名。还可以指定工作目录。

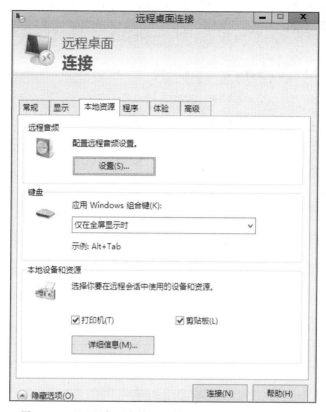

图 12-18　"远程桌面连接"对话框中的"本地资源"选项卡

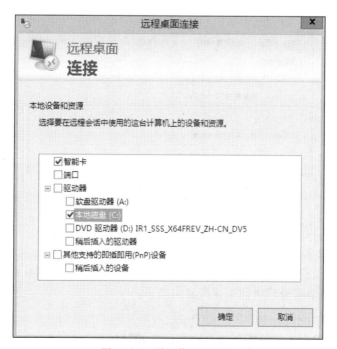

图 12-19　详细信息对话框

图 12-20　本地设备和资源

图 12-21　"远程桌面连接"对话框中的"程序"选项卡

5. 体验

在单击图 12-22 所示的"体验"选项卡后,即可根据本地计算机与远程计算机之间连接的速度来调整显示效率,例如,如果连接速度比较慢,可以设置不显示桌面背景、不要显示字体平滑等任务,以便节省处理时间来提高显示效率。

6. 高级

系统可以帮助用户验证是否连接到正确的远程计算机上(服务器),以增强连接的安全性。在单击图 12-23 所示的"高级"选项卡后,即可通过其中的"如果服务器身份验证失败"

选项来选择服务器验证失败的以下处理方式。

- 连接并且不显示警告：如果远程计算机是 Windows Server 2003 SP1 或更旧版本，可以选择此选项，因为这些系统并不支持验证功能。
- 显示警告：此时会显示警告界面，由用户自行决定是否要继续连接。
- 不连接：表示不进行连接。

图 12-22　"远程桌面连接"对话框中的"体验"选项卡

图 12-23　"远程桌面连接"对话框中的"高级"选项卡

12.3.4　远程桌面 Web 连接

也可以利用 Web 浏览器搭配远程桌面技术来连接远程计算机，这个功能被称为远程桌面 Web 连接（Remote Desktop Web Connection）。要享有此功能（见图 12-24），先在网络上的一台 Windows Server 2012 R2 计算机内安装远程桌面 Web 访问角色服务与 Web 服务器

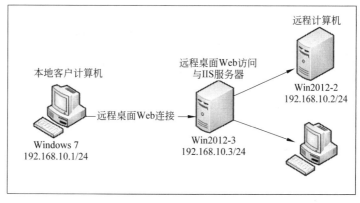

图 12-24　远程桌面 Web 连接网络拓扑图

IIS(IIS 网站),客户端计算机利用网页浏览器连接到远程桌面 Web 访问网站后,再通过此网站来连接远程计算机。

技巧:可以同时将远程桌面访问与 IIS 网站安装在要被连接的远程计算机上。

1. 远程桌面 Web 访问网站的设置

如图 12-24 所示,在 Windows Server 2012 R2 服务器上(假设为 Win2012-3,IP 地址为 192.168.10.3)安装远程桌面 Web 访问。

STEP 1 在这台 Windows Server 2012 R2 计算机上单击左下角的"服务器管理器"图标,单击"添加角色和功能",持续单击"下一步"按钮,直到出现如图 12-25 所示的界面,此时选中"远程桌面服务"复选框后再单击"下一步"按钮。

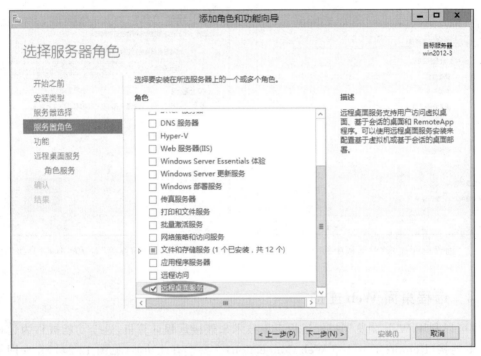

图 12-25　选择服务器角色

STEP 2 连续单击"下一步"按钮,直至出现如图 12-26 所示背景图时,选中"远程桌面 Web 访问"复选框。在前景图中单击"添加功能"按钮来安装所需的其他功能(如 Web 服务器 IIS)。

STEP 3 持续单击"下一步"按钮,最后单击"安装"按钮。

2. 客户端通过浏览器连接远程计算机

客户端计算机利用 Internet Explorer 来连接远程桌面 Web 访问网站,然后通过此网站来连接远程计算机。不过,客户端计算机的远程桌面连接必须支持 Remote Desktop Protocol 6.1(含)以上,Windows XP SP3/Windows Vista SP1/Windows 7/Windows 8、Windows Server 2008(R2)/Windows Server 2012 R2 计算机都符合此条件。

下面假设远程桌面 Web 访问网站的 IP 地址为 192.168.10.3(Win2012-3),所要连接的远程计算机的 IP 地址为 192.168.10.2(Win2012-2),客户端计算机为 Windows 7。

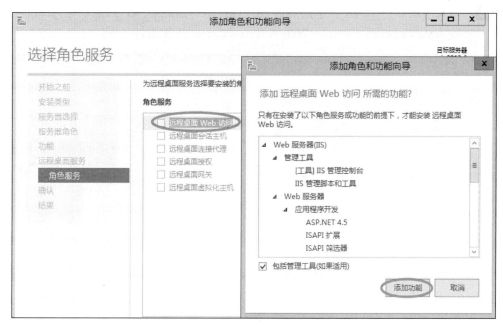

图 12-26   选择角色服务

STEP 1   到扮演客户端角色的 Windows 7 计算机上登录。

STEP 2   打开浏览器 Internet Explorer（此处以传统桌面的 Internet Explorer 为例），如
图 12-27 所示，输入 URL 网址 https://192.168.10.3/rdweb/（必须采用 https）。
出现网站的安全证书有问题的警告时，可以不必理会，直接单击"继续浏览此网站
（不推荐）"。

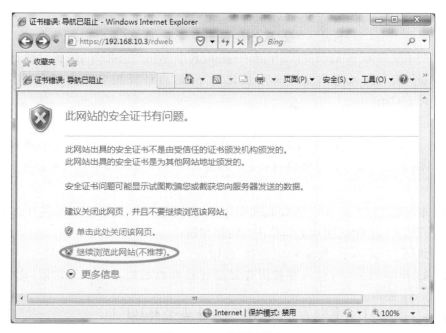

图 12-27   证书错误警告

STEP 3 如果出现如图 12-28 所示的界面,则单击"运行加载项"命令,它会运行 Microsoft Remote Desktop Services Web Access Control 附加组件。

图 12-28　允许运行组件

STEP 4 如图 12-29 所示,输入有权限连接此 IIS 网站的账户与密码后单击"登录"按钮。图中账户为 Win2012-3\administrator,其中 Win2012-3 为 IIS 网站的计算机名;如果要利用域用户账户来连接此网站,请将计算机名改为域名,例如 long\administrator。

这里的账户和密码是连接 IIS 网站的有权限的账户和密码,也就是能够登录 Win2012-3 这台计算机网站的账户和密码,而不是连接远程桌面的账户和密码。

STEP 5 单击图 12-30 所示的"连接到远程计算机"标签,输入远程计算机的 IP 地址(或计算机名,或 DNS 主机名),单击"连接"按钮。

STEP 6 如图 12-31 所示,直接单击"连接"按钮。

STEP 7 如图 12-32 所示,输入有权限连接远程计算机的用户账户与密码,比如前面的 mike 账户。

STEP 8 可以不理会图 12-33 所示的警告,直接单击"是"按钮。

STEP 9 图 12-34 所示为完成连接后的界面。

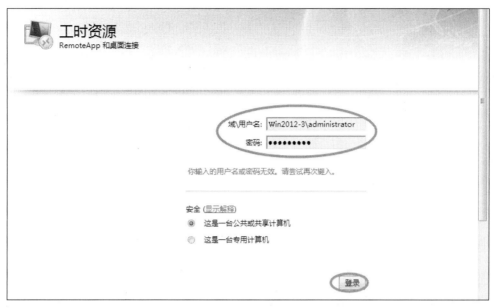

图 12-29　登录远程网站

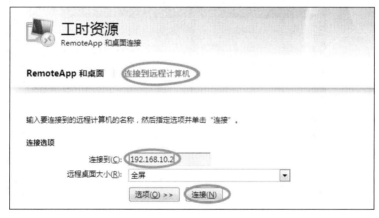

图 12-30　连接到远程计算机

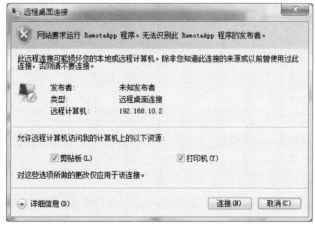

图 12-31　"远程桌面连接"对话框

图 12-32　Windows 安全

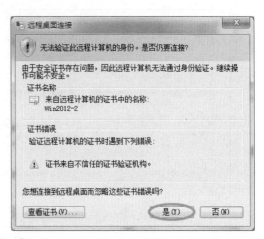

图 12-33　远程连接证书问题

图 12-34　完成连接后的界面

12.4　习题

一、填空题

1. Windows Server 2012 R2 通过对_____的支持与_____的技术,让用户坐在一台计算机前,就可以连接到位于不同地点的其他远程计算机。

2. 对系统管理员来说,可以利用_____来连接远程计算机,然后通过此计算机来管理远程网络。除此之外,Windows Server 2012 R2 还支持_____,它让用户可以通过浏览器与_____连接远程计算机。

3. 利用 Web 浏览器搭配远程桌面技术来连接远程计算机,这个功能被称为_____。

4. 要享有远程桌面 Web 连接功能,必须安装_____角色服务与_____,客户端计算机利用网页浏览器连接到_____网站后,再通过此网站来连接远程计算机。

5. 必须在远程计算机上启用_____,并且_____,用户才可以利用远程桌面进行连接。

二、简答题

1. 简述远程桌面连接的概念。

2. 简述如何设置"本地资源"选项。

3. 简述远程连接的步骤。

12.5 实训项目 远程桌面 Web 连接

在网络上的一台 Windows Server 2012 R2 计算机内安装远程桌面 Web 访问角色服务与 Web 服务器 IIS(IIS 网站),客户端计算机利用网页浏览器连接到远程桌面 Web 访问网站后,再通过此网站来连接远程计算机,参考图 12-24。

要完成以下任务。

(1) 远程桌面 Web 访问网站的设置。

(2) 客户端通过浏览器连接远程计算机。

项目 13
配置与管理 VPN 服务器

项目背景

　　作为网络管理员,必须熟悉网络安全保护的各种策略环节以及可以采取的安全措施。这样才能合理地进行安全管理,使得网络和计算机处于安全保护的状态。

　　虚拟专用网(Virtual Private Network,VPN)可以让远程用户通过因特网来安全地访问公司内部网络的资源。

项目目标

- 理解 VPN 的基本概念和基本原理。
- 理解远程访问 VPN 的构成和连接过程。
- 掌握配置并测试远程访问 VPN 的方法。
- 掌握 VPN 服务器的网络策略的配置。

13.1　相关知识

　　远程访问(Remote Access)也称为远程接入,通过这种技术可以将远程或移动用户连接到组织内部网络上,使远程用户可以像他们的计算机物理地连接到内部网络上一样工作。实现远程访问最常用的连接方式就是 VPN 技术。目前,互联网中的多个企业网络常常选择 VPN 技术(通过加密技术、验证技术、数据确认技术的共同应用)连接起来,这样就可以轻易地在 Internet 上建立一个专用网络,让远程用户通过 Internet 来安全地访问网络内部的网络资源。

　　VPN(Virtual Private Network)即虚拟专用网,是指在公共网络(通常为 Internet)中建立一个虚拟的、专用的网络,是 Internet 与 Intranet 之间的专用通道,为企业提供一个高安全、高性能、简便易用的环境。当远程的 VPN 客户端通过 Internet 连接到 VPN 服务器时,它们之间所传送的信息会被加密,所以即使信息在 Internet 传送的过程中被拦截,也会因为信息已被加密而无法识别,因此可以确保信息的安全性。

13.1.1　VPN 的构成

　　(1) 远程访问 VPN 服务器:用于接收并响应 VPN 客户端的连接请求,并建立 VPN 连接。它可以是专用的 VPN 服务器设备,也可以是运行 VPN 服务的主机。

（2）VPN 客户端：用于发起连接 VPN 连接请求，通常为 VPN 连接组件的主机。

（3）隧道协议：VPN 的实现依赖于隧道协议，通过隧道协议，可以将一种协议用另一种协议或相同协议封装，同时还可以提供加密、认证等安全服务。VPN 服务器和客户端必须支持相同的隧道协议，以便建立 VPN 连接。目前最常用的隧道协议有 PPTP 和 L2TP。

- PPTP（Point-to-Point Tunneling Protocol，点对点隧道协议）。PPTP 是点对点协议（PPP）的扩展，并协调使用 PPP 的身份验证、压缩和加密机制。PPTP 客户端支持内置于 Windows XP 远程访问客户端。只有 IP 网络（如 Internet）才可以建立 PPTP 的 VPN。两个局域网之间若通过 PPTP 来连接，则两端直接连接到 Internet 的 VPN 服务器必须要执行 TCP/IP 通信协议，但网络内的其他计算机不一定需要支持 TCP/IP 协议，它们可执行 TCP/IP、IPX 或 NetBEUI 通信协议，因为当它们通过 VPN 服务器与远程计算机通信时，这些不同通信协议的数据包会被封装到 PPP 的数据包内，然后经过 Internet 传送。信息到达目的地后，再由远程的 VPN 服务器将其还原为 TCP/IP、IPX 或 NetBEUI 的数据包。PPTP 是利用 MPPE（Microsoft Point-to-Point Encryption）加密法来将信息加密的。PPTP 的 VPN 服务器支持内置于 Windows Server 2003 家族的成员。PPTP 与 TCP/IP 协议一同安装，根据运行"路由和远程访问服务器安装向导"时所做的选择，PPTP 可以配置为 5 个或 128 个 PPTP 端口。

- L2TP（Layer Two Tunneling Protocol，第二层隧道协议）。L2TP 是基于 RFC 的隧道协议，该协议是一种业内标准。L2TP 同时具有身份验证、加密与数据压缩的功能。L2TP 的验证与加密方法都是采用 IPSec。与 PPTP 类似，L2TP 也可以将 IP、IPX 或 NetBEUI 的数据包封装到 PPP 的数据包内。与 PPTP 不同，运行在 Windows Server 2003 服务器上的 L2TP 不利用 Microsoft 点对点加密（MPPE）来加密点对点协议（PPP）数据报。L2TP 依赖于加密服务的 Internet 协议安全性（IPSec）。L2TP 和 IPSec 的组合被称为 L2TP/IPSec。L2TP/IPSec 提供专用数据的封装和加密的主要虚拟专用网（VPN）服务。VPN 客户端和 VPN 服务器必须支持 L2TP 和 IPSec。L2TP 的客户端支持内置于 Windows XP 远程访问客户端，而 L2TP 的 VPN 服务器支持内置于 Windows Server 2003 家族的成员。L2TP 与 TCP/IP 协议一同安装，根据运行"路由和远程访问服务器安装向导"时所做的选择，L2TP 可以配置为 5 个或 128 个 L2TP 端口。

（4）Internet 连接：VPN 服务器和客户端必须都接入 Internet，并且能够通过 Internet 进行正常的通信。

13.1.2　VPN 应用场合

VPN 的实现可以分为软件和硬件两种方式。Windows 服务器版的操作系统以完全基于软件的方式实现了虚拟专用网，成本非常低廉。无论身处何地，只要能连接到 Internet，就可以与企业网在 Internet 上的虚拟专用网相关联，登录到内部网络浏览或交换信息。

一般来说，VPN 使用在以下两种场合。

（1）远程客户端通过 VPN 连接到局域网

总公司(局域网)的网络已经连接到 Internet,而用户在远程拨号连接 ISP 连上 Internet 后,就可以通过 Internet 来与总公司(局域网)的 VPN 服务器建立 PPTP 或 L2TP 的 VPN,并通过 VPN 来安全地传送信息。

（2）两个局域网通过 VPN 互联

两个局域网的 VPN 服务器都连接到 Internet,并且通过 Internet 建立 PPTP 或 L2TP 的 VPN,它可以让两个网络之间安全地传送信息,不必担心在 Internet 上传送时泄密。

除了使用软件方式实现外,VPN 的实现需要建立在交换机、路由器等硬件设备上。目前,在 VPN 技术和产品方面,最具有代表性的当数 Cisco 和华为 3Com。

13.1.3 VPN 的连接过程

（1）客户端向服务器连接 Internet 的接口发送建立 VPN 连接的请求。

（2）服务器接收到客户端建立连接的请求之后,将对客户端的身份进行验证。

（3）如果身份验证未通过,则拒绝客户端的连接请求。

（4）如果身份验证通过,则允许客户端建立 VPN 连接,并为客户端分配一个内部网络的 IP 地址。

（5）客户端将获得的 IP 地址与 VPN 连接组件绑定,并使用该地址与内部网络进行通信。

13.1.4 认识网络策略

1. 什么是网络策略

部署网络访问保护(NAP)时,将向网络策略配置中添加健康策略,以便在授权的过程中使用 NPS(网络策略服务器)执行客户端健康检查。

当处理作为 RADIUS 服务器的连接请求时,网络策略服务器对此连接请求既执行身份验证,又执行授权。在身份验证过程中,NPS 验证连接到网络的用户或计算机的身份。在授权过程中,NPS 确定是否允许用户或计算机访问网络。

若要进行此决定,NPS 使用在 NPS Microsoft 管理控制台(MMC)管理单元中配置的网络策略。NPS 还检查 Active Directory 域服务(AD DS)中账户的拨入属性以执行授权。

可以将网络策略视为规则。每个规则都具有一组条件和设置。NPS 将规则的条件与连接请求的属性进行对比。如果规则和连接请求之间出现匹配,则规则中定义的设置会应用于连接。

当在 NPS 中配置了多个网络策略时,它们是一组有序规则。NPS 根据列表中的第一个规则检查每个连接请求,然后根据第二个规则进行检查。以此类推,直到找到匹配项为止。

每个网络策略都有"策略状态"设置,使用该设置可以启用或禁用策略。如果禁用网络策略,则授权连接请求时 NPS 不评估策略。

2. 网络策略属性

每个网络策略中都有以下 4 种类别的属性。

（1）概述

使用这些属性可以指定是否启用策略，是允许还是拒绝访问策略，以及连接请求是需要特定网络连接方法还是需要网络访问服务器类型。使用概述属性还可以指定是否忽略 AD DS 中的用户账户的拨入属性。如果选择该选项，则 NPS 只使用网络策略中的设置来确定是否授权连接。

（2）条件

使用这些属性可以指定为了匹配网络策略连接请求所必须具有的条件；如果策略中配置的条件与连接请求匹配，则 NPS 将把网络策略中指定的设置应用于连接。例如，如果将网络访问服务器 IPv4 地址（NAS IPv4 地址）指定为网络策略的条件，并且 NPS 从具有指定 IP 地址的 NAS 接收连接请求，则策略中的条件与连接请求相匹配。

（3）约束

约束是匹配连接请求所需的网络策略的附加参数。如果连接请求与约束不匹配，则 NPS 自动拒绝该请求。与 NPS 对网络策略中不匹配条件的响应不同，如果约束不匹配，则 NPS 不评估附加网络策略，只拒绝连接请求。

（4）设置

可以指定在所有网络策略条件都匹配时，NPS 应用于连接请求的设置。

13.2　项目设计及分析

1. 项目设计

本项目将根据图 13-1 所示的环境部署远程访问 VPN 服务器。

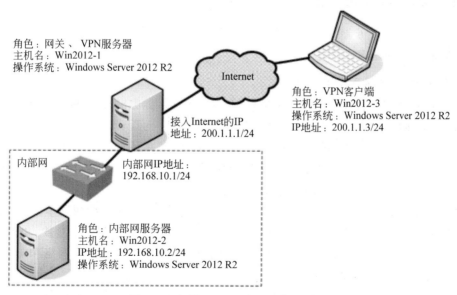

角色：网关 、 VPN服务器
主机名：Win2012-1
操作系统：Windows Server 2012 R2

Internet

角色：VPN客户端
主机名：Win2012-3
操作系统：Windows Server 2012 R2
IP地址：200.1.1.3/24

接入Internet的IP
地址：200.1.1.1/24

内部网

内部网IP地址：
192.168.10.1/24

角色：内部网服务器
主机名：Win2012-2
IP地址：192.168.10.2/24
操作系统：Windows Server 2012 R2

图 13-1　架设 VPN 服务器网络拓扑图

Win2012-1、Win2012-2、Win2012-3 可以是 Hyper-V 服务器的虚拟机，也可以是 VMWare 的虚拟机。

2. 项目分析

部署远程访问 VPN 服务之前应做以下准备。

(1) 使用提供远程访问 VPN 服务的 Windows Server 2012 R2 操作系统。

(2) VPN 服务器至少要有两个网络连接。

(3) VPN 服务器必须与内部网络相连,因此需要配置与内部网络连接所需要的 TCP/IP 参数(私有 IP 地址),该参数可以手工指定,也可以通过内部网络中的 DHCP 服务器自动分配。本例 IP 地址为 192.168.10.1/24。

(4) VPN 服务器必须同时与 Internet 相连,因此需要建立和配置与 Internet 的连接。VPN 服务器与 Internet 的连接通常采用较快的连接方式,如专线连接。本例 IP 地址为 200.1.1.1/24。

(5) 合理规划分配给 VPN 客户端的 IP 地址。VPN 客户端在请求建立 VPN 连接时,VPN 服务器需要为其分配内部网络的 IP 地址。配置的 IP 地址也必须是内部网络中不使用的 IP 地址,地址的数量根据同时建立 VPN 连接的客户端数量来确定。在本项目中部署远程访问 VPN 时,使用静态 IP 地址池为远程访问客户端分配 IP 地址,地址范围为 192.168.10.11/24~192.168.10.20/24。

(6) 客户端在请求 VPN 连接时,服务器要对其进行身份验证,因此应合理规划需要建立 VPN 连接的用户账户。

13.3 项目实施

13.3.1 架设 VPN 服务器

在架设 VPN 服务器之前,读者需要了解实例部署的需求和实验环境。本书使用 Hyper-V 服务器构建虚拟环境。

1. 为 VPN 服务器添加第二块网卡

(1) 在"服务器管理器"窗口的"虚拟机"面板中选择目标虚拟机(本例为 Win2012-1),在右侧的"操作"面板中单击"设置"超链接,打开"Win2012-1 的设置"对话框。

(2) 单击"硬件"→"添加硬件"选项,打开"添加硬件"对话框。在右侧的允许添加的硬件列表中显示允许添加的硬件设备,本例为"网络适配器"。选中要添加的硬件,单击"添加"按钮,并选择网络连接方式为"内部虚拟交换机"。

(3) 启动 Win2012-1,选择"开始"→"网络连接"命令,然后更改两块网卡的网络连接的名称分别为"局域网连接"和"Internet 连接",并分别设置两个连接的网络参数。"网络连接"对话框的显示如图 13-2 所示。(或者右击"网络连接",依次选择"打开网络和 Internet 共享"→"更改适配器设置"命令。)

(4) 同理启动 Win2012-2 和 Win2012-3,并按图 13-1 设置这两台服务器的 IP 地址等信息。设置完成后利用 ping 命令测试这 3 台虚拟机的连通情况,为后面的实训做准备。

2. 安装"路由和远程访问服务"角色

要配置 VPN 服务器,必须安装"路由和远程访问"服务。Windows Server 2012 R2 中的

图 13-2　网络连接

路由和远程访问是包括在"网络策略和访问服务"角色中的,并且默认没有安装。用户可以根据自己的需要选择同时安装网络策略和访问服务中的所有服务组件或者只安装路由和远程访问服务。

路由和远程访问服务的安装步骤如下。

(1) 以管理员身份登录服务器 Win2012-1,打开"服务器管理器"窗口的"仪表板",单击"添加角色"链接,打开如图 13-3 所示的"选择服务器角色"对话框,选择"网络策略和访问服务"和"远程访问"角色。

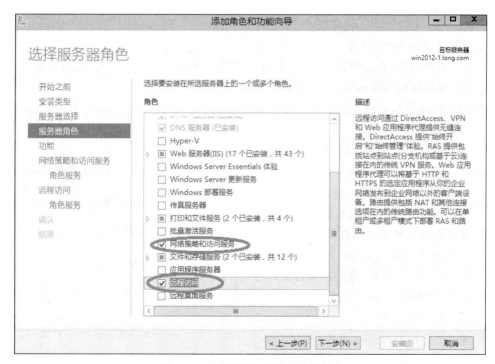

图 13-3　"选择服务器角色"对话框

(2) 连续单击"下一步"按钮,显示"网络策略和访问服务"的"角色服务"对话框,网络策略和访问服务中包括"网络策略服务器、健康注册机构和主机凭据授权协议"角色服务,选择"网络策略服务器"复选框。

(3) 单击"下一步"按钮,显示"选择角色服务"对话框。选择所有的复选框,如图 13-4 所示。

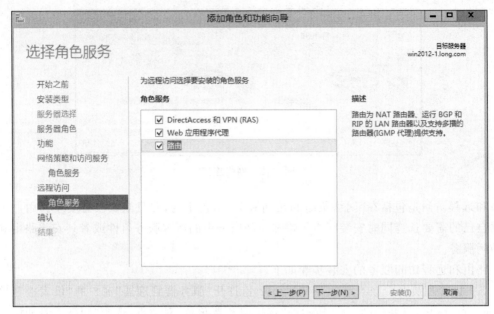

图 13-4 "选择角色服务"对话框

（4）单击"安装"按钮即可开始安装，完成后显示"安装结果"对话框。

3. 配置并启用 VPN 服务

在已经安装"路由和远程访问"角色服务的计算机 Win2012-1 上通过"路由和远程访问"控制台配置并启用路由和远程访问，具体步骤如下。

（1）打开"路由和远程访问服务器安装向导"页面

① 以域管理员账户登录到需要配置 VPN 服务的计算机 Win2012-1 上，依次选择"开始"→"管理工具"→"路由和远程访问"选项，打开如图 13-5 所示的"路由和远程访问"控制台。

② 在该控制台树上右击服务器 Win2012-1（本地），在弹出的菜单中选择"配置并启用路由和远程访问"命令，打开"路由和远程访问服务器安装向导"界面。

（2）选择 VPN 连接

① 单击"下一步"按钮，出现"配置"对话框，在该对话框中可以配置 NAT、VPN 以及

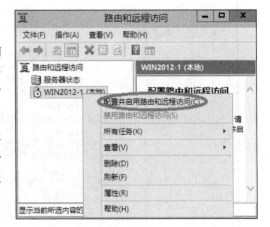

图 13-5 "路由和远程访问"控制台

路由服务，在此选择"远程访问（拨号或 VPN）"复选框，如图 13-6 所示。

② 单击"下一步"按钮，出现"远程访问"对话框，在该对话框中可以选择创建拨号或 VPN 远程访问连接，在此选择 VPN 复选框，如图 13-7 所示。

（3）选择连接到 Internet 的网络接口

单击"下一步"按钮，出现"VPN 连接"对话框，在该对话框中选择连接到 Internet 的网

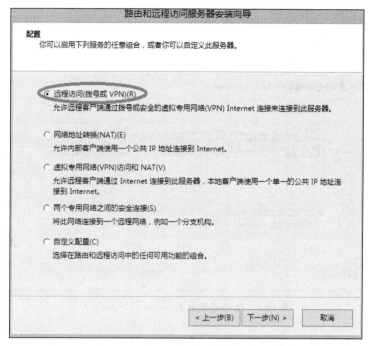

图 13-6　选择"远程访问(拨号或 VPN)"单选按钮

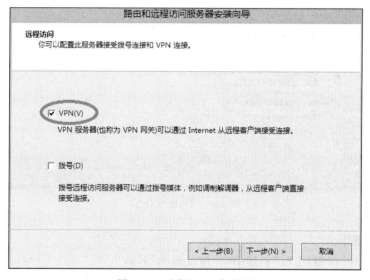

图 13-7　选择 VPN 复选框

络接口,在此选择"Internet 连接"接口,如图 13-8 所示。

(4) 设置 IP 地址分配

① 单击"下一步"按钮,出现"IP 地址分配"对话框,在该对话框中可以设置分配给 VPN 客户端计算机的 IP 地址从 DHCP 服务器获取或是指定一个范围,在此选择"来自一个指定的地址范围"选项,如图 13-9 所示。

② 单击"下一步"按钮,出现"地址范围分配"对话框,在该对话框中指定 VPN 客户端计

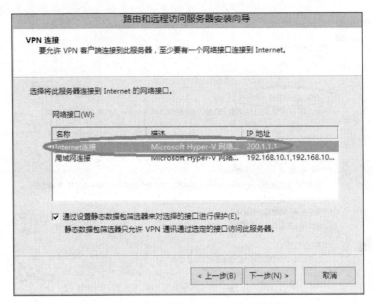

图 13-8　选择连接到 Internet 的网络接口

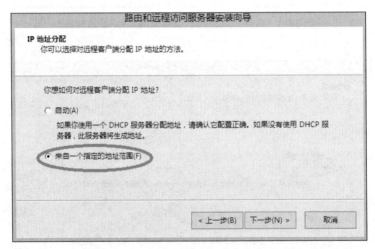

图 13-9　IP 地址分配

算机的 IP 地址范围。

　　③ 单击"新建"按钮，出现"新建 IPv4 地址范围"对话框，在"起始 IP 地址"文本框中输入 192.168.10.11，在"结束 IP 地址"文本框中输入 192.168.10.20，如图 13-10 所示，然后单击"确定"按钮即可。

　　④ 返回到"地址范围分配"对话框，可以看到已经指定了一段 IP 地址范围。

　　（5）结束 VPN 配置

　　① 单击"下一步"按钮，出现"管理多个远程访问服务器"对话框。在该对话框中可以指定身份验证的方法是路由和远程访问服务器还是 RADIUS 服务器，在此选择"否，使用路由和远程访问来对连接请求进行身份验证"单选按钮，如图 13-11 所示。

　　② 单击"下一步"按钮，出现"摘要"对话框，在该对话框中显示了之前步骤所设置的信息。

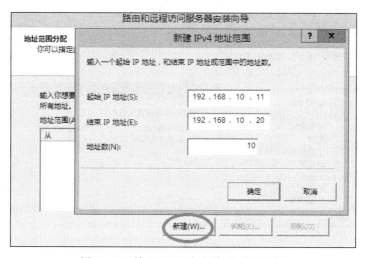

图 13-10　输入 VPN 客户端 IP 地址范围

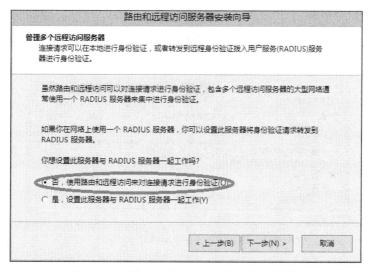

图 13-11　"管理多个远程访问服务器"对话框

③ 单击"完成"按钮，出现如图 13-12 所示对话框，表示需要配置 DHCP 中继代理程序，最后单击"确定"按钮即可。

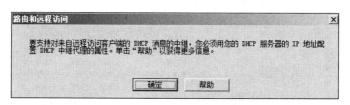

图 13-12　DHCP 中继代理信息

（6）查看 VPN 服务器的状态

① 完成 VPN 服务器的创建，返回到如图 13-13 所示的"路由和远程访问"对话框。由于

目前已经启用了 VPN 服务,所以显示绿色向上的标识箭头。

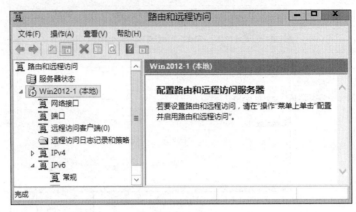

图 13-13　VPN 配置完成后的效果

② 在"路由和远程访问"控制台的树中展开服务器,单击"端口"选项,在控制台右侧界面中显示所有端口的状态为"不活动",如图 13-14 所示。

图 13-14　查看端口状态

③ 在"路由和远程访问"控制台的树中展开服务器,单击"网络接口"选项,在控制台右侧界面中显示 VPN 服务器上的所有网络接口,如图 13-15 所示。

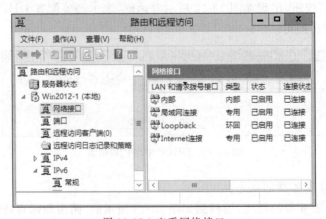

图 13-15　查看网络接口

4. 停止和启动 VPN 服务

要启动或停止 VPN 服务,可以使用 net 命令、"路由和远程访问"控制台或"服务"控制台,具体步骤如下。

（1）使用 net 命令

以域管理员账户登录到 VPN 服务器 Win2012-1 上,在命令行提示符界面中输入命令 net stop remoteaccess 来停止 VPN 服务,输入命令 net start remoteaccess 启动 VPN 服务。

（2）使用"路由和远程访问"控制台

在"路由和远程访问"控制台的树中右击服务器,在弹出的菜单中选择"所有任务"中的"停止"或"启动"命令,即可停止或启动 VPN 服务。

VPN 服务停止以后,"路由和远程访问"控制台界面如图 13-5 所示,显示了红色向下标识箭头。

（3）使用"服务"控制台

依次选择"开始"→"管理工具"→"服务"选项,打开"服务"控制台,找到服务 Routing and Remote Access,单击"启动"或"停止"选项,即可启动或停止 VPN 服务,如图 13-16 所示。

图 13-16 使用"服务"控制台启动或停止 VPN 服务

5. 配置域用户账户来允许 VPN 连接

在域控制器 Win2012-1 上设置允许用户 Administrator@long.com 使用 VPN,连接到 VPN 服务器的具体步骤如下。

（1）以域管理员账户登录到域控制器上 Win2012-1,打开"Active Directory 用户和计算机"控制台。依次打开 long.com 和 Users 节点,右击用户 Administrator,在弹出的菜单中选择"属性"命令,打开"Administrator 属性"对话框。

（2）在"Administrator 属性"对话框中选择"拨入"选项卡。在"网络访问权限"选项区中选择"允许访问"单选按钮,如图 13-17 所示,最后单击"确定"按钮即可。

6. 在 VPN 端建立并测试 VPN 连接

在 VPN 端计算机 Win2012-3 上建立 VPN 连接,并连接到 VPN 服务器上,具体步骤如下。

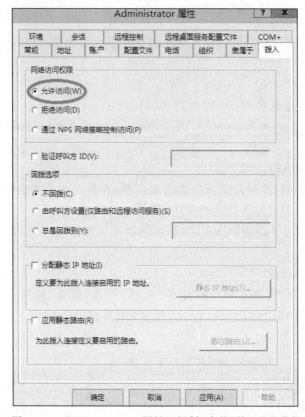

图 13-17 "Administrator 属性"对话框中的"拨入"选项卡

（1）在客户端计算机上新建 VPN 连接

① 以本地管理员账户登录到 VPN 客户端计算机 Win2012-3 上，依次选择"开始"→"控制面板"→"网络和 Internet"→"网络和共享中心"选项，打开如图 13-18 所示的"网络和共享中心"对话框。

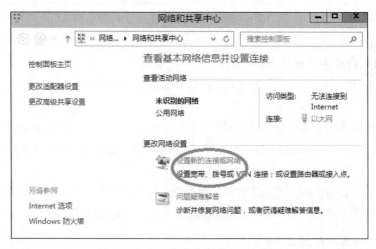

图 13-18 "网络和共享中心"对话框

② 单击"设置新的连接或网络"按钮,打开"设置连接或网络"对话框,通过该对话框可以建立连接以连接到 Internet 或专用网络,在此选择"连接到工作区"连接选项,如图 13-19 所示。

图 13-19　选择"连接到工作区"

③ 单击"下一步"按钮,出现"连接到工作区—你希望如何连接?"对话框,在该对话框中指定使用 Internet 还是拨号方式连接到 VPN 服务器,在此选择"使用我的 Internet 连接(VPN)"选项,如图 13-20 所示。

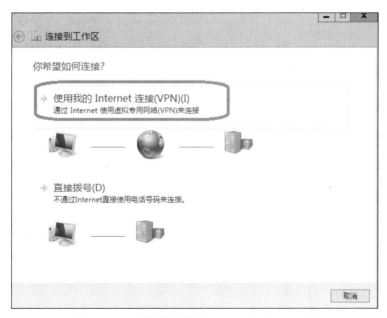

图 13-20　选择"使用我的 Internet 连接(VPN)"

④ 接着出现"连接到工作区—你想在继续之前设置 Internet 连接吗?"对话框,在该对话框中设置 Internet 连接。由于本实例 VPN 服务器和 VPN 客户机是物理直接连接在一起的,所以单击"我将稍后设置 Internet 连接",如图 13-21 所示。

⑤ 接着出现如图 13-22 所示的"连接到工作区—键入要连接的 Internet 地址"对话框,

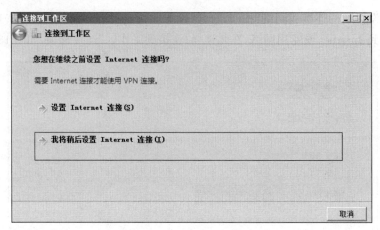

图 13-21　设置 Internet 连接

在"Internet 地址"文本框中输入 VPN 服务器的外网网卡 IP 地址为 200.1.1.1,并设置目标名称为"VPN 连接"。

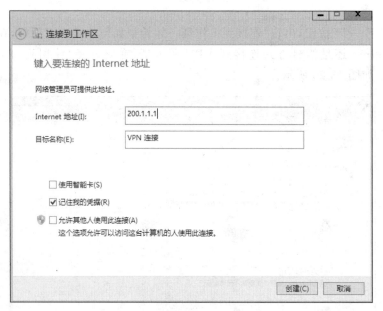

图 13-22　设置要连接的 Internet 地址

⑥ 单击"下一步"按钮,出现"连接到工作区—键入您的用户名和密码"对话框,在此输入希望连接的用户名、密码以及域,如图 13-23 所示。

⑦ 单击"创建"按钮创建 VPN 连接,接着出现"连接到工作区—连接已经使用"对话框。创建 VPN 连接完毕。

(2)未连接到 VPN 服务器时的测试

① 以管理员身份登录服务器 Win2012-3,打开 Windows PowerShell 或者在"运行"对话框中输入 cmd。

② 在 Win2012-3 上使用 ping 命令分别测试与 Win2012-1 和 Win2012-2 的连通性,如图 13-24 所示。

图 13-23　设置用户名和密码

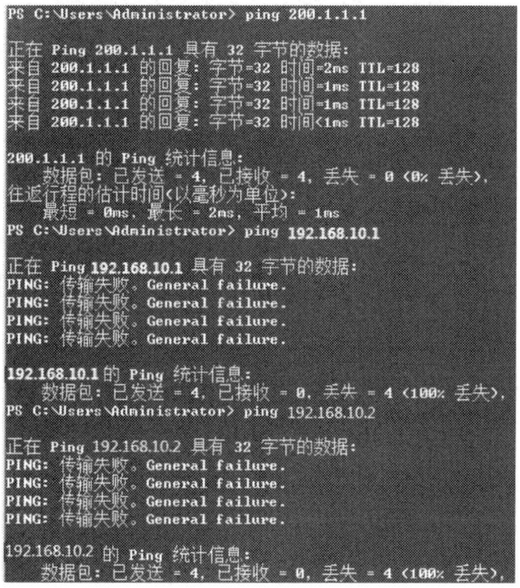

图 13-24　未连接 VPN 服务器时的测试结果

图 13-25　连接 VPN

（3）连接到 VPN 服务器

① 右击"开始"按钮，在弹出的菜单中选择"网络连接"命令，再在打开的对话框中双击"VPN 连接"，并单击"连接"按钮，打开如图 13-25 所示对话框。在该对话框中输入允许 VPN 连接的账户和密码，在此使用账户 administrator 建立连接。

② 单击"确定"按钮，经过身份验证后即可连接到 VPN 服务器，在如图 13-26 所示的"网络连接"界面中可以看到"VPN 连接"的状态是已连接。

7. 验证 VPN 连接

当 VPN 客户端计算机 Win2012-3 连接到 VPN 服务器 Win2012-1 上之后，可以访问公司内部局域网络中的共享资源，具体步骤如下。

图 13-26　已经连接到 VPN 服务器效果

（1）查看 VPN 客户机获取到的 IP 地址

① 在 VPN 客户端计算机 Win2012-3 上打开命令提示符界面，使用命令"ipconfig /all"查看 IP 地址信息，如图 13-27 所示，可以看到 VPN 连接获得的 IP 地址为 192.168.10.13。

② 先后输入命令 ping 192.168.10.1 和 ping 192.168.10.2 测试 VPN 客户端计算机和 VPN 服务器以及内网计算机的连通性，如图 13-28 所示，显示能连通。

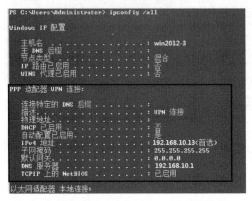

图 13-27　查看 VPN 客户机获取到的 IP 地址

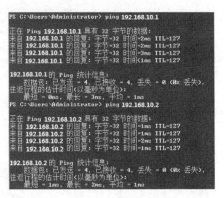

图 13-28　测试 VPN 连接

（2）在 VPN 服务器上的验证

① 以域管理员账户登录到 VPN 服务器上，在"路由和远程访问"控制台树中展开服务器节点，单击"远程访问客户端"选项，在控制台右侧界面中显示连接时间以及连接的账户，这表明已经有一个客户端建立了 VPN 连接，如图 13-29 所示。

图 13-29　查看远程访问客户端

② 单击"端口"选项，在控制台右侧界面中可以看到其中一个端口的状态是"活动"，表明有客户端连接到 VPN 服务器。

③ 右击该活动端口，在弹出的菜单中选择"属性"命令，打开"端口状态"对话框，在该对话框中显示连接时间、用户以及分配给 VPN 客户端计算机的 IP 地址。

（3）访问内部局域网的共享文件

① 以管理员账户登录到内部网服务器 Win2012-2 上，在"计算机"管理器中创建文件夹 C:\share 作为测试目录，在该文件夹内存入一些文件，并将该文件夹共享。

② 以本地管理员账户登录到 VPN 客户端计算机 Win2012-3 上,选择"开始"→"运行"命令,输入内部网服务器 Win2012-2 上共享文件夹的 UNC 路径为\\192.168.10.2。由于已经连接到 VPN 服务器上,所以可以访问内部局域网络中的共享资源。

(4) 断开 VPN 连接

以域管理员账户登录到 VPN 服务器上,在"路由和远程访问"控制台树中依次展开服务器和"远程访问客户端(1)"节点,在控制台右侧界面中右击连接的远程客户端,在弹出的菜单中选择"断开"命令,即可断开客户端计算机的 VPN 连接。

13.3.2　配置 VPN 服务器的网络策略

要求:如图 13-1 所示,在 VPN 服务器 Win2012-1 上创建网络策略"VPN 网络策略",使得用户在进行 VPN 连接时使用该网络策略。具体步骤如下。

1. 新建网络策略

(1) 以域管理员账户登录到 VPN 服务器 Win2012-1 上,依次选择"开始"→"管理工具"→"网络策略服务器"选项,打开如图 13-30 所示的"网络策略服务器"控制台。

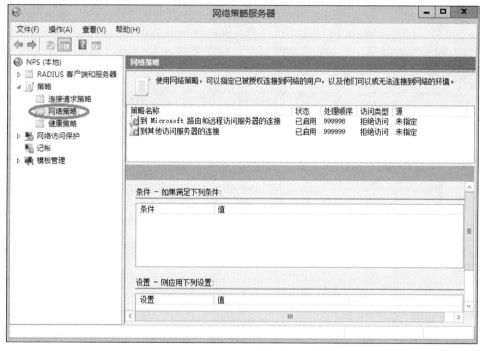

图 13-30　"网络策略服务器"控制台

(2) 右击"网络策略",在弹出的菜单中选择"新建"命令,打开"新建网络策略"页面,在"指定网络策略名称和连接类型"对话框中指定网络策略的名称为"VPN 策略",指定"网络访问服务器的类型"为"远程访问服务器(VPN 拨号)",如图 13-31 所示。

2. 指定网络策略条件——日期和时间限制

(1) 单击"下一步"按钮,出现"指定条件"对话框,在该对话框中设置网络策略的条件,如日期和时间、用户组等。

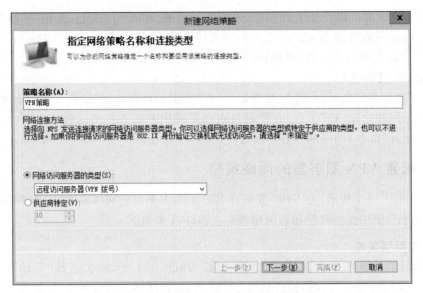

图 13-31　设置网络策略名称和连接类型

（2）单击"添加"按钮，出现"选择条件"对话框。在该对话框中选择要配置的条件属性，选择"日期和时间限制"选项，如图 13-32 所示。该选项表示每周允许和不允许用户连接的时间和日期。

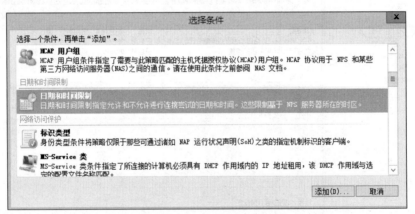

图 13-32　"选择条件"对话框

（3）单击"添加"按钮，出现"日期和时间限制"对话框，在该对话框中设置允许建立 VPN 连接的时间和日期，如图 13-33 所示，如允许所有时间可以访问，然后单击"确定"按钮。

（4）打开如图 13-34 所示的"指定条件"对话框，从中可以看到已经添加了一条网络条件。

3. 授予远程访问权限

单击"下一步"按钮，出现"指定访问权限"对话框，在该对话框中指定连接访问权限是允许还是拒绝，在此选择"已授予访问权限"单选按钮，如图 13-35 所示。

4. 配置身份验证方法

单击"下一步"按钮，出现如图 13-36 所示的"配置身份验证方法"对话框，在该对话框中指定身份验证的方法和 EAP 类型。

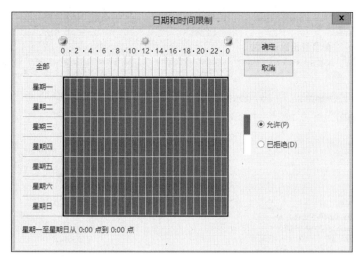

图 13-33　设置日期和时间限制

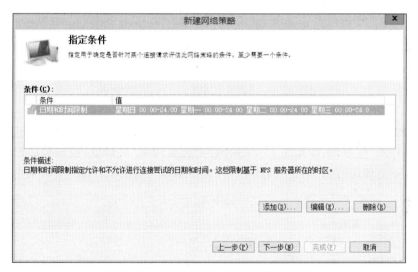

图 13-34　设置日期和时间限制后的效果

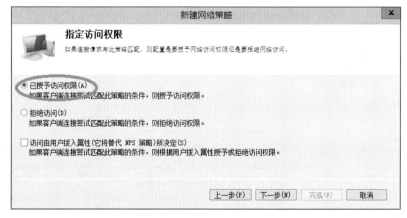

图 13-35　已授予访问权限

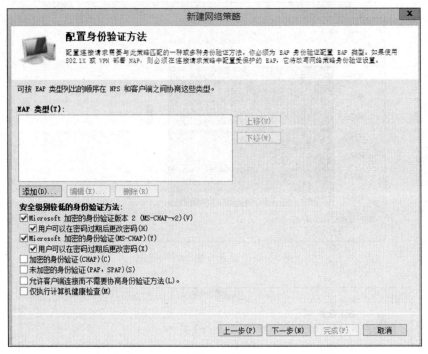

图 13-36 "配置身份验证方法"对话框

5. 配置约束

单击"下一步"按钮,出现如图 13-37 所示的"配置约束"对话框,在该对话框中配置网络策略的约束,如空闲超时、会话超时、被叫站 ID、日期和时间限制、NAS 端口类型。

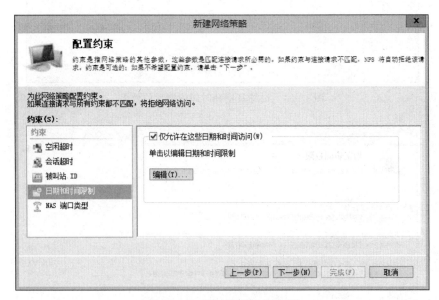

图 13-37 "配置约束"对话框

6. 配置设置

单击"下一步"按钮,出现如图 13-38 所示的"配置设置"对话框,在该对话框中配置此网络策略的设置,如 RADIUS 属性、多链路和带宽分配协议(BAP)、IP 筛选器、加密、IP 设置。

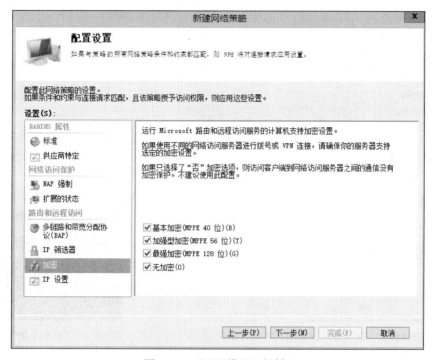

图 13-38   "配置设置"对话框

7. 正在完成新建网络策略

单击"下一步"按钮,出现"正在完成新建网络策略"对话框,最后单击"完成"按钮即可完成网络策略的创建。

8. 设置用户远程访问权限

以域管理员账户登录到域控制器上 Win2012-1 上,打开"Active Directory 用户和计算机"控制台,依次展开 long.com 和 Users 节点,右击用户 Administrator,在弹出的菜单中选择"属性"命令,打开"Administrator 属性"对话框。选择"拨入"选项卡,在"网络访问权限"选项区域中选择"通过 NPS 网络策略控制访问"单选按钮,如图 13-39 所示,设置完毕后单击"确定"按钮即可。

9. 客户端测试能否连接到 VPN 服务器

以本地管理员账户登录到 VPN 客户端计算机 Win2012-3 上,打开 VPN 连接,以 Administrator 账户连接到 VPN 服务器,此时是按网络策略进行身份验证的,验证成功,连接到 VPN 服务器。如果不成功,而是出现了如图 13-40 所示的"错误连接"界面,可右击 VPN 连接,选择"属性"→"安全"命令,打开"VPN 连接 属性"对话框,在"安全"选项卡中选择"允许使用这些协议"单选按钮,如图 13-41 所示。完成后,重新启动计算机即可。

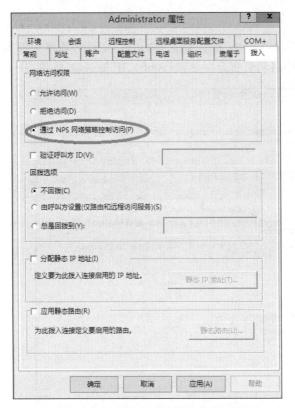

图 13-39 设置通过远程访问策略控制访问

图 13-40 "错误连接"界面

图 13-41 "VPN 连接 属性"对话框

13.4　习题

一、填空题

1. VPN 是_____的简称,中文是_____。

2. 一般来说,VPN 使用在以下两种场合：_____、_____。

3. VPN 使用的两种隧道协议是_____和_____。

4. 在 Windows Server 的命令提示符下,可以使用_____命令查看本机的路由表信息。

5. 每个网络策略中都有以下 4 种类别的属性：_____、_____、_____、_____。

二、简答题

1. 什么是专用地址和公用地址？

2. 简述 VPN 的连接过程。

3. 简述 VPN 的构成及应用场合。

13.5　项目实训　VPN 服务器的配置与管理

一、实训目的

- 掌握使局域网内部的计算机连接到 Internet 的方法。
- 掌握使用 NAT 实现网络互联的方法。
- 掌握远程访问服务的实现方法。
- 掌握 VPN 的实现。

二、项目背景

本实训项目根据图 13-1 所示的环境来部署 VPN 服务器。

三、项目要求

根据网络拓扑图(见图 13-1),完成以下任务。

(1) 部署架设 VPN 服务器的需求和环境。

(2) 为 VPN 服务器添加第二块网卡。

(3) 安装"路由和远程访问服务"角色。

(4) 配置并启用 VPN 服务。

(5) 停止和启动 VPN 服务。

(6) 配置域用户账户允许进行 VPN 连接。

(7) 在 VPN 端建立并测试 VPN 连接。

(8) 验证 VPN 连接。

(9) 通过网络策略控制访问 VPN。

项目 14
配置与管理 NAT 服务器

项目背景

    Windows Server 2012 R2 的网络地址转换(Network Address Translation，NAT)让位于内部网络的多台计算机只需要共享一个 Public IP 地址，就可以同时连接因特网、浏览网页与收发电子邮件。

项目目标

- NAT 的基本概念和基本原理。
- NAT 网络地址转换的工作过程。
- 配置并测试 NAT 服务器。
- 外部网络主机访问内部 Web 服务器。
- DHCP 分配器与 DHCP 中继代理。

14.1 相关知识

14.1.1 NAT 概述

    NAT 位于使用专用地址的 Intranet 和使用公用地址的 Internet 之间。从 Intranet 传出的数据包由 NAT 将它们的专用地址转换为公用地址。从 Internet 传入的数据包由 NAT 将它们的公用地址转换为专用地址。这样在内网中计算机使用未注册的专用 IP 地址，而在与外部网络通信时使用注册的公用 IP 地址，大大降低了连接成本。同时 NAT 也起到将内部网络隐藏起来，保护内部网络的作用，因为对外部用户来说只使用公用 IP 地址的 NAT 是可见的。

14.1.2 认识 NAT 的工作过程

    NAT 地址转换协议的工作过程主要有以下 4 个步骤。

    (1) 客户机将数据包发给运行 NAT 的计算机。

    (2) NAT 将数据包中的端口号和专用的 IP 地址换成它自己的端口号和公用的 IP 地址，然后将数据包发给外部网络的目的主机，同时记录一个跟踪信息在映像表中，以便向客户机发送回答信息。

（3）外部网络发送回答信息给 NAT。

（4）NAT 将所收到的数据包的端口号和公用 IP 地址转换为客户机的端口号和内部网络使用的专用 IP 地址并转发给客户机。

以上步骤对于网络内部的主机和网络外部的主机都是透明的，对它们来讲就如同直接通信一样，如图 14-1 所示。担当 NAT 的计算机有两块网卡，两个 IP 地址。IP1 为 192.168.0.1，IP2 为 202.162.4.1。

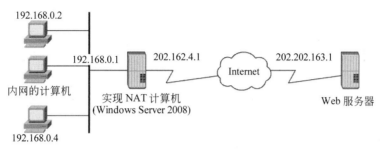

图 14-1   NAT 的工作过程

下面举例来说明。

（1）192.168.0.2 用户使用 Web 浏览器连接到位于 202.202.163.1 的 Web 服务器，则用户计算机将创建带有下列信息的 IP 数据包。

- 目标 IP 地址：202.202.163.1
- 源 IP 地址：192.168.0.2
- 目标端口：TCP 端口 80
- 源端口：TCP 端口 1350

（2）IP 数据包转发到运行 NAT 的计算机上，它将传出的数据包地址转换成下面的形式，用自己的 IP 地址重新打包后转发。

- 目标 IP 地址：202.202.163.1
- 源 IP 地址：202.162.4.1
- 目标端口：TCP 端口 80
- 源端口：TCP 端口 2500

（3）NAT 协议在表中保留了"192.168.0.2，TCP 1350"到"202.162.4.1，TCP 2500"的映射，以便回传。

（4）转发的 IP 数据包是通过 Internet 发送的。Web 服务器响应通过 NAT 协议发回和接收。当接收时，数据包包含下面的公用地址信息。

- 目标 IP 地址：202.162.4.1
- 源 IP 地址：202.202.163.1
- 目标端口：TCP 端口 2500
- 源端口：TCP 端口 80

（5）NAT 协议检查转换表，将公用地址映射到专用地址，并将数据包转发给位于 192.168.0.2 的计算机。转发的数据包包含以下地址信息。

- 目标 IP 地址：192.168.0.2

- 源 IP 地址：202.202.163.1
- 目标端口：TCP 端口 1350
- 源端口：TCP 端口 80

说明：对于来自 NAT 协议的传出数据包，源 IP 地址(专用地址)被映射到 ISP 分配的地址(公用地址)，并且 TCP/IP 端口号也会被映射到不同的 TCP/IP 端口号。对于到 NAT 协议的传入数据包，目标 IP 地址(公用地址)被映射到源 Internet 地址(专用地址)，并且 TCP/UDP 端口号被重新映射回源 TCP/UDP 端口号。

14.2 项目设计及分析

在架设 NAT 服务器之前，读者需要了解 NAT 服务器配置实例部署的需求和实训环境。

1. 部署需求

在部署 NAT 服务前需满足以下要求。

(1) 设置 NAT 服务器的 TCP/IP 属性，手工指定 IP 地址、子网掩码、默认网关和 DNS 服务器的 IP 地址等。

(2) 部署域环境，域名为 long.com。

2. 部署环境

本项目的实例被部署在如图 14-2 所示的网络环境下。其中 NAT 服务器主机名为 Win2012-1，该服务器连接内部局域网网卡(LAN)的 IP 地址为 192.168.10.1/24，连接外部 网络网卡(WAN)的 IP 地址为 200.1.1.1/24；NAT 客户端主机名为 Win2012-2，其 IP 地址 为 192.168.10.2/24；内部 Web 服务器主机名为 Server1，IP 地址为 192.168.10.4/24；Internet 上的 Web 服务器主机名为 Win2012-3，IP 地址为 200.1.1.3/24。

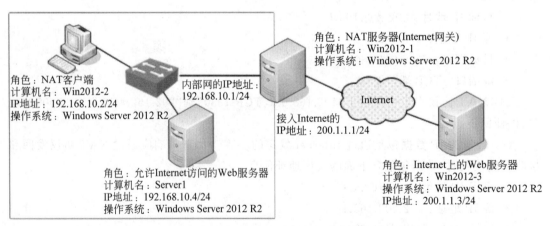

图 14-2 架设 NAT 服务器网络拓扑图

Win2012-1、Win2012-2、Win2012-3、Server1 可以是 Hyper-V 服务器的虚拟机，也可以 是 VMWare 的虚拟机。网络连接方式采用"内部虚拟交换机"。

14.3　项目实施

14.3.1　安装"路由和远程访问"服务器

1. 安装"路由和远程访问服务"角色服务

（1）按照图 14-2 所示的网络拓扑图配置各计算机的 IP 地址等参数。

（2）在计算机 Win2012-1 上通过"服务器管理器"安装"路由和远程访问服务"角色服务。

2. 配置并启用 NAT 服务

在计算机 Win2012-1 上通过"路由和远程访问"控制台配置并启用 NAT 服务，具体步骤如下。

（1）打开"路由和远程访问服务器安装向导"页面

以管理员账户登录到需要添加 NAT 服务的计算机 Win2012-1 上，依次选择"开始"→"管理工具"→"路由和远程访问"选项，打开"路由和远程访问"控制台。右击服务器 Win2012-1，在弹出的菜单中选择"禁用路由和远程访问"命令（清除 VPN 实验的影响）。

（2）选择网络地址转换（NAT）

右击服务器 Win2012-1，在弹出的菜单中选择"配置并启用路由和远程访问"命令，打开"路由和远程访问服务器安装向导"对话框，单击"下一步"按钮，出现"配置"对话框，在该对话框中可以配置 NAT、VPN 以及路由服务，在此选择"网络地址转换（NAT）"单选按钮，如图 14-3 所示。

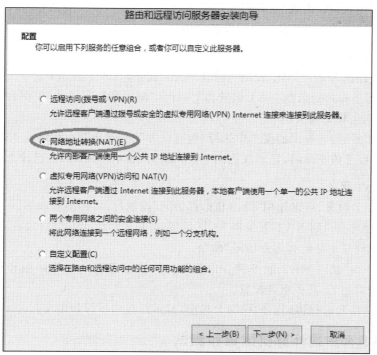

图 14-3　选择网络地址转换（NAT）

（3）选择连接到 Internet 的网络接口

单击"下一步"按钮，出现"NAT Internet 连接"对话框，在该对话框中指定连接到 Internet 的网络接口，即 NAT 服务器连接到外部网络的网卡，选择"使用此公共接口连接到 Internet"单选按钮，并选择接口为"Internet 连接"，如图 14-4 所示。

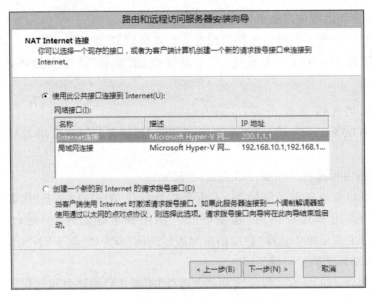

图 14-4　选择连接到 Internet 的网络接口

（4）结束 NAT 配置

单击"下一步"按钮，出现"正在完成路由和远程访问服务器安装向导"对话框，最后单击"完成"按钮，即可完成 NAT 服务的配置和启用。

3. 停止 NAT 服务

可以使用"路由和远程访问"控制台停止 NAT 服务，具体步骤如下。

（1）以管理员账户登录到 NAT 服务器上，打开"路由和远程访问"控制台，NAT 服务启用后显示绿色向上标识箭头。

（2）右击服务器，在弹出的菜单中选择"所有任务"→"停止"命令，停止 NAT 服务。

（3）NAT 服务停止以后，显示红色向下标识箭头，表示 NAT 服务已停止。

4. 禁用 NAT 服务

要禁用 NAT 服务，可以使用"路由和远程访问"控制台，具体步骤如下。

（1）以管理员登录到 NAT 服务器上，打开"路由和远程访问"控制台，右击服务器，在弹出的菜单中选择"禁用路由和远程访问"命令。

（2）接着弹出"禁用 NAT 服务警告信息"界面，该信息表示禁用路由和远程访问服务后，要重新启用路由器，需要重新配置。

（3）禁用路由和远程访问后的控制台界面，显示红色向下标识箭头。

14.3.2　NAT 客户端计算机配置和测试

配置 NAT 客户端计算机并测试内部网络和外部网络计算机之间的连通性，具体步骤如下。

1. 设置 NAT 客户端计算机网关地址

以管理员账户登录 NAT 客户端计算机 Win2012-2 上，打开"Internet 协议版本 4（TCP/IPv4）"对话框。设置其"默认网关"的 IP 地址为 NAT 服务器的内网网卡（LAN）的 IP 地址，在此输入 192.168.10.1，如图 14-5 所示。最后单击"确定"按钮即可。

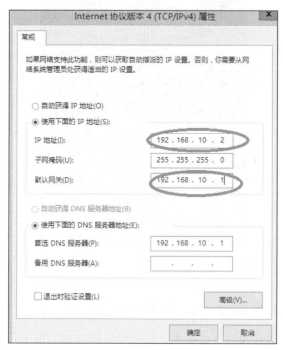

图 14-5　设置 NAT 客户端计算机网关地址

2. 测试内部 NAT 客户端与外部网络计算机的连通性

在 NAT 客户端计算机 Win2012-2 上打开命令提示符界面，测试与 Internet 上的 Web 服务器（Win2012-3）的连通性，输入命令 ping 200.1.1.3，如图 14-6 所示，显示能连通。

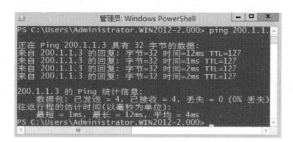

图 14-6　测试内部 NAT 客户端与外部网络计算机的连通性

3. 测试外部网络计算机与 NAT 服务器、内部 NAT 客户端的连通性

以本地管理员账户登录到外部网络计算机（Win2012-3）上，打开命令提示符界面，依次使用命令"ping 200.1.1.1""ping 192.168.10.1""ping 192.168.10.2""ping 192.168.10.4"，测试外部计算机 Win2012-3 与 NAT 服务器外网卡和内网卡以及内部网络计算机的连通性，如图 14-7 所示,除 NAT 服务器外网卡外均不能连通。

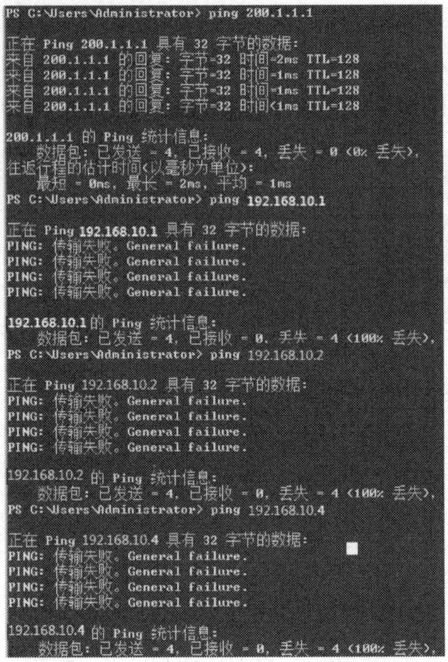

图 14-7　测试外部网络计算机与 NAT 服务器、内部 NAT 客户端的连通性

14.3.3　外部网络主机访问内部 Web 服务器

要让外部网络的计算机 Win2012-3 能够访问内部 Web 服务器 Server1,具体步骤如下。

1. 在内部网络计算机 Server1 上安装 Web 服务器

如何在 Server1 上安装 Web 服务器,请参考本书前面的相关内容。

2. 将内部网络计算机 Server1 配置成 NAT 客户端

以管理员账户登录 NAT 客户端计算机 Server1 上,打开"Internet 协议版本 4(TCP/IPv4)"对话框。设置其"默认网关"的 IP 地址为 NAT 服务器的内网网卡(LAN)的 IP 地址,在此输入 192.168.10.1,最后单击"确定"按钮即可。

> **注意**　使用端口映射等功能时,内部网络计算机一定要配置成 NAT 客户端。

3. 设置端口地址转换

(1)以管理员账户登录到 NAT 服务器上,打开"路由和远程访问"控制台,依次展开服务器 Win2012-1 和 IPv4 节点,单击 NAT 选项,在控制台右侧界面中右击 NAT 服务器的外网网卡"Internet 连接",在弹出的菜单中选择"属性"命令,如图 14-8 所示,打开"WAN 属性"对话框。

(2)在打开的"WAN 属性"对话框中选择如图 14-9 所示的"服务和端口"选项卡,在此可以设置将 Internet 用户重定向到内部网络上的服务。

(3)选择"服务"列表中的"Web 服务器(HTTP)"复选框,会打开"编辑服务"对话框,在

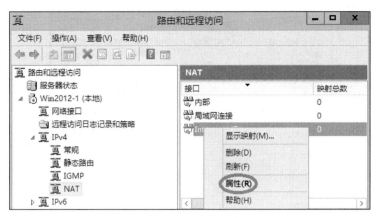

图 14-8　选择"属性"命令

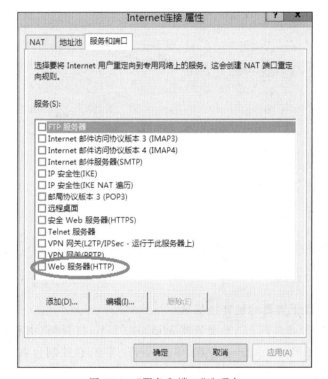

图 14-9　"服务和端口"选项卡

"专用地址"文本框中输入安装 Web 服务器的内部网络计算机 IP 地址，在此输入 192.168.
10.4，如图 14-10 所示。最后单击"确定"按钮即可。

（4）返回"服务和端口"选项卡，可以看到已经选择了"Web 服务器（HTTP）"复选框，然
后单击"确定"按钮可完成端口地址转换的设置。

4. 从外部网络访问内部 Web 服务器

（1）以管理员账户登录到外部网络的计算机 Win2012-3 上。

（2）打开 IE 浏览器，输入 http://200.1.1.1，会打开内部计算机 Server1 上的 Web 网

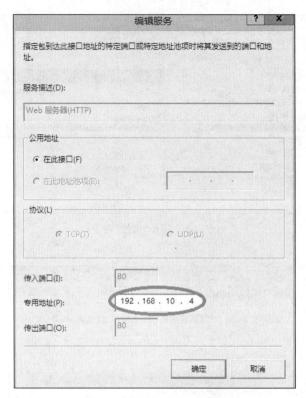

图 14-10 "编辑服务"对话框

站。请读者试一试。

注 意　　　　200.1.1.1 是 NAT 服务器外部网卡的 IP 地址。

5. 在 NAT 服务器上查看地址转换信息

(1) 以管理员账户登录到 NAT 服务器 Win2012-1 上,打开"路由和远程访问"控制台,依次展开服务器 Win2012-1 和 IPv4 节点,单击 NAT 选项,在控制台右侧界面中显示 NAT 服务器正在使用的连接内部网络的网络接口。

(2) 右击"Internet 连接",在弹出的菜单中选择"显示映射"命令,打开如图 14-11 所示的"Win2012-1-网络地址转换会话映射表格"对话框。该信息表示外部网络计算机 200.1.1.3 访问到内部网络计算机 192.168.10.4 的 Web 服务,NAT 服务器将 NAT 服务器外网卡IP 地址 200.1.1.1 转换成了内部网络计算机 IP 地址 192.168.10.4。

协议	方向	专用地址	专用端口	公用地址	公用端口	远程地址	远程端口	空闲时间
TCP	入站	192.168.10.4	80	200.1.1.1	80	200.1.1.3	49,362	20

图 14-11 网络地址转换会话映射表格

14.3.4　配置筛选器

数据包筛选器用于 IP 数据包的过滤。数据包筛选器分为入站筛选器和出站筛选器,分别对应接收到的数据包和发出去的数据包。对于某一个接口而言,入站数据包是指从此接口接收到的数据包,而不论此数据包的源 IP 地址和目的 IP 地址;出站数据包是指从此接口发出的数据包,而不论此数据包的源 IP 地址和目的 IP 地址。

可以在入站筛选器和出站筛选器中定义 NAT 服务器只是允许筛选器中所定义的 IP 数据包或者允许除了筛选器中定义的 IP 数据包外的所有数据包。对于没有允许的数据包,NAT 服务器默认将会丢弃此数据包。

14.3.5　设置 NAT 客户端

前面已经介绍过如何设置 NAT 客户端了,在此处总结一下。局域网 NAT 客户端只要修改 TCP/IP 的设置即可。可以选择以下两种设置方式。

1. 自动获得 TCP/IP

此时客户端会自动向 NAT 服务器或 DHCP 服务器来索取 IP 地址、默认网关、DNS 服务器的 IP 地址等设置。

2. 手工设置 TCP/IP

手工设置 IP 地址要求客户端的 IP 地址必须与 NAT 局域网接口的 IP 地址在相同的网段内,也就是 Network ID 必须相同。默认网关必须设置为 NAT 局域网接口的 IP 地址,本例中为 192.168.10.1。首选 DNS 服务器可以设置为 NAT 局域网接口的 IP 地址,或是任何一台合法的 DNS 服务器的 IP 地址。

完成后,客户端的用户只要上网、收发电子邮件、连接 FTP 服务器等,NAT 就会自动通过 PPPoE 请求拨号来连接 Internet。

14.3.6　配置 DHCP 分配器与 DNS 代理

NAT 服务器还具备以下两个功能。
- DHCP 分配器(DHCP Allocator):用来分配 IP 地址给内部的局域网客户端计算机。
- DNS 中继代理(DNS Proxy):可以替局域网内的计算机来查询 IP 地址。

1. DHCP 分配器

DHCP 分配器扮演着类似 DHCP 服务器的角色,用来给内部网络的客户端分配 IP 地址。若要修改 DHCP 分配器设置,则展开 IPv4,单击 NAT 选项,再单击上方的"属性"图标,打开"NAT 属性"对话框中的"地址分配"选项卡进行设置,如图 14-12 所示。

注意　在配置 NAT 服务器时,若系统检测到内部网络上有 DHCP 服务器,它就不会自动启动 DHCP 分配器。

图 14-12 中 DHCP 分配器分配给客户端的 IP 地址的网络标识符为 192.168.0.0,这个默认值是根据 NAT 服务器内网卡的 IP 地址(192.168.10.1)产生的。可以修改此默认值,不过

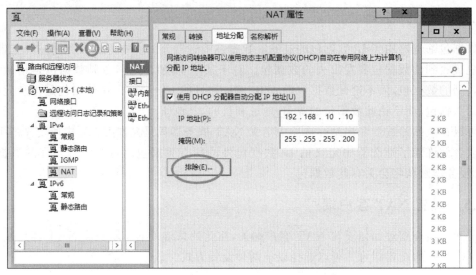

图 14-12 "NAT 属性"对话框中的"地址分配"选项卡

必须与 NAT 服务器内网卡 IP 地址一致,也就是网络 ID 需相同。

若内部网络内某些计算机的 IP 地址是手工输入的,且这些 IP 地址位于上述 IP 地址范围内,则通过界面中的"排除"按钮来将这些 IP 地址排除,以免这些 IP 地址被发放给其他客户端计算机。

若内部网络包含多个子网或 NAT 服务器拥有多个专用网接口,由于 NAT 服务器的 DHCP 分配器只能够分配一个网段的 IP 地址,因此其他网络内的计算机的 IP 地址需手动设置或另外通过其他 DHCP 服务器来分配。

2. DNS 中继代理

当内部计算机需要查询主机的 IP 地址时,它们可以将查询请求发送到 NAT 服务器,然后由 NAT 服务器的 DNS 中继代理(DNS Proxy)来替它们查询 IP 地址。可以通过图 14-13 中的"名称解析"选项卡来启动或修改 DNS 中继代理的设置,图中选中"使用域名系统

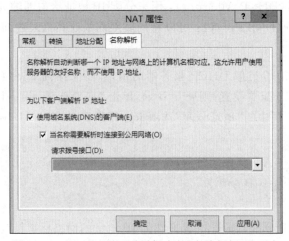

图 14-13 "NAT 属性"对话框中的"名称解析"选项卡

(DNS)的客户端"复选框,表示要启用 DNS 中继代理的功能,以后只要客户端要查询主机的 IP 地址时(这些主机可能位于因特网或内部网络),NAT 服务器都可以代替客户端来向 DNS 服务器查询。

　　NAT 服务器会向哪一台 DNS 服务器查询呢? 它会向其 TCP/IP 配置处的首选 DNS 服务器(备用 DNS 服务器)来查询。若此 DNS 服务器位于因特网内,而且 NAT 服务器是通过 PPPoE 请求拨号来连接因特网,则选中图 14-13 中"当名称需要解析时连接到公用网络"复选框,以便让 NAT 服务器可以自动利用 PPPoE 请求拨号(例如 Hinet)来连接因特网。

14.4　习题

一、填空题

　　1. NAT 是_____的简称,中文名称是_____。

　　2. NAT 位于使用专用地址的_____和使用公用地址的_____之间。从 Intranet 传出的数据包由 NAT 将它们的_____地址转换为_____地址。从 Internet 传入的数据包由 NAT 将它们的_____地址转换为_____地址。

　　3. NAT 也起到将_____网络隐藏起来,保护_____网络的作用,因为对外部用户来说,只有使用_____地址的 NAT 是可见的。

　　4. NAT 让位于内部网络的多台计算机只需要共享一个 IP 地址,就可以同时连接因特网、浏览网页与收发电子邮件。

二、简答题

　　1. 网络地址转换(NAT)的功能是什么?

　　2. 简述地址转换的原理,即 NAT 的工作过程。

　　3. 下列技术有何异同?(可参考课程网站上的补充资料。)

　　①NAT 与路由的比较;②NAT 与代理服务器;③NAT 与 Internet 共享。

14.5　项目实训　NAT 服务器的配置与管理

一、实训目的

- 了解并掌握使局域网内部的计算机连接到 Internet 的方法。
- 掌握使用 NAT 实现网络互联的方法。
- 掌握远程访问服务的实现方法。

二、项目背景

本实训项目根据图 14-2 所示的环境来部署 NAT 服务器。

三、项目要求

根据网络拓扑图(见图 14-2)完成以下任务。

(1) 部署架设 NAT 服务器的需求和环境。

(2) 安装"路由和远程访问服务"角色服务。

(3) 配置并启用 NAT 服务。

（4）停止 NAT 服务。

（5）禁用 NAT 服务。

（6）NAT 客户端计算机的配置和测试。

（7）外部网络主机访问内部 Web 服务器。

（8）配置筛选器。

（9）设置 NAT 客户端。

（10）配置 DHCP 分配器与 DNS 代理。

参 考 文 献

［1］ 杨云.Windows Server 2012 网络操作系统企业应用案例详解［M］.北京:清华大学出版社,2019.

［2］ 杨云. Windows Server 2008 组网技术与实训［M］.3 版.北京:人民邮电出版社,2015.

［3］ 杨云.网络服务器配置与管理项目教程(Windows & Linux)［M］.北京:清华大学出版社,2015.

［4］ 杨云.网络服务器搭建、配置与管理——Windows Server［M］.2 版.北京:清华大学出版社,2015.

［5］ 黄君羡.Windows Server 2012 活动目录项目式教程［M］.北京:人民邮电出版社,2015.

［6］ 戴有炜.Windows Server 2012 R2 Active Directory 配置指南［M］.北京:清华大学出版社,2014.

［7］ 戴有炜.Windows Server 2012 R2 网络管理与架站［M］.北京:清华大学出版社,2014.

［8］ 戴有炜.Windows Server 2012 R2 系统配置指南［M］.北京:清华大学出版社,2015.

［9］ 微软公司.Windows Server 2008 活动目录服务的实现与管理［M］.北京:人民邮电出版社,2011.

［10］ 韩立刚,韩立辉.掌握 Windows Server 2008 活动目录［M］.北京:清华大学出版社,2010.